葡萄酒品鉴一本就够

吴振鹏　编著

中国纺织出版社

图书在版编目（CIP）数据

葡萄酒品鉴一本就够 / 吴振鹏编著. —北京：中国纺织出版社，2015.11（2022.9重印）

ISBN 978-7-5180-1984-7

Ⅰ. ①葡… Ⅱ. ①吴… Ⅲ. ①葡萄酒—品鉴
Ⅳ. ①TS262.6

中国版本图书馆CIP数据核字（2015）第221310号

葡萄酒品鉴一本就够

责任编辑：韩　婧　　　责任印制：王艳丽

中国纺织出版社出版发行

地址：北京市朝阳区百子湾东里A407号楼　　邮政编码：100124

销售电话：010-67004422　传真：010-87155801

http://www.c-textilep.com

E-mail：faxing@c-textilep.com

中国纺织出版社天猫旗舰店

官方微博：http://weibo.com/2119887771

北京华联印刷有限公司印刷　各地新华书店经销

2015年11月第1版　2022年9月第11次印刷

开本：787×1092　1/16　印张：17

字数：292千字　定价：68.00元

目录

葡萄酒品鉴一本就够
Contents

酒

The Liquor

世界各民族几乎都有饮酒的习惯，酒不但能够为我们带来欢乐、增进友谊或促进情感交流，同时也会使我们失控，造成痛苦或引发悲伤……

每逢佳节，在庆祝或祭祀时，酒常常用来宴客祝贺、相互馈赠、供奉祖辈或神灵。因此，酒不仅仅是饮品，同时也是我们人类的精神依赖。

什么是酒？
WHAT IS LIQUOR?

酒的定义

简单的说"酒"是一种有机化合物，可自然生成，是由含有足够糖分的水果、植物根茎或含有足够淀粉质的谷物或食物等材料通过发酵、蒸馏或勾兑等方法生产出含有食用酒精（乙醇）的饮料。

酒的成分

酒是由多种化学成分组成的混合液体，主要成分为乙醇（Alcohol），此外，还含有微量的酸、醇、酯和醛类物质。酒的提纯可达 99.5% vol，低于 75% vol 称之为酒，高于 75% vol 称为酒精（乙醇）。

酒精的特征：无色透明，微甜，沸点是78.3℃，冰点是 −114℃。

酒		
水 →	酒的主体，所占比重最大
乙醇 →	酒的灵魂，决定酒的口感
杂醇 →	平衡口感和风味
酸类 →	平衡结构，提高清爽感
酯类 →	主导着呈香作用
醛类 →	酒中的香气成分，有辛辣感

酿酒原料

酒的原料主要有两大类：糖和淀粉。这些原料在日常生活中随处可见，如：含有糖分的水果或植物根茎等，含有淀粉质的谷物、土豆或红薯等。

用含淀粉质的谷物酿制的酒称之为复发酵酒。用含糖分的果类酿制的酒称之为单发酵酒。两者的区别在于：果类原料可直接发酵成酒，而淀粉质原料首先需要通过糖化将淀粉转化成糖，然后再经发酵转化成酒，因此，称之为复发酵酒。

酒精体积

酒的纯度是以体积换算后进行表示的，国际上常用的表示单位有 3 种写法：Alc / vol；Proof UK 和 Proof US。其中"Alc / vol"是国际常用表示符号，来自英文"Alcohol 和 Volume"的缩写。

Alcohol= 酒精，Volume= 体积。

酒精体积（Alcohol by Volume）简写为：ABV 或 Alc / vol。

　　Alc / vol：标准酒度，由法国化学家盖吕萨克（Gay Lusaka）发明。标准酒度是指酒液在 20℃条件下，每 100ml 所含有纯酒精的比例，这种表示方法相对比较容易理解，因此，被广泛采用。标准酒度常用"%"表示，有时缩写成 v/v, GL 或 "°"，也可注明全词"Alcohol by Volume"。

　　Proof UK：英制酒度。英制酒度是 18 世纪英国人克拉克（Clark）发明的一种酒度计算方法；如：注明 70% Proof Vk，相当于 40% Alc / vol（标准酒度）。

　　Proof US：美制酒度。美制酒度用酒精纯度（Proof）表示，一个酒精纯度相当于 0.5% 标准酒度。例如：注明 80% Proof，相当于 40% Alc / vol（标准酒度）。

　　目前，国际上通用的表示方法是标准酒度（Alc / Vol），尤其是进出口酒类，而英制和美制酒度的使用非常少见。

酒的作用

　　酒是人类的朋友，是必不可少的陪伴物与人类的生活息息相关。饮酒不但可使人兴奋，营造氛围，增进人与人之间的友谊。还会使人麻痹，甚至失去理智，做出过激的行为。酒对人的身体有一定的刺激性作用。适量饮酒有益于健康。过量饮酒会损害肝脏、肾脏、肠胃和神经系统等。长期过量饮酒容易引起中毒或死亡。

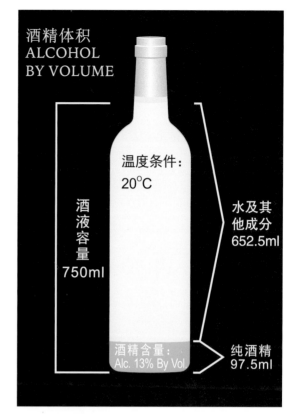

每天喝多少酒为宜？

　　不同国家和不同民族都有各自的酒。不同的酒酒精含量不同，如：啤酒、黄酒或其他酿造酒，酒精含量基本在 3% ～ 20%vol 之间；又如：白兰地、伏特加、中国白酒或其他蒸馏酒，酒精含量基本在 38% ～ 50%vol 之间。因此，每日喝多少酒应根据酒的类型、酒精含量、个人体质及年龄而定。有研究表明，健康的成年人一天摄入的酒精量不超过 30g 为宜。以酒精含量 13%vol 的葡萄酒为例，计算公式：30g/（13%vol×0.8）= 日摄入量。

每日安全饮酒量									
酒的类型	瓶容量	酒精浓度	成年男士			成年女士		
			盎司（Ou.）	ml（MI）	瓶（BOT.）	盎司（Ou.）	ml（MI）	瓶（BOT.）
啤酒 Beer	500MI	3%vol.	42	1250	2.50	28	830	1.70
葡萄酒 Wines	750MI	13%vol.	10	290	0.39	7	190	0.25
烈酒 Spirits	700MI	40%vol.	3	90	0.13	2	60	0.12
烈酒 Spirits	700MI	50%vol.	2.5	75	0.11	1.5	50	0.10

葡萄酒发展史
HISTORY OF WINE

酒起源于何时？10000 年还是 6000 年？这都是人类的推测。

酒可以自然生成，从大自然有了水果成熟的那一天起，就可能诞生了！水果在自然成长阶段表皮附着天然酵母菌，成熟的水果落地后表皮会破裂，渗出富含糖分的汁液，当汁液与酵母菌接触后，在适宜的条件下被分解成酒精，从而形成了酒。它经历了自然形成到人工酿造的演变过程。

2011 年，考古学家在亚美尼亚的一个洞穴中发现了最早的酿酒作坊，里面有葡萄压榨器和陶罐等，距今约 6000 多年，因此，史学家一致认为葡萄酒起源于亚美尼亚、伊朗或格鲁吉亚等国。

用现代科技手段在伊朗和埃及出土的陶罐上面检测后，证明葡萄酒起源于公元前 5400 ～ 5000 年的古波斯（伊朗），后来随着旅行者、战争或移民传到古希腊。

在《圣经—创世纪》中写到：当上帝发现世间出现了邪恶和贪婪后，决定在地球上发一场大洪水，清除所有的罪恶生灵。上帝选中了虔诚的诺亚一家，作为新一代人类的种子保留下来。诺亚遵循主的旨意，在所有的动物和植物的种子中挑选了一些最优秀的雌雄动物和植物种子，带着自己的妻子、三个儿子和儿媳妇登上了诺亚方舟。2 月 17 日那天，诺亚 600 岁生辰，海洋的源泉裂开了，巨大的水柱从地下喷射而出。天上的窗户敞开了，大雨日夜不停，下了整整 40 个昼夜。凡是在旱地上靠肺呼吸的动物全被淹死。仅

剩方舟里面的人、动物和植物的种子安然无恙。诺亚方舟载着上帝的厚望漂泊在无边无际的汪洋中，待水势渐渐消退后，诺亚方舟停靠在亚拉腊山（Mount Ararat）旁边（土耳其东部与伊朗交界处）。之后，诺亚带着家人便在这片土地上耕作，其中也种下了第一株葡萄树。后来将收获的葡萄用来酿酒，于是葡萄酒诞生了！

公元前 6 世纪，希腊人将葡萄藤、栽培技术及酿酒技术传入古罗马。之后随着罗马人的势力扩张，传遍欧洲大地。

中世纪后期（13 世纪之后），欧洲大部分葡萄园由教会掌控，葡萄酒成为天主教弥撒庆祝活动的必需品。这一时期，本笃教会（Benedictine）成为最大的葡萄酒生产者，在教会僧侣的不懈努力下，葡萄栽培和葡萄酒酿造技术突飞猛进，并驯化出许多优良葡萄品种，葡萄酒的质量得到了大幅提高，为葡萄酒的发展做出了巨大贡献，并将这一文化有序的传承了下来。

17 世纪，随着移民，葡萄栽培和葡萄酒酿造技术传入非洲、美洲、大洋洲和亚洲。

20 世纪初，一战和二战给全球葡萄种植业造成毁灭性打击。20 世纪 40 年代，法国葡萄酒管制系统建立并实施，从而带动全球葡萄酒行业复苏，上个世纪 70 ～ 80 年代为高速发展期。21 世纪初，全球掀起葡萄酒热潮，葡萄酒贸易空前繁荣。

公元前 202 ～ 220 年，司马迁的《史记》首次记载了葡萄酒。公元前 138 年，张骞出使西域，带回了葡萄藤和酿酒技术。之后，由于种种原因，这种千年饮料消失。直到 20 世纪初，再次从欧洲引入现代葡萄品种和酿造工艺，葡萄酒才在华夏大地上慢慢被接受。

在伊斯兰教出现之前，阿拉伯半岛葡萄酒贸易活动十分繁荣，当时的葡萄酒被称之为圣酒。公元 5 ～ 6 世纪，穆斯林征服阿拉伯半岛，酒精饮料被禁止饮用，葡萄酒消失，而葡萄园却保留了下来，葡萄成了主要食用水果之一。

全球葡萄酒相关数据：

主要葡萄酒生产国家：约 78 个
主要葡萄酒消费国家及地区：约 224 个
葡萄园总面积：约 1848 万英亩（748 万公顷）
葡萄酒平均年产量：约 267 亿升（355 亿瓶）
葡萄酒平均年消费量：约 244 亿升（325 亿瓶）
全球人口总数：70.22 亿
人均消费量：3.52 升

注：信息来自美国加州葡萄酒协会 2011 年统计数据。

酒的分类
TYPES OF LIQUOR

我国在解放前受腐败和战乱影响，科学技术落后，人口文化素质低下，大多数日用品靠进口供应。因此，国人习惯称西方国家来的人叫"洋人"，后来凡是进口的东西都带个"洋"字，"洋"名字应运而生。例如：自行车称洋车子，煤油叫洋油，铁钉叫洋钉，香烟叫洋烟，就连火柴也叫洋火，进口酒当然也叫"洋酒"了。

随着改革开放，百姓的文化素质提高，中国逐步富强起来。"洋"字号基本都被商品"原名字"所取代。但是，今天在"酒"的领域仍然有许多人还在用"洋"字号，如：喝了白兰地说："喝了洋酒"，喝了威士忌、龙舌兰、金酒或利口酒也说："喝洋酒"，凡是不认识的进口酒类统统称之为"洋酒"。这是个人文化素质和生活品味的表现！

洋酒是什么？以前泛指从西方国家进口的酒类，今天在一些土豪领域泛指"干邑"。当今是个大流通和电子商务时代，理应和"洋字号"说拜拜了！在喝干邑时说是干邑（Cognac），喝利口酒时说是利口酒（Liqueur），喝真正的香槟时再说香槟（Champagne），这才是现代人的素养和品味的体现。

事实上，大家普遍这么称呼的主要原因是对酒文化的了解不够，那么如何才能区别各种酒类呢？这就是酒的"分类文化"。不论您是多么专业的侍酒师或品酒师，如果连酒类家族体系都分不清，怎可称之为"师"。

世界各民族几乎都有饮酒习惯，酒不但可以为我们带来欢乐、增进友谊及促进情感交流，同时也会使我们失控，造成痛苦或引发悲伤……

每逢佳节，在庆祝或祭祀活动时，酒常常用于宴客祝贺、相互馈赠、供奉祖辈或神灵。因此，酒不仅仅是饮品，还是我们人类的精神依赖。

日常生活中，常见的酒类有啤酒、葡萄酒或白兰地等，印象中的酒不过十几种。事实上，酒的种类不计其数，各国家和各民族都有自己的传统美酒与酒文化，在分类上无法全面统计。目前，在酒的家族中只是针对商业化和国际化的酒类进行了分类，而且分类方法也不尽相同。传统上，大多以原材料或原产地进行分类。为了便于消费者记忆，酒类行业习惯按生产工艺划分为：酿造酒、蒸馏酒和混配酒，又称"三大酒系"。

酿造酒又称发酵酒或原汁酒，以水果或谷类为原料，经过糖化发酵后生产而成，酒精含量低，大多在 2.5%~20%vol 之间，保质期相对较短。

以含有糖质或淀粉质的水果、谷物或植物等原料，经糖化发酵后蒸馏而成的酒统称为蒸馏酒。特征：酒精含量较高，大多在 32%~65%vol 之间，保质期较长。

混配酒来自混合酒与配制酒的简称，以酿造酒或蒸馏酒为基酒，加入酒精或非酒精物质生产而成。颜色及口味丰富，多数酒精含量在 3%~40%vol 之间。

FERMENTED BEVERAGES 酿造酒

果类酿造酒
- 葡萄酒 Wines
- 苹果酒 Apfelwein
- 梅酒 Plum Wine
- 其他类 Other

以糖质（各种水果或植物根茎）为原料直接发酵生产而成的酒，又称之为单发酵酒，例如：葡萄酒或梅酒等。

谷类酿造酒
- 黄酒 Yellow Rice
- 啤酒 Beer

以含有淀粉质的谷物为原料，经糖化发酵后生产而成的酒，又称之为复发酵酒，如：啤酒或米酒等。

DISTILLED SPIRITS 蒸馏酒

果类蒸馏酒
- 白兰地 Brandy
- 苹果白兰地 Apple Brandy

以葡萄或其他水果为原料，经发酵后蒸馏而成。

谷类蒸馏酒
- 威士忌 Whisky
- 金酒 Gin
- 伏特加 Vodka
- 中国白酒 Chinese Baijiu

以谷物为原料经糖化发酵后蒸馏而成。

其他蒸馏酒
- 朗姆酒 Rum
- 龙舌兰 Tequila

以植物根、茎或花为原料经糖化发酵后蒸馏而成。

MIXED LIQUOR 混配酒

混合酒
- 鸡尾酒 Cocktails
- 开胃酒 Aperitif

用一种或多种酒配以其他非酒精物质（果汁或汽水等）混合调制而成的新型饮料，主要指鸡尾酒类。

配制酒
- 利口酒 Liqueur
- 甜食酒 Dessert Wine

由蒸馏酒、酿造酒和非酒精物质（如：香草、香料或水果等）经勾兑、浸泡或蒸馏等方法生产而成。

典型酒类的酒精含量
TYPICAL ALCOHOL LEVELS

酒精 ABV	典型酒类 Typical of Liquor
3.5%~12%	啤酒 Beer（大多 3%~6%；个别低醇啤在 1.2% 以下，个别高度酒在 15%~20% 之间）
5%~6.5%	阿斯蒂麝香葡萄酒 Moscato d'Asti
7%~8%	德国雷司令白葡萄酒 German Riesling
10.5%~12%	大多数雷司令白葡萄酒 Most Riesling
11.5%~12.5%	起泡葡萄酒 Sparkling Wine（大多数优质起泡葡萄酒在 12%~12.5% 之间）
12%~13%	大多数灰皮诺白葡萄酒 Most Pinot Grigio
12.5%~13%	大多数白苏维翁葡萄酒 Most Sauvignon Blanc
12.5%~13.5%	法国西拉干红 French Syrah
12.5%~13.5%	大多数波尔多红 Most Red Bordeaux
13%~14%	大多数布艮地黑皮诺红 Most Bourgogne Pinot Noir
13.5%~15%	马尔贝克干红 Malbec
13%~14.5%	大多数霞多丽干白 Most Chardonnay
13.5%~14.5%	大多数赤霞珠和桑娇维塞干红 Most Cabernet Sauvignon and Sangiovese
14%~15%	大多数设拉子和美国西拉干红 Most Shiraz and American Syrah
14.50%	索帝恩贵腐甜白 Sauternes Sweet Wine
14%~15.5%	大多数增芳德干红 Most Zinfandel
14% ~15%	大多数歌海娜干红 Most Grenache
15%	麝香甜白 Muscat Sweet Wine
15.9%	龙宝儿和萨尔堡酒庄增芳德干红 Rombauer and Rancho Zabaco Zinfandel
16%~16.5%	左撇子酒庄设拉子干红 Mollydooker Shiraz
15.5%~21%	强化葡萄酒 Fortified Dessert（波特酒 Port, 马德拉 Madeira, 雪利酒 Sherry 等）
20%	味美思 Vermouth（属于开胃酒类，又称加味葡萄酒）
21%~45%	烧酒 Shochu
15%~70%	利口酒 Liqueur（大多数在 15%~40% 之间，口感非常甜腻）
30%~60%	白兰地 Brandy（国际流通的为 40% vol）
40%~46%	威士忌 Whisky（国际流通的为 40% vol，通常有 40%, 43% 和 46% 几种）
55%~68%	威士忌原酒 55%~68% Cask Strength Whisky
35%~50%	金酒 Gin（国际流通的为 40% vol）
37.5%~80%	朗姆酒 Rum（国际流通的为 40% vol，个别酒的度数较高，如：Bacardi 151）
35%~50%	伏特加 Vodka（国际流通的为 40% vol）
32%~60%	龙舌兰 Tequila（国际流通的为 40% vol）
38%~72%	中国白酒 Baijiu（大多在 38%vol–52% vol 之间）
45%~89.9%	苦艾酒 Absinthe（高酒精含量的酒大多用于调酒或加冰后混合其他酒饮用）
60%~95%	普依听 Poitín（饮用时可以加冰或兑水，高度酒不宜直接饮用）
95%~96%	精馏酒精 Rectified Spirit（广泛应用于家庭或医疗消毒，不宜于饮用）

低醇啤酒
Low-alcohol beer
ABV: 0.5%

角鲨头90分钟啤酒
Dogfish Head 90 Minute IPA
ABV: 9%

角鲨头120分钟啤酒
Dogfish Head 120 Minute IPA
ABV: 18%

阿斯蒂麝香甜白
Moscato d'Asti
ABV: 5.5%

德国雷司令甜白
German Riesling
ABV: 8%

左撇子酒庄设拉子干红
Mollydooker Shiraz
ABV: 16.5%

罕见的高低度酒类

天然木桶威士忌原酒
Natural Cask Strength
ABV: 60.7%

普依听
Poitín
ABV: 61.5%

百家得151度
Bacardi 151
ABV: 75.5%

苦艾酒
Absinthe
89,9%

精馏酒精
Rectified Spirit
95%

全球最昂贵的烈酒赏析
THE WORLD'S MOST EXPENSIVE SPIRITS APPRECIATION

　　酒是人类不可或缺的产物，尽管全球经济放缓，耐久藏的高端烈酒已被证明是一种不断增长的商品类别。近年，世界各地的酒业巨贾推出一瓶又一瓶酒中"新贵"，这些稀有的"奢侈品"已经成为土豪们彰显身份和地位的道具，晚间休息或与朋友共享美好时光，品尝一杯高端烈酒习以为常。

　　虽然多数烈酒的价格由酒质、酒龄及供需关系所决定，但精美奢侈的外观美感，同样可大幅提升酒的价值。

　　以往，烈酒中的"奢侈品"由历史悠久且罕见的干邑和苏格兰威士忌所主宰，如今百花齐放，龙舌兰、伏特加和朗姆酒"新贵"也接踵而至。几千元、几万元一瓶的酒贵得已令人咋舌，如今，一口万金的烈酒且不在少数。如果说几万元的酒卖的是实际价值，那么几十、几百或千万元的酒卖的无非是包装。除了个别陈年老酒能拍到百万外，多数超过百万的酒卖点包括："设计名家、时代意义、包装材质和稀有的酒质"等等。例如："设计大师、钻石、珠宝、金银或超长酒龄"等。不过，由于数量珍稀，具备良好的收藏价值，购买者不在少数。

　　当谈论葡萄酒时，多数人可能会提及"拉菲"，提到烈酒时可能会说"洋酒"或"路易十三"。拉菲、人头马、芝华士、奔富这些耳熟能详的品牌名字已然成为许多酒盲显示自身品味的杀手锏。事实上，每一类酒中隐藏的"奢侈品"不胜枚举。酒没有最贵的、最好的，只有更贵的、更好的，而且日新月异。下面看看全球最昂贵的一些烈酒吧。或许能够让您大开眼界。

人头马
路易十三黑珍珠
Rémy Martin
Louis XIII Black Pearl
$ 50,000
RMB≈￥ 310,000

人头马
路易十三典藏43,8度
Rémy Martin Louis
XIII Rare Cask 43,8
$ 35,000
RMB≈￥ 220,000

人头马
路易十三典藏42,6度
Rémy Martin Louis
XIII Rare Cask 42,6
$ 25,000
RMB≈￥ 155,000

人头马
路易十三大香槟干邑
Louis XIII de Remy Martin
Grande Champagne Cognac
$ 3,600
RMB≈￥ 22,000

人头马路易十三
大香槟忘年干邑
Rémy Martin Louis XIII
Grande Champagne
Très Vieille Âge Inconnu
$ 6,000 (RMB≈￥ 37,000)
曾拍: $ 70,158

Cognac 干邑

哈迪140年完美系列干邑
140 Years Old Hardy Perfection Series Cognac
$ 6,000~$ 13,000 (RMB≈￥ 37,000~￥ 80,000)

完美空气干邑
Perfection Edition Air

完美淡水干邑
Perfection Eau Water

完美地球干邑
Perfection Terre Earth

完美火焰干邑
Perfection Flamme Fire

完美时光干邑
Perfection Lumiere

哈迪春天干邑
Hardy
Le Printemps
$ 12,000
RMB≈￥ 75,000

佳酿欣赏

轩尼诗天恒干邑
Hennessy Ellipse Cognac
$ 9,000 (RMB≈￥ 56,000)

轩尼诗李察干邑
Hennessy
Richard Cognac
$ 3,600
RMB≈￥ 22,000

轩尼诗百乐廷皓禧干邑
Hennessy Paradis Hor
$ 3,00
RMB≈￥ 19,00

轩尼诗百年禧丽
Hennessy Beauté du Siècle
$ 200,000 (RMB≈￥ 1,200,000)

轩尼诗永恒干邑
Hennessy
Timeless Cognac
$ 16,000
RMB≈￥ 100,000

轩尼诗百乐廷皇禧干邑
Hennessy Paradis Impér
$ 2,600 (RMB≈￥ 16,00

杜多农传奇 —
亨利四世大香槟干邑
Dudognon Heritage
Henri IV Cognac
Grande Champagne

$ 2,000,000
RMB≈¥ 12,400,000

总重量：8公斤/ KG
外镀24K纯金与白金
用6500颗钻石镶嵌
橡木桶内陈酿100年
酒容量：100 cl/厘升
酒精度：41%.vol

德拉曼之旅干邑
Le Voyage de
Delamain Cognac
$ 8,000 (RMB≈¥ 50,000)

御鹿瑰宝干邑
Hine Talent
$ 7,300
RMB≈¥ 45,000

金诗尼阿卡娜干邑
Cognac Jenssen Arcana

$ 7,200
RMB≈¥ 45,000

艺术马爹利干邑
L'Art de Martell
$ 8,000
RMB≈¥ 50,000

马爹利至尊
L'Or de Jean Martell
$ 3,600
RMB≈¥ 22,000

艾舵时间标志干邑 1000ml
A.E. Dor Sign of Time 1000ml
$ 8,000 (RMB≈¥ 50,000)

拿破仑之魂干邑
Courvoisier
L'Esprit Cognac

$ 6,000
RMB≈¥ 37,000

马爹利蓝带百年
纪念限量版干邑
Martell Cordon Bleu
Centenary Limited
Edition Cognac

$ 1,338 - $ 3,828
RMB≈¥ 8,300~¥ 23,800

法乐槟羽版干邑
Plume Frapin cognac
$ 3,500
RMB≈¥ 22,000

卡慕珍藏干邑
Camus Cuvee Cognac
标 2.105 / 3.128
号 4.176 / 5.150
$ 3,600 - $ 5,000
RMB≈¥ 22,000~¥ 31,000

休伯特百利来
王子典藏干邑
Prince Hubert
de Polignac
Heritage Cognac

$ 3,200
RMB≈¥ 20,000

法乐槟弗朗索瓦拉伯雷
Frapin Francois Rabelais
$ 8,000 (RMB≈¥ 50,000)

法乐槟珍藏1888干邑
Frapin-Cuvee-1888-Cognac
$ 5,800 (RMB≈¥ 36,000)

拿破仑一世龙标干邑
L'Essence de
Courvoisier du Dragon
$ 2,500
RMB≈¥ 15,500

大摩翠尼塔64年

The Dalmore
Trinitas
64 Year Old

$ 162,000
RMB≈¥ 1,000,000

大摩59年单一麦芽

The Dalmore
Eos 59 Year Old
Single Malt

$ 25,000
RMB≈¥ 155,000

大摩坎德拉50年单一麦芽

The Dalmore
Candela 50 Year
Old Single Malt

$ 18,000
RMB≈¥ 110,000

大摩天狼星1951单一麦芽

The Dalmore's
Sirius Single
Malt is a 1951

$ 16,000
RMB≈¥ 100,000

大摩40年单一麦芽

The Dalmore
40 Year Old
Single Malt

$ 4,800
RMB≈¥ 30,000

50年纯麦芽
大摩1926

Dalmore 1926
50 Year Old
Pure Malt

$ 12,000
RMB≈¥ 75,000

麦卡伦莱俪64年

The Macallan 64
Year Old in
Lalique Cire Perdue

$ 460,000
RMB≈¥ 2,900,000

1949 / 50年
麦卡伦千禧年

The Macallan
Millennium 1949
50 Year Old

$ 30,000
RMB≈¥ 186,000

单一麦芽
麦卡伦莱俪60年

The Macallan
Lalique 60 Year
Old Single Malt

$ 25,000
RMB≈¥ 155,000

单一麦芽
麦卡伦莱俪57年

The Macallan
Lalique 57 Year
Old Single Malt

$ 15,000
RMB≈¥ 93,000

单一麦芽
麦卡伦莱俪55年

The Macallan
Lalique 55 Year
Old Single Malt

$ 12,500
RMB≈¥ 78,000

麦卡伦"M"高地单一麦芽

The Macallan
'M Highland
Single Malt

$ 5,000
RMB≈¥ 31,0

6升装一瓶曾
拍 $ 628,000

伊莎贝拉艾雷岛威士忌
Isabella's Islay Whisky

宝石　$ 6,200,000
　　　RMB≈¥ 39,000,000

白金　$ 740,000
　　　RMB≈¥ 4,600,000

艾拉托登105年麦芽1906

Aisla T'Orten
105 Year Old 1906

$ 1,400,000
RMB≈¥ 8,700,000

单一麦芽
麦卡伦莱俪62年

The Macallan
Lalique 62 Year
Old Single Malt

$ 10,000
RMB≈¥ 62,000

高原骑士50年
单一麦芽

Highland Park 50
Year Old Single Malt

$ 17,600
RMB≈¥ 110,000

波摩1957 / 54年单一麦芽

Bowmore 1957
54 Years Old
Single Malt

$ 162,000
RMB≈¥ 1,000,000

麦卡伦莱俪
50年单一麦芽

The Macallan
Lalique 50 Year
Old Single Malt

$ 10,500
RMB≈¥ 65,000

钻禧
尊尼获加

Diamond
Jubilee by
John Walker
$ 164,000
RMB≈¥ 1,000,000

尊尼获加1805蓝标庆典混合威

Johnnie Walker
1805 The Celebration
Blue Label Blended
$ 27,000
RMB≈¥ 170,000

创始人纪念版
尊尼获加

Johnnie Walker
Diageo
Lohn Walker
$ 3,000
RMB≈¥ 18,600

62响礼炮
芝华士皇家礼炮

Chivas
Royal Salute
62 Gun Salute
$ 3,600
RMB≈¥ 22,000

芝华士皇家礼炮50年

Chivas
Royal Salute
50 Year Old
$ 10,000
RMB≈¥ 62,000

荣誉之樽
芝华士皇家礼炮

Chivas
Royal Salute
Tribute to Honour
$ 200,000
RMB≈¥ 1,240,000

55年珍藏
格兰菲迪珍尼希德罗白特

Glenfiddich Janet
Sheed Roberts
Reserve 1955
$ 94,600
RMB≈¥ 580,000

格兰菲迪50年单一麦芽

Glenfiddich
50 Year Old
Single Malt
$ 16,000
RMB≈¥ 100,000

高地单一麦芽
格兰杰荣耀1981

Glenmorangie Pride
1981 Highland
Single Malt
$ 3,600
RMB≈¥ 22,000

单一麦芽
格兰哥尼40年

Glengoyne
40 Year Old
Single Malt
$ 5,800
RMB≈¥ 36,000

格兰花格50年单一高地麦芽

Glenfarclas
Single
Highland Malt
$ 7,600
RMB≈¥ 47,000

70年单一麦
戈登麦克菲尔世代莫特拉克

Gordon & MacPhail
Generations
Mortlach 70 Years
Old Single Malt
$ 15,000
RMB≈¥ 90,000

30年混合

Midleton1973
30 Year Old Blended
$ 4,400
RMB≈¥ 27,000

米克德庆典限量版酸麦芽

Michter's
Celebration
Sour Mash
$ 4,000
RMB≈¥ 25,000

加拿大俱乐部30年

Canadian
Club 30 Year
$ 200
RMB≈¥ 1200

三得利50年山崎单一麦芽

Suntory 50
The Yamazaki
Single Malt
$ 13,000
RMB≈¥ 80,000

50周年纪念版
三得利滚石乐团

Suntory
The Rolling Stones
50th Anniversary
$ 6,300
RMB≈¥ 39,000

6000颗碎钻
容量：1.2升
瓶重量：4千克

龙舌兰莱伊925
白金纯银钻石款
Tequila La Ley 925
del Diamante
$ 3,500,000
RMB≈￥21,700,000

龙舌兰莱伊925
项目MX33
Tequila La Ley 925
Project MX 33
$ 225,000
RMB≈￥1,400,000

龙舌兰莱伊925
项目墨西哥33
Tequila La Ley 925
Project Mechico 33
$ 150,000
RMB≈￥930,000

龙舌兰莱伊925
项目金银999MX
Tequila La Ley 925
Project S&G .999 MX
$ 250,00
RMB≈￥155,000

龙舌兰莱伊925
阿兹台克特级珍藏
Tequila La Ley 925 Gran
Reserve Pasion Azteça
$ 35,00
RMB≈￥22,000

阿松布罗索陈酿系列龙舌兰
Asombroso Anejo Tequila
$ 500 - $ 1,200（RMB≈￥3,100～￥7,500）

波尔图双桶陈酿
Del Porto Double
Barrel Rested

年份超级陈酿11年
Vintage 11 year
Extra Anejo

超级陈酿龙舌兰
Extra Anejo
Tequila

白金银色龙舌兰
El Platino
Silver Tequila

金玫瑰龙舌兰
La Rosa
Reposado

金快活250周年
纪念版龙舌兰
Jose Cuervo 250
Aniversario Tequila
$ 2,200
RMB≈￥15,500

2012年份百家得
大师复古朗姆酒
Bacardi De Maestros
de Ron Vintage MMXII
$ 2,000
RMB≈￥12,400

阿普尔顿庄园50年珍藏
Appleton Estate 50
Year Old Jamaica
Independence Reserve
$ 5,900
RMB≈￥37,000

罗恩哈瓦那俱乐部
马西莫特别珍藏
Ron Havana Club
Máximo Extra Añejo
$ 2,000
RMB≈￥12,400

安哥仕传奇
Legacy by
Angostura
$ 25,000
RMB≈￥155,00

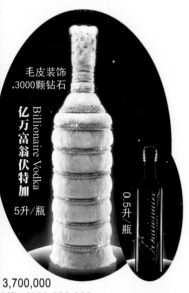

毛皮装饰
.3000颗钻石

亿万富翁伏特加
Billionaire Vodka

5升/瓶

0.5升/瓶

3,700,000
RMB≈￥23,000,000

罗索波罗伏特加
Russo Baltique Vodka
$ 1,300,000
RMB≈￥8,000,000

有钻石、宝石和水晶
镶嵌物不同价格不同，

女神伏特加
Diva Vodka（UK/英国）
$ 70 - $ 1,000,000
RMB≈￥430～￥6,200,000

小熊版雪树伏特加
Belver Bears
Belvedere Vodka
$ 7,200
RMB≈￥45,000

苏联红牌喜马拉雅精英版
Stolichnaya Elit Himalayan Edition

3,000
RMB≈18,600

约尔达诺夫施华洛世奇版伏特加
Iordanov Vodka Swarovski Edition

$ 3,900
RMB≈￥24,000

1升/瓶

橙晶 翠蓝晶 红晶 绿晶 粉晶 银晶 金晶 夜蓝晶 天蓝晶 黄晶 冰蓝晶 黑晶 紫晶 柠檬晶 豪华版
Orange Türkisblau Rot Green Pink Silber Gold Nachtblau Himmelblau Gelb Eisblau Schwarz Violett Hellgrün Luxus Version

至尊系列复活节彩蛋版伏特加
Imperial Collection Faberge Egg Vodka

$ 4,000 - $ 8000
RMB≈￥2,5000～￥50,000

水晶/珐琅/黄金
镀金彩蛋
珐琅彩蛋

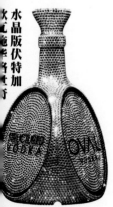

水晶版伏特加

val Swarovski
rystal EditionVodka

6,900
RMB≈￥43,000

阿利兹—施华洛世奇水晶镶嵌限量版

Swarovski Studded
Alize Limited Edition
$ 2,000
RMB≈￥12,400

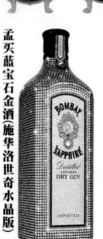

孟买蓝宝石金酒(施华洛世奇水晶版)

Bombay Sapphire Gin
Swarovski Edition
$ 4,300
RMB≈￥27,000

孟买蓝宝石诞辰250周年限量版

Bombay Sapphire
250th Anniversary
$ 2,800
RMB≈￥17,000

诺雷家族珍藏干型金酒

Nolet's The
Reserve Dry Gin
$ 4,300
RMB≈￥27,000

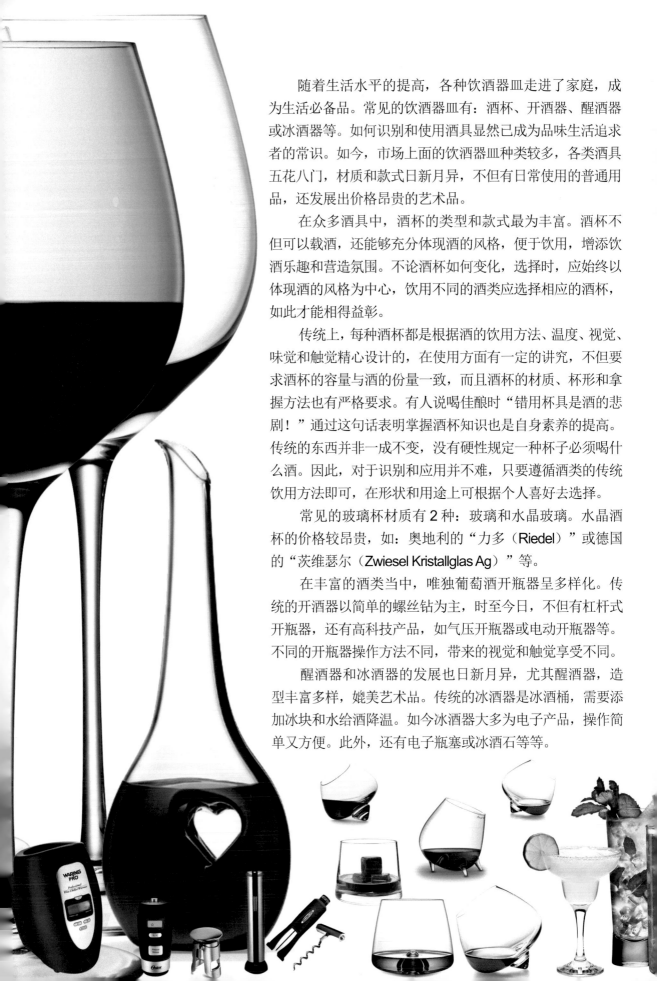

随着生活水平的提高，各种饮酒器皿走进了家庭，成为生活必备品。常见的饮酒器皿有：酒杯、开酒器、醒酒器或冰酒器等。如何识别和使用酒具显然已成为品味生活追求者的常识。如今，市场上面的饮酒器皿种类较多，各类酒具五花八门，材质和款式日新月异，不但有日常使用的普通用品，还发展出价格昂贵的艺术品。

在众多酒具中，酒杯的类型和款式最为丰富。酒杯不但可以载酒，还能够充分体现酒的风格，便于饮用，增添饮酒乐趣和营造氛围。不论酒杯如何变化，选择时，应始终以体现酒的风格为中心，饮用不同的酒类应选择相应的酒杯，如此才能相得益彰。

传统上，每种酒杯都是根据酒的饮用方法、温度、视觉、味觉和触觉精心设计的，在使用方面有一定的讲究，不但要求酒杯的容量与酒的份量一致，而且酒杯的材质、杯形和拿握方法也有严格要求。有人说喝佳酿时"错用杯具是酒的悲剧！"通过这句话表明掌握酒杯知识也是自身素养的提高。传统的东西并非一成不变，没有硬性规定一种杯子必须喝什么酒。因此，对于识别和应用并不难，只要遵循酒类的传统饮用方法即可，在形状和用途上可根据个人喜好去选择。

常见的玻璃杯材质有 2 种：玻璃和水晶玻璃。水晶酒杯的价格较昂贵，如：奥地利的"力多（Riedel）"或德国的"茨维瑟尔（Zwiesel Kristallglas Ag）"等。

在丰富的酒类当中，唯独葡萄酒开瓶器呈多样化。传统的开酒器以简单的螺丝钻为主，时至今日，不但有杠杆式开瓶器，还有高科技产品，如气压开瓶器或电动开瓶器等。不同的开瓶器操作方法不同，带来的视觉和触觉享受不同。

醒酒器和冰酒器的发展也日新月异，尤其醒酒器，造型丰富多样，媲美艺术品。传统的冰酒器是冰酒桶，需要添加冰块和水给酒降温。如今冰酒器大多为电子产品，操作简单又方便。此外，还有电子瓶塞或冰酒石等等。

酒具

Wine Set

饮酒玻璃器皿
DRINKING GLASSES

鸡尾酒杯
Cocktail Glasses

三角形鸡尾酒杯又称马天尼杯（Martini），是短饮类鸡尾酒常用载杯，容量在90~145ml之间。

酒杯的选购

在选择酒杯时首先看材质和产地。在外观上应选择杯身无花纹且无色透明度较高的杯子。此外，还要看杯身的薄厚度、光滑度及瑕疵（凹凸或气泡）等。最后再用手指弹击杯身，听其发出的声音如何？如果发出金属般清脆缭绕的声音，并且持续时间较长，说明杯子较好。

大肚白兰地杯
Brandy Snifter Glasses

大肚白兰地杯又称球形杯，属于白兰地净饮专用杯。杯脚矮，杯壁薄，有利于手掌透过杯身传导热量，促进酒香散发。

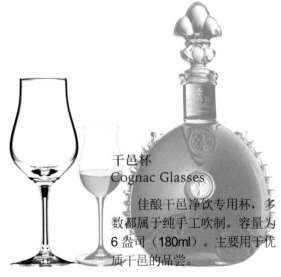

干邑杯
Cognac Glasses

佳酿干邑净饮专用杯，多数都属于纯手工吹制。容量为6盎司（180ml）。主要用于优质干邑的品尝。

单一麦芽威士忌杯
Single Malt Whisky Glasses

此杯主要用于苏格兰单一麦芽威士忌净饮，可充分体现复杂的口感和多层次的香气，容量7盎司（200ml）。

烈酒杯
Spirits Glasses

各种烈酒净饮用载杯，如常见的：Tequila, Gin, Rum, Vodka等。容量为60ml。

古典杯
Old Fashioned Glasses

应用最广泛的酒杯之一，我国港、澳及广东地区称之为"洛杯"，主要用于各种酒类加冰。容量 195~500ml 之间。

海波杯
Highball Glasses

酒类混合饮用载杯，如：烈酒加汽水或果汁等，也可用于盛载果汁或长饮，容量在 210~360ml 之间。

波尔多或赤霞珠杯型
Bordeaux ou Cabernet Sauvignon Glasses

品鉴法国波尔多混合型佳酿，更宜于体现独特的风味。此外，还适用于其他干红、干白、桃红和甜白等，应以酒杯容量大小区分，例如：干红 =650ml，干白和桃红 ≤ 500ml，甜白 ≤ 350ml，强化 ≤ 260ml。

布艮地或黑皮诺杯型
Bourgogne ou Pinot Noir Glasses

品鉴法国布艮地黑皮诺佳酿，更宜于体现独特的风味。此外，还适用于其他干红、干白、桃红和甜白等，应以酒杯容量大小区分，例如：干红 =650ml，干白和桃红 ≤ 500ml，甜白 ≤ 350ml，强化 ≤ 260ml。

罗讷或西拉杯型
Rhône ou Syrah Glasses

品鉴法国法国北罗讷西拉佳酿，更宜于体现独特的风味。此外，还适用于其他干红、干白、桃红和甜白等，应以酒杯容量大小区分，例如：干红 =650ml，干白和桃红 ≤ 500ml，甜白 ≤ 350ml，强化 ≤ 260ml。

桃红葡萄酒杯
Rose Wine Glasses

桃红风格介于干红与干白之间，大多为简单易饮型酒品，完全可使用红或白葡萄酒杯替代，容量介于红、白葡萄酒之间。如果条件允许，选择布艮地或郁金香型酒杯为宜，如此酒体与杯型更显协调。

通用葡萄酒杯
All Purpose Wine Glasses

近年流行的新款葡萄酒杯，可用于红、白或桃红葡萄酒的饮用，容量较大，通常在220~850ml之间。

盲品杯
Blind Tasting Glasses

盲品杯为葡萄酒盲品而设计的专用载杯，大多用于专业葡萄酒品鉴。由于其杯壁不透明，品鉴后最终得出的品鉴结果相对较客观。

强化葡萄酒杯
Fortified Wine Glasses

此杯主要用于甜酒（Dessert Wine）的饮用，如波特酒（Port）或雪利酒（Sherry）等，也可用于饮用烈酒。容量在70~160ml之间。

利口酒杯
Liqueur Glasses

此杯主要用于利口酒的净饮或彩虹类鸡尾酒（Pousse Cafe）的盛载。容量有30ml和60ml两种。

香槟杯
Champagne Glasses

笛形杯身细长优雅，气体不易散发，易于欣赏酒中缓缓升起的气泡，是一款十分理想的起泡葡萄酒杯；容量在160~180ml之间。

碟形香槟杯多用于大型酒会，摆放平稳，易于拿取，但并非理想的香槟杯。

平底葡萄酒杯
Tumbler Wine Glasses

近年新出现的杯型，主要用于各类葡萄酒的饮用，也可作为威士忌杯或加冰杯使用，容量在375ml以上。

卡拉壶
Carafe

卡拉壶又称水壶或公杯，主要于盛载水或汽水。通常小容量的多用于餐饮场所分酒，大容量的可做为醒酒器使用。容量在100~1100ml之间。

滗酒器
Decanter

滗酒器又称醒酒器，主要用于陈年红葡萄滗酒除泥，或为一些单宁含量较高或较年轻的干红葡萄酒醒酒之用。此类器皿的款式和造型丰富，大多像艺术品。特征：瓶口小，瓶身宽大，可增加酒液与空气接触面积，从而缩短醒酒时间。此外，调温醒酒器还设计有冰槽，这样可维持酒体的低温状态和新鲜度。

水晶玻璃器皿的鉴别

听声音：用手弹击器皿时听到的声音有明显区别。水晶玻璃制品发出的声音有如金属般清脆，撞击后余音缭绕，持续时间较长；而普通玻璃制品的声音闷重、回音短。

掂重量：同样大小体积的两件器皿，水晶玻璃制品比普通玻璃制品重，并且有质感。

看折光度：在同样光线下水晶玻璃制品折光率高于普通玻璃，会透射出彩虹般光线，普通玻璃不会出现彩色光线。

比硬度：水晶玻璃比普通玻璃硬度高，表面不宜出现划痕。而普通玻璃制品易出现划痕，将两件物品对照一试便知。

水晶玻璃的国际标准：氧化铅（PbO）含量为24%。氧化铅（PbO）是一种金属原料，无毒性，当含量超标时，会失去晶莹剔透的质感，如果含量达到100%变为纯金属。

霞多丽杯 Chardonnay　蒙拉榭杯 Montrachet　雷司令杯 Riesling　甜酒杯 Dessert

根据酒杯厂商宣传，不同形状的葡萄酒杯是根据酒体特性（颜色、饮用方法和酒的易挥发成分密度等）及品酒者的口腔味蕾分布区域不断试验后，精心设计的。例如拥有不同香气的葡萄酒使用的酒杯在形状上有明显的区别，在品尝时会带来不同的视觉和味觉感受。由于口腔不同区域的味蕾对不同物质的敏感程度不同，酒中的酸味物质、酚类物质及其他有刺激性的物质入口时，流向不同区域，带来的感觉也有所不同。为此，出现了许多诸如霞多丽杯、雷司令杯或蒙拉榭杯等等。事实上，不同的酒杯不会改变酒的本质，但可突出酒的风格，在使用不同杯口边缘形状的酒杯时，酒液流入口腔的位置不同，因此，相应的酒杯可修正酒的缺陷，使酒体更加平衡。但以上说法并没有相关的科学依据。有一些专业人士认为，不同的酒杯确实会影响酒的香气和口感，使用正确的酒杯能突出酒的风味。

如何握杯
HOW TO HOLD A WINEGLASS

常见的酒杯当中有两大类：高脚杯和无脚平底杯，每种酒杯在拿取时都有些许讲究。正确握杯，不仅能让自己显得大方得体，还代表着自身的素养和品味。

→正确拿取酒杯可避免手指手掌直接触摸杯体时留下指纹或污渍。

→正确拿取酒杯可防止手温干扰酒温，尤其是低温酒品，手温不仅会使酒的温度升高，手掌还会沾上杯身外的冷凝水。

→正确拿取酒杯显得更加自然得体。

捏住杯柄的下半部分

捏住杯身底部三分之一处

葡萄酒摇杯
SWIRL THE WINE GLASS

摇杯属于葡萄酒品鉴过程中的一个小节，其作用是通过摇晃酒杯来观察酒中的酒精、甘油和残留糖分含量等细节，以及激发香气的一种动作。

持杯柄悬空逆时针摇晃

持杯底悬空逆时针摇晃

持杯柄根部在桌面上逆时针平滑旋转摇晃

持杯柄为大多数消费者惯用的一种摇杯方法，操作简单，容易掌握，并且动作自然流畅。

持杯底通常是一些行家或初学者，为了表现自己，而惯用的一种专业方法，因此，称之为"行家动作"。

在桌面上平滑旋转的动作多为一些企业老板惯用的摇杯方法，给人的感觉很专业，有点做作。

葡萄酒碰杯仪式
ETIQUETTE OF CLINKING WINE GLASSES

　　如今，喝酒碰杯已成为地球人的一种生活礼仪。那么喝酒为什么要碰杯？无人能给出确切的答案，不过，却有多种传说。

　　传说古希腊人在喝酒过程中发现：人的感官（眼、鼻、口、耳）可以享受到酒的视觉、嗅觉和味觉，但缺少了听觉，于是就想出了一种办法，在喝酒前，互相碰一下酒杯，碰杯发出的清脆响声让耳朵也能够享受到喝酒的乐趣。

　　相传古罗马盛行"角斗"竞技，每次比赛前，角斗士们习惯以喝酒的方式相互勉励。为了预防酒中投毒，在饮用前双方将自己的酒向对方的酒杯中倾注一些。之后，这种倒酒的动作逐渐演变成了碰杯。

　　还有一种说法是：古人为了防备他人在酒中下毒，每次在喝酒前宾客都要将自己杯中的酒顺势向主人杯中倾注一些，让主人先喝，证明酒中无毒后自己再喝，之后，这种行为却演变成了一种碰杯习俗。

　　其实，以上都是传说。喝酒碰杯的真正原因可能是人类在庆祝时，相互示意的一种自然行为，而随着文明的进步，逐渐演变成了一种饮酒礼仪。

　　发展到现代，碰杯已然成为一种重要的饮酒礼节，碰杯可拉近人与人之间的距离，增进友谊，消除矛盾，提高饮酒氛围。有些人碰杯可能是相互示意喝酒，有些人出于尊敬，还有一些人为了拉近距离或得到对方的谅解。无论出于什么目的，在碰杯时的动作均有讲究。通常，碰杯前应主动起身，在两杯相碰时，身份、职位、年龄较低的人所持酒杯的杯口理应低于对方，以示尊重。此外，用空杯向对方碰杯或碰完酒杯后直接放下，都是不尊重对方的表现。

葡萄酒碰杯
Clinking Wine Glasses　　1
错误撞击点
声音沉闷

葡萄酒碰杯
Clinking Wine Glasses　　2
正确撞击点
倾斜幅度 15-35°
声音清脆缭绕

　　喝葡萄酒碰杯时，还会带来一种独特的感观享受，那就是品酒当中的五感之一"声感"。葡萄酒杯材质为玻璃或水晶玻璃，在碰杯时会发出一种缭绕的清脆声，从而带来一种听觉乐趣。因此，喝葡萄酒碰杯时与传统碰杯方法有别。传统碰杯方法（上图1），容易撞碎酒杯或将酒液溅出，而且声音沉闷。正确碰杯方法（上图2），碰撞的位置是酒杯中间突出的最高点，如此可降低酒杯破碎机率，防止酒液飞溅，并且撞击声音像金属股清晰悦耳，余音缭绕，具有较高的观赏性。

葡萄酒开瓶器
WINE BOTTLE OPENER

给葡萄酒开瓶已不是什么新鲜事了，但是规范的开好每一瓶用软木塞封口的葡萄酒并非易事。从专业角度来说，开启葡萄酒有诸多讲究，如规范的动作、开启质量及开瓶速度等。不论使用何种开瓶器，均有技术要求。否则会出现动作死板，钻穿或拔断软木塞等状况。如果要像侍酒师一样能够潇洒的开好每一瓶酒，需要具备相关理论知识及丰富的实操经验，才能够掌握其中的技巧。

葡萄酒从17世纪开始用软木塞封口，在300多年的历史发展过程中，出现了许多形状及功能各异的开瓶器，从原始的钻头到今天备受推崇的"电动开瓶器"，种类及款式多不胜数。选择一种适合自己的开瓶器不但可提高生活品味，还有助于提高开瓶质量。比如在高档餐厅点酒的顾客，除了享受酒液的味觉外，一系列的开启过程也是一种视觉享受，这与开瓶器有直接关系，不同的开瓶器在开启时带来的感受不同。

双翼酒钻
Deluxe Wing Corkscrew

将钻头钻入，双翼会随着旋转而翘起，然后双手同时用力将双翼压下拔出瓶塞即可。

自拉式开瓶器
Self Pulling Corkscrew

瓶塞会随着钻头的深入自动拔出

铝箔切割刀
Foil Cutter

有瓶封的葡萄酒在开瓶前，必须先切除瓶封帽

简易开瓶器
Simple Corkscrew

拧这里钻入

拧这里将瓶塞拔出

拧顶端手柄将钻头钻入瓶塞，然后再顺时针拧下面的圆筒将瓶塞拔出即可。

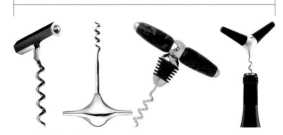

T 型手柄开瓶器
T–Handle Corkscrew

古老且传统开瓶器，用钻头直接从瓶塞中间钻入后，用力并轻轻摆动拔出即可。

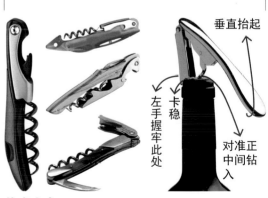

侍者之友
Waiter's friend

垂直抬起

左手握牢此处

卡稳

对准正中间钻入

侍者之友又称酒刀，为侍酒师专用开瓶器。体积小巧，便于携带，可允分体现开启葡萄酒的一系列服务过程，并且有一定的技术含量。

掌上型开瓶器
Pocket Model Corkscrew

对准瓶塞中间直接旋转杠杆即可

螺旋齿轮开瓶器
Planetary Gears Corkscrew

顺时针旋转把手瓶塞会自动拔出

杠杆型开瓶器
Lever Model Corkscrew

这里用左手握牢

抬起把手，将钻头对准瓶塞中央，压下把手，再抬起即可。

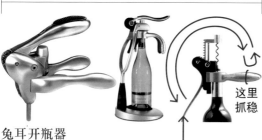

兔耳开瓶器
Rabbit Corkscrew

压下再抬起即可

这里抓稳

壁挂式开瓶器
Wall Mounted Corkscrew

固定在台面或墙壁上面

压下再抬起即可

双爪开瓶器
Two Prong Cork

旋转

顺势向上拉

双爪开瓶器又称 Ah-So，是针对老酒设计的一种开瓶器。由于老酒的瓶塞过于老化，用螺丝开瓶器容易导致瓶塞穿孔或破碎，用这种开瓶器可完整的将软木塞取出。

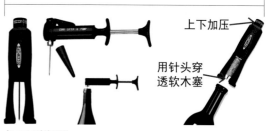

气压开瓶器
Air Pressure Corkscrew

上下加压

用针头穿透软木塞

利用气针向瓶内加压的一种新式开瓶器，操作简单，速度快，适合女士使用。

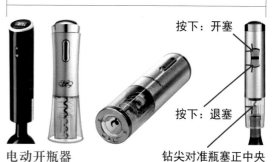

电动开瓶器
Electric Wine Opener

按下：开塞

按下：退塞

钻尖对准瓶塞正中央

最具科技含量的新式开瓶器，有充电和非充电两种类型。操作简单，速度快，安全系数高。

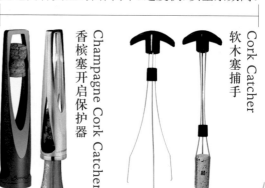

香槟塞开启保护器
Champagne Cork Catcher

软木塞捕手
Cork Catcher

葡萄酒其他配件
OTHER WINE ACCESSORIES

葡萄酒瓶塞
Wine Bottle Stopper

　　当葡萄酒未喝完时，会发现原来的软木塞很难再按原样塞回去。然而，大多数人都会将塞子倒过来再塞回去，并且外面还凸出一半，如此既不卫生，也难保证酒质。由于开酒时塞子已经钻穿，倒放时酒液会渗出，并加速氧化。如果有一个完美的酒塞这一切就会迎刃而解。

　　酒塞是比较常见的葡萄酒配件之一，材质、功能和款式各异，如：传统的软木塞、水晶玻璃塞、不锈钢硅胶塞、银塞或琥珀塞等等。此外，还有效果更好的香槟塞、手动真空塞或自动真空塞等。购买时可根据质量及个人喜好去选择，只要是合格产品，均可达到封瓶效果。但是，由于材质和功能不用，每一种塞子对于酒质的保鲜期长短不一。对于普通干红或干白来说，不论用什么塞子，最大限度不超过一周。

香槟塞
Champagne Stopper

先将控制柄抬起，将塞头塞进瓶口后，压下控制柄即可。

电子葡萄酒真空塞
Electronic Wine Vacuum Sealer

　　智能保鲜，操作简单，LCD背光屏，显示抽真空过程、酒温及密封天数；自动压力检测，传感器检测是否有漏气；漏气时自动重启抽气功能；内置温度传感器，随时知悉酒的温度；温度切换按钮，摄氏度和华氏度自由切换；倾斜开关，酒瓶倾斜超过 45° 时，酒塞会自动停止工作，防止酒液流入酒塞而造成损坏。

电子智能葡萄酒冷却器
Intelligent Electronic Wine Chiller

这是一种非常方便的小工具，内置冷却和加热功能，噪音小，可精准调节酒温，内设有33种葡萄酒的适饮温度，适用于各种需要调节温度的酒类（在瓶子能放进的情况下）。

LCD 数字控制背光屏幕，CPU 恒温控制，智能调温，可进行华氏或摄氏温度转换，并且有报警功能，只要按需设置温度，准备就绪后，会自动报警提醒。由于品牌、款式和功能较多，可按自己的需要选择。

直接插入瓶内几分钟即可

套在瓶身上部通过金属片感应温度

电子葡萄酒温度计
Electronic Wine Thermometer

酒珍珠又称不锈钢冰块（Stainless Steel Ice Cube），提前冰冻后直接放入酒中即可。适用于各种低温饮用的酒类或饮料。

酒珍珠
Wine Pearls

香槟桶是香槟酒和葡萄酒的最传统冰镇容器，为餐饮场所必不可少的工具。材质主要有玻璃、水晶玻璃或不锈钢等。使用香槟桶为酒降温时，首先加满冰块，然后加常温水至7成满，再放入需要冰镇的酒品即可，15~20 分钟就可达到适饮温度。

香槟桶
Champagne Bucket

冷冻凝胶冷却套
Freeze Gel Wine Cooler Sleeve

适用于各种需要调节温度或恒温的酒类或饮料，效果可达数小时，并可重复使用。−18℃仍保持柔软，携带方便。使用前需要事先放入冰柜（−10℃）预冷一个小时以上。加热时可放进水里用微波炉加热一分钟或直接用沸水煮5 分钟即可。

酒塞式葡萄酒冷却器（冰酒柱）
Corkcicle Wine Chiller

冰柱需要事先放入冰柜内冷藏2个小时以上。使用时将冰柱直接插入酒瓶中，5~10 分钟就能达到适饮温度，可持续恒温45分钟左右。清洗后还可重复使用。

如何饮酒？这句话听起来有点荒唐！事实上，许多消费者的确对各种酒的饮用一知半解。了解各种酒类的饮用，不但可提高个人的品味，还能更好地体现酒的价值。

所有的酒在饮用上，不外乎三种喝法：

净饮 Straight Up；

加冰 On the Rocks；

混合饮 Mixed Drinks。

每一种喝法都有其独特之处，不同的酒有不同的饮用方法，不同的酒搭配的材料不同。有人说不管什么酒，自己想怎么喝就怎么喝！有人说好酒应该净饮，还有人说加冰或兑饮料才好喝！各执己见！

上个世纪 90 年代红酒加雪碧风靡一时，同时还有黄酒加话梅，白酒加姜丝等。21 世纪初期又流行威士忌或干邑加绿茶，可以说在喝法上无所不用其极。那么这些喝法对不对？为什么要这样喝？

酒怎么喝都没错，关键是应该明白在喝什么？酒类的一些盲目喝法基本都出自酒商或大型夜场的推广，目的无非是为了促进销售。正常情况下，四五个人到酒吧点一瓶烈酒基本足够，如果兑饮料喝，可能需要几瓶，同时还能提高饮酒氛围，这就是酒商推出混合饮用的目的。

事实上，每一种酒均有其传统喝法，理论上，净饮才能够充分体现酒的风格和价值，当然，加冰或混合饮也是不错的选择。如果说净饮是品尝酒的原汁原味，那么加冰就是为了改变风味和口感，而混合饮说白了就是在喝饮料。任何酒类加入饮料后，酒的特有风味都会被饮料的味道和甜味掩盖掉，尤其是绿茶。所以，酒兑饮料喝没错，关键是会选择。用百元的酒兑饮料，不但可以喝到时尚饮料，提高饮酒氛围，还能体现个人的品味，并且充分体现了酒的价值。如果用万元以上的佳酿兑饮料，同样是在喝饮料，未免代价就太大了！是在喝昂贵的普通饮料，说不好听的话就是在暴殄天物！

喝酒时应因酒制宜，不能一概而论。理论上，按酒的传统喝法去饮用，是在体现："酒的风味和价值"；因酒制宜的去喝，在体现："个人品味"；用昂贵的佳酿去兑饮料，体现的是：面子，纯属土豪喝法。

下面去看看一些常见的酒类怎么喝吧。

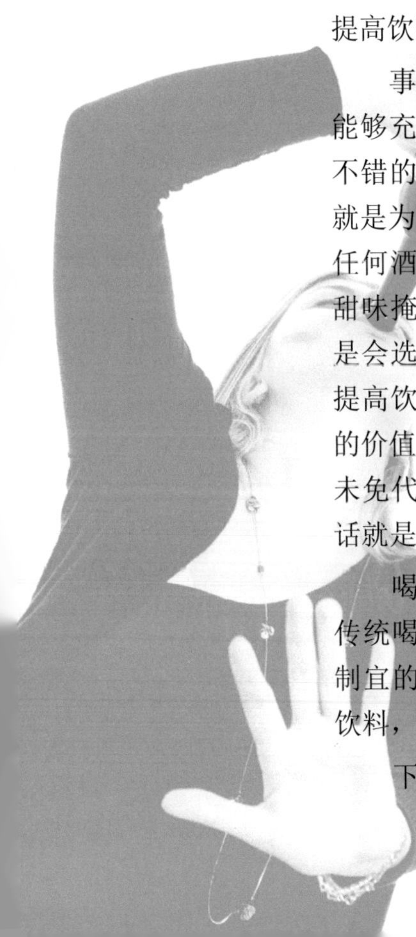

如何饮酒
How to Drink Liquor

白兰地
BRANDY

以水果为原料，经发酵后蒸馏而成，但必须在特定的橡木桶中经过一定时间的陈酿，酒精含量在 40%vol 左右。"Brandy"一词源自荷兰语"Brandewijn"，现在，大家说的白兰地泛指葡萄白兰地。

全球有许多国家出产白兰地，其中表现最出色的唯有法国干邑（Cognac）和亚文邑（Armagnac）。

干邑 COGNAC

1909 年 5 月 1 日法国酒法明文规定：只有在法国干邑（Cognac）地区生产的白兰地才能称为干邑，其他任何国家或地区生产的白兰地都不可自封"干邑（Cognac）"。现在干邑已成为白兰地的代名词，所有的干邑都是白兰地，但白兰地并非干邑。

白兰地的基本生产过程

先将葡萄榨汁，然后进行发酵，时间 2~3 周，生产出酒精含量在 7%~8%vol 的白葡萄酒。

蒸馏分 2 步，第一次为粗蒸馏；第二次去除酒头和酒尾，只留酒心部分，称之为"生命之水"，酒精在 70% 左右。

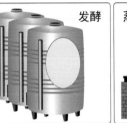

无色酒液至少需要在橡木桶内陈酿 2 年以上，同时汲取橡木的芳香物质和颜色，构成白兰地特有风格。

所谓的勾兑就是将不同产区、年份和品种的白兰地进行混合调配，使酒的颜色和口味更趋于完美。

干邑的酒龄

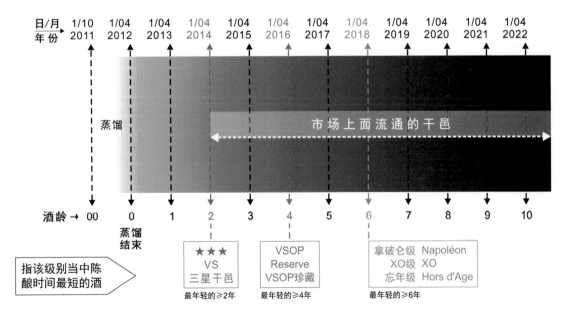

干邑酒龄指该酒的陈酿时间，比如宣传陈酿期是 30 年，其实，是指该酒的基酒当中有一部分酒达到了 30 年，并非整瓶。

V.S = Very Superior

V.S.O.P = Very Superior Old Pale

XO = Extra Old

如何饮用白兰地？
HOW TO DRINK BRANDY?

饮用白兰地的载杯

白兰地净饮载杯

加冰载杯

混合饮用载杯

普通干邑	高级佳酿干邑
可按个人喜好去饮用	酒质珍贵，建议净饮

佳酿干邑最理想的喝法："净饮"；用廉价白兰地兑饮料才是明智的选择。

净饮
Straight Up

净饮时可用手掌托着杯底为酒预热，让酒的香气充分散发出来。冬季还可用加热器预热。

1~1.5 盎司
（30~45ml）

以白兰地为基酒的鸡尾酒
Brandy Based Cocktail

加冰
On the Rocks

用古典杯加 4~5 块冰，然后将 1.5~2 盎司 45~60ml 酒直接淋在冰块上面即可。

1.5~2 盎司
（45~60ml）

混合饮
Mixed Drinks

取海波杯加 8~9 成冰块，先加入酒，再加饮料。白兰地适宜混合的饮料有：可乐、干姜水或橙汁等。

1.5~2 盎司
（45~60ml）

威士忌
WHISKY

以大麦、黑麦或玉米等谷物为原料，麦芽作糖化剂，经糖化发酵后蒸馏而成，最后还需在橡木桶中进行陈酿老熟，酒精含量在40%~43%vol 之间。

威士忌由"Whisky"音译而来，Whisky 一词源自盖尔语"Uisge Beatha"，意思是"生命之水"。Whisky 与 Whiskey 的区别，上个世纪初，苏格兰与爱尔兰威士忌的英文名为 Whiskey，之后为了区分这两种威士忌，在标记苏格兰威士忌时去掉了"e"字。如今，苏格兰和加拿大威士忌用 Whisky，而美国和爱尔兰则用 Whiskey。只是写法不同而已。

世界著名威士忌

苏格兰威士忌 Scotch Whisky

主要原料是大麦芽，用特有的泥炭烘烤。酒体呈琥珀色，晶莹剔透，带有浓烈的烟熏味。苏格兰威分三大类：

麦芽威士忌 Malt Whisky

谷物威士忌 Grain Whisky

混合威士忌 Blended Whisky

爱尔兰威士忌 Irish Whiskey

以大麦、小麦、燕麦或黑麦生产而成。特点：酒香较浓，具有明显的辣味，无烟熏味。

波本威士忌 Bourbon Whiskey

原产于美国波本县（Bourbon），以玉米≥51%、大麦、黑麦为原料，新白橡木桶陈年。特点：酒体棕红，微甜，有独特的橡木香。

加拿大威士忌 Canadian Whisky

其又称黑麦威（Rye Whisky），以黑麦为主，加其他谷物酿制而成。受寒冷气候和水质影响，口感清淡柔和，适合北美人士饮用。

威士忌基本生产过程

准备 Preparation 1

大麦 小麦 黑麦 玉米

先将大麦浸泡发芽，时间2~3周。然后烘干麦芽（苏格兰威用泥炭 Peat 烘烤）、粉碎、煮熟。

糖化 Mashing 2

将存放一个月后的发芽麦类或谷类放入不锈钢槽，加入热水煮熟并搅碎成麦芽汁，称之为"醪液"。

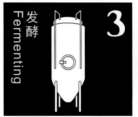

发酵 Fermenting 3

在冷却的醪液中加入酵母，经3~4天后发酵完成，生产出酒精浓度6%~10%的酒糟啤酒，称之为"Wash"。

蒸馏 Distilling 4

第一次蒸馏酒精浓度在20%左右，第二次达到60%~70%，并去其头尾，只留酒心（Heart），这就是"新酒"。

成熟 Aging 5

新威士忌无色透明，必须经过橡木桶陈年，以此提高香味、颜色和稳定性。通常陈年时间在3年以上，有些达10~15年，甚至更久。

装瓶 Bottling 6

混合威在装瓶前还需要混合调配，就是用不同陈年时间的谷物威与麦芽威原酒进行勾兑，调配出与众不同的混合威士忌，然后装瓶即可。

威士忌的质量与酒龄

混合威的质量主要取决于所用麦芽威的比例和质量。理论上，麦芽威比例越高，混合威士忌的质量越高。

混合威士忌的酒龄是指调配所用的单一麦芽威的酒龄，并非整瓶酒。而单一麦芽威则代表的是整瓶酒在橡木桶的陈年时间，因此，售价比较昂贵。

如何饮用威士忌？
HOW TO DRINK WHISKY?

饮用威士忌的载杯和冰块

威士忌净饮载杯　　加冰载杯　　混合饮用载杯　　不锈钢冰　天然冰石　鲜冰　自制冰球

普通威士忌	高级佳酿威士忌
可按个人喜好去饮用	酒质珍贵，建议净饮

净饮
Straight Up

净饮时用双手掌托着杯身下半部分为酒预热，慢慢促进深层香气散发。

1~1.5 盎司
（30~45ml）

加冰
On the Rocks

用古典杯先加 3~4 块冰，然后将酒直接淋在冰块上面即可。

1.5~2 盎司
（45~60ml）

混合饮
Mixed Drinks

用海波杯放 9 成冰块，先加入酒，再加饮料。不同的威士忌适宜搭配的饮料不同，见下图。

1.5~2 盎司
（45~60ml）

苏格兰威士忌 Scotch Whisky　爱尔兰威士忌 Irish Whiskey　波本威士忌 Bourbon Whiskey　加拿大威士忌 Canadian Whisky

金酒
GIN

Gin 的中文译名较多，台湾称琴酒，港澳译为毡酒，大陆译成金酒，这与方言的读音有关。此外，还称杜松子酒（Genever）。

金酒起源于 16 世纪的荷兰，1660 年由荷兰莱顿大学希尔维斯教授配制而成，起初仅用于医学，后来慢慢发展成了一种酒精饮料。17 世纪，这种酒特别受英国海军青睐，并且将其带到英国。之后，英国开始大量生产，命名为 Gin。随着帝国势力的扩张，金酒被带往世界各地，慢慢被全球消费者所接受。如今，已是世界销量最大的烈酒之一。

荷兰金酒 Hollands Genever

荷兰金酒产于荷兰。特点：香料味较重，不适宜混合饮用，因此，国际流通量较小。

伦敦干金酒 London Dry Gin

伦敦干金酒指英国出产的清淡不甜的金酒。特点：酒液纯净，加香味淡，适宜混合饮用，目前，是金酒市场上面的主流产品。

金酒的生产方法

金酒以大麦、玉米或小麦等谷物酿制的中性烈酒为基酒，然后加入杜松子及其他数十种加味材料（如芜荽、小豆蔻、茴香、葛蒲根或柠檬皮等）浸泡，再进行多次蒸馏而成。因此，有明显的杜松子味。金酒通常不需要陈酿，酒精含量在 40%vol 左右，个别酒在 68%~76%vol 之间。

杜松子

如何饮用金酒？
HOW TO DRINK GIN?

金酒位列全球烈酒销量第一位，世界上 60% 的鸡尾酒由"金酒"作为基酒调制，因此，有"鸡尾酒之魂"的美誉。

净饮 Straight Up

1~1.5 盎司（30~45ml）

用烈酒杯或古典杯，加入半片柠檬片即可。

加冰 On the Rocks

1.5~2 盎司（45~60ml）

用古典杯加 4~5 块冰，加 1 片柠檬，再将酒淋在冰块上面即可。

混合饮 Mixed Drinks

1.5~2 盎司（45~60ml）

用海波杯加 9 成冰块，放 2~3 片柠檬，再加入酒和饮料搅匀即可。金酒适宜搭配的饮料有：汤力水、苏打水或青柠汁等。

朗姆酒
RUM

以甘蔗汁或糖浆为原料，经发酵后再进行蒸馏和陈酿生产而成，酒精含量在40%~75%vol 之间。

RUM 中文译名较多，有朗姆酒、罗姆酒、兰姆酒或老姆酒等，港澳和广东地区又称之为冧酒，还有"海盗之酒"的雅号。1630 年，加勒比海地区首次出现甘蔗烈酒，当初称之为塔非亚（Tafia），这是朗姆酒的雏形。传说"RUM"源自"Rumbullion（兴奋之意）"的缩写。另一种解释：RUM 由拉丁语"Saccharum（糖）"演变而来。

朗姆酒诞生于盛产甘蔗的加勒比海地区和西印度群岛，著名产地有：波多黎格、牙买加、古巴、巴巴多斯、特立尼达、海地和圭亚那等。此外，如今在其他国家也有出产朗姆酒。

朗姆酒的基本生产过程

压 榨 → 过 滤 →
发酵→蒸馏→储存→
调色→勾兑→装瓶。

朗姆酒的类别

银朗姆酒 Silver Rum

银朗姆酒又称淡质干朗姆（Light Dry Rum）。在不锈钢容器经 3~6 个月陈年，酒体呈白色，经活性炭过滤，有短期陈年，口感干而清淡，适宜调制混合饮料或鸡尾酒。

金朗姆酒 Gold Rum

金朗姆酒又称老朗姆酒（Old Rum）。至少陈酿三年，酒体呈金黄色或琥珀色，具有浓郁的甘蔗香味，口感微甜，常用于制作混合饮料的基酒。

黑朗姆酒 Dark Rum

加入了香料汁液或焦糖调色，橡木桶陈酿 8~12 年，酒体呈棕褐色或黑褐色，口感醇厚，香气浓郁，常用于宾治（Punch）的基酒、制作西点或雪糕等。

如何饮用朗姆酒？
HOW TO DRINK RUM?

用海波杯加 9 成冰块，放 2~3 片柠檬（果汁类无需），再加入酒和饮料搅匀即可。

净饮
Straight Up

烈酒杯或古典杯，白朗姆加半片柠檬，金和黑朗姆无需加，尤其是陈年佳酿朗姆酒，用白兰地杯纯饮最佳。

1~1.5 盎司
（30~45ml）

加冰
On the Rocks

用古典杯加 4~5 块冰，根据个人喜好选择加或不加柠檬。

1.5~2 盎司
（45~60ml）

混合饮
Mixed Drinks

1.5~2 盎司
（45~60ml）

伏特加
VODKA

伏特加属于北欧地区传统烈酒，又称"俄得克酒"，是俄罗斯和波兰国酒。

Vodka 一词来源于斯拉夫语"Woda"或"Voda"，意思是"水"。该词首次记载于 1405 年的波兰法院文件。19 世纪中叶才出现在俄国辞典当中。另一种解释：来自中世纪的饮品"Aqua Vitae（生命之水）"。目前，全球有数十个国家出产伏特加，如美国、英国或澳洲等，品牌多不胜数。

生产原料：以富含淀粉质的大麦、小麦、裸麦、玉米等谷物或马铃薯为主。

基本生产过程：谷物制浆 → 糖化 → 发酵 → 蒸馏 → 过滤 → 稀释等。其中加香伏特加在装瓶前还有一道加香工序。

先将原料制浆并糖化，然后进行酒精发酵，生产出低酒精酿造酒。再将酿造酒放入蒸馏器中进行多次蒸馏，生产出酒精含量高达 96%vol 的蒸馏酒，最后用白桦活性炭精滤，将酒中的其他杂质和呈香物质去除，生产出无色、无味、纯净的伏特加原酒。通常原酒存放在不锈钢桶或玻璃容器内，装瓶前用蒸馏水稀释，酒精含量在 40%~50%vol 之间。

特点：酒体纯净，晶莹透彻，入口清爽，无其他味道，却有烈焰般的刺激感。因此，是所有烈酒中最适合与饮料混合的酒品。传统上，伏特加属于大众消费类烈酒，售价比较低廉，但自 2000 年以来，由于消费者的需求，从而出现了一些超高档伏特加。

如何饮用伏特加?
HOW TO DRINK VODKA?

混合饮
Mixed Drinks

伏特加可与许多饮料和果汁混合饮用，在加碳酸饮料时放几片柠檬，口味更佳。

1.5~2 盎司
(45~60ml)

净饮
Straight Up

用烈酒杯或古典杯，加半片柠檬和酒即可。或者将酒冰冻后直接饮用。

1~1.5 盎司
(30~45ml)

加冰
On the Rocks

用古典杯加 4~5 块冰，加一片柠檬，如果不想让酒淡化，还可采用天然冰酒石或不锈钢冰块替代鲜冰块。

1.5~2 盎司
(45~60ml)

特基拉
TEQUILA

特基拉又称墨西哥烈酒，该酒由墨西哥特有的沙漠植物"龙舌兰（Agave）"酿制。墨西哥龙舌兰种类较多，但只有一种被称之为"蓝阿加威（Blue Agave）"的龙舌兰才能酿制"Tequila"。蓝阿加威主要生长在墨西哥中西部哈利斯科州（Jalisco）的特基拉村（Tequila）周围，故此命名为"Tequila"。按法律规定：只有特基拉村出产的龙舌兰酒才有资格命名为"Tequila"，其他地区出产的龙舌兰酒只能称为：梅斯卡尔（Mezcal）或拉伊西亚（Raicilla）。

龙舌兰需要 8~10 年才能成熟，酿酒原料取其含有丰富汁液的圆形根茎。

基本生产过程：劈切→加热→榨汁→发酵→蒸馏→过滤→陈年。根据墨西哥法律规定：混合龙舌兰酒在发酵前允许添加蔗糖或玉米，但不得超过 49%。

按生产工艺分类

混合 Mixtos：

用龙舌兰加其他糖分酿制，其中龙舌兰（Agave）用量 > 51%，葡萄糖和果糖 < 49%。

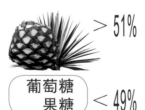

> 51%

葡萄糖
果糖 < 49%

100% 龙舌兰 100% Agave：

用 100% 龙舌兰（Agave）酿制，品质相对较高。

100%

按瓶装酒分类

白色（Blanco）或银色（Plata）：英语标注"Silver"。指未经陈年的白色特基拉，蒸馏后在不锈钢桶培养不足 2 个月，或者在橡木桶中经过短暂的培养。此类酒的酒液清亮透明，有植物香气，口感强烈，适宜混合饮用。

年轻（Joven）或金色（Oro）：英语标注"Gold"。经橡木桶陈年，酒液充分吸收了橡木颜色，或者是用焦糖及橡木淬取液染色的酒，也有可能用银特基拉加老特基拉勾兑而成，此类酒属于混合（Mixtos）类，品质不如 100% 龙舌兰。

莱普萨多（Reposado）：桶木桶培养 2~12 个月，酒体呈淡黄或金黄色，口感相对复杂一点，比较浓厚。此类酒在墨西哥本土销售量最大。

陈年（Añejo）：橡木桶陈酿培养 > 1 年，< 3 年。按法律规定：注明此术语的酒必须使用容量不超过 350L 的橡木桶封存陈酿。

超陈（Extra Añejo）：2006 年 3 月推出。橡木桶陈年 > 3 年，事实上，大多为 100% 龙舌兰珍藏酒，酒龄较长。如：世界最贵的烈酒 Tequila ley. I925 或上千美元的 AsomBroso 等。此类酒的口感柔顺，香气微妙且复杂。

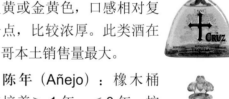

如何饮用特基拉？
HOW TO DRINK TEQUILA?

饮用特基拉的载杯

特基拉一口杯 Shot Glasses — 此类酒杯在墨西哥称之为"小马杯（Little horse）"。

特基拉净饮载杯 — 至爱特基拉杯 Ouverture Tequila Glass / 墨西哥官方指定酒杯 / 窄口白兰地杯 Brandy Sniffer

加冰载杯

混合饮用载杯

在墨西哥，特基拉酒的传统饮用方式是"纯饮"，无需青柠和盐。

一些地区流行：先将特基拉酒冰镇，用烈酒杯（Shot Glasses），一手拿一杯特基拉，另一手拿一杯桑格丽塔（Sangrita）【白龙舌兰＋番茄汁＋鲜橙汁＋碎牵牛椒＋辣椒汁＋辣椒油＋白胡椒调制】，抿一口桑格丽塔，喝一口龙舌兰，交替饮用，酸、甜、辣，喝后刺激性极强，美不胜言。

桑格丽塔
Sangrita

净饮

在墨西哥的班德拉流行：用三个烈酒杯（Shot Glasses）分装不同颜色的青柠汁、银特基拉和桑格丽塔，然后交替着饮用。

纯饮：普通特基拉酒用烈酒杯（Shot Glasses），佳酿特基拉用至爱特基拉杯或窄口白兰地杯，小口品尝，慢慢享用。如果是一口干杯，选用烈酒杯，先深吸一口气，再一饮而尽，然后将之前吸的气呼出，如此可提升酒量。

除了以上喝法之外，特基拉酒还是鸡尾酒的六大基酒之一，可与许多饮料或果汁混合饮用。在与碳酸饮料混合时，放青柠片或柠檬片口感更佳。例如：在墨西哥十分盛行的帕洛玛（Paloma），国际流行的玛格丽特（Margarita）、特基拉日出（Tequila Sunrise）或血腥玛丽（Bloody Mary）等，都属于十分经典的混合饮料。

混合饮

特基拉克鲁达
Tequila Cruda

在其他国家，特基拉常配盐和柠檬片饮用，这就是所谓的特基拉克鲁达（Tequila Cruda）。这种喝法在中国很流行，并被误认为最正宗，事实上，墨西哥人都觉得莫名其妙！这是美国人创造的时尚喝法：先将盐撒在左手虎口上，用拇指和食指夹着柠檬角，右手握酒杯。准备好后，先舔一口盐，接着将柠檬送到嘴边挤一下，同时吸一口柠檬汁，然后将酒端起一饮而尽。

金特基拉配
盐和柠檬角

银特基拉配
盐和青柠角

特基拉泡
Tequlia Bomb

在中国还流行特基拉泡（Tequlia Bomb），用厚底古典杯加一份酒，三份新开罐的雪碧，右手掌心放杯垫或纸巾盖上杯口，顺势提起并快速拍在桌面上，立刻移开盖子，端起酒杯将杯中产生的泡沫一饮而尽。在酒吧，用廉价特基拉这样当饮料喝，既缓解了酒精，又提高了活动氛围，也未尝不可。

在德国及其他一些国家，金色龙舌兰常配肉桂和橙片饮用，银龙舌兰配盐和青柠。

净饮
Straight Up

普通酒需要事先冰镇，用烈酒杯或古典杯加柠檬片饮用。陈年佳酿用白兰地杯常温纯饮。

1~1.5 盎司
（30~45ml）

混合饮
Mixed Drinks

特基拉可与许多饮料和果汁混合饮用，但建议选用普通酒。在加碳酸饮料时放几片青柠或柠檬片，风味更佳。

1.5~2 盎司
（45~60ml）

加冰
On the Rocks

用古典杯先加 4~5 块冰，加一片柠檬，再将酒淋上即可。陈年佳酿不建议加冰饮用。

1.5~2 盎司
（45~60ml）

在购买 Tequila 时，如果瓶身上面注明"100% Agave"，说明由纯天然龙舌兰酿制，否则属于混合类（Mixto）。此外，还要看酒标上面有没有注明："Hecho en Mexico（墨西哥生产）"，这是出口商品必须标注的。另外，有些酒印有 CRT 标识。CRT 全称："特基拉监管委员会（Consejo Regulador del Tequila）"，上面有一棵龙舌兰图形，有此标识的酒，说明符合法定制造程序，来源地更可靠，但与酒的质量无关。

开胃酒
APERITIF

开胃酒即餐前酒，法语"Aperitif"源自于拉丁语"Aperare"（打开的意思），指在吃饭前先打开食欲。

开胃酒以葡萄酒或蒸馏酒为基酒，加入多种药草、香料及其他非酒精物质生产而成，具有生津开胃，增进食欲之功效。法国和意大利是世界两大开胃酒生产国，出产的开胃酒质量最好，品种最多。开胃酒根据生产原料分3大类：味美思（Vermouth）、茴香酒（Anisette）和其他类（苦味酒、奎宁类或金鸡纳霜酒等）。

味美思 VERMOUTH

味美思又称苦艾酒，在葡萄酒分类中称之为"开胃葡萄酒"，以白葡萄酒为基酒加入多种药草和香料浸制生产而成，有植物和香料味，口感微苦，酒精含量在16%~18%vol之间，主要用于鸡尾酒的调制。

按含糖量分：

极干 Extra Dry：含糖量≤ 0.5%

干 Dry：含糖量≤ 4%

甜 Sweet：含糖量≤ 15%

按颜色分：

白 Bianco、金 d'Oro、粉红 Rosato 和红 Rosso。白色和金色为干和半干，桃红和红为半甜和甜型。如著名品牌：马大尼（Martini）、莱丽柏（Noilly Prat）或庞特梅斯（Punt e Mes）等。此类酒适宜与杜松子酒或伏特加混合，还可加冰饮用。

茴香酒 ANISETTE

以纯食用酒精或蒸馏酒为基酒，加入从八角茴香或青茴香中提取的茴香油及其他药草和香料通过浸渍或蒸馏生产而成，酒精含量在25%~50%vol之间。此类酒口感强烈，茴香味浓郁，味重，通常加水稀释后饮用，不适合净饮，以调酒为主。

按颜色分：

无色茴香酒（白色）和有色茴香酒（青绿色和琥珀色）。

按生产工艺分：

茴香烈酒和茴香利口酒，前者酒精含量较高，糖分低；后者酒精含量低，糖分较高。如世界著名品牌：潘诺（Pernod）、里加德（Ricard）、桑布加（Sambuca）、帕斯提斯（Pastis）、奥佐（Ouzo）或玛丽~布里扎德（Marie Brizard）等。

苦味酒 BITTERS

苦味酒又译成"必打士"或"比特酒"，以食用酒精为基酒，加入多种苦味药草及调香材料生产而成。特点：苦味突出，药草香味浓郁，酒精含量在16%~45%vol之间。此类酒品种较多，风格各异。

金巴利 Campari

金巴利产自意大利，是全球最受欢迎的开胃酒之一。该酒以食用酒精为基酒，加入多种纯天然药草及香料生产而成，酒体颜色来自大然的"胭脂虫红"色素，酒精含量23%vol。特点：呈艳丽的胭脂红色，药香浓郁，微苦。金巴利通常加冰饮用，适宜与苏打水或橙汁混合搭配。

杜本内 Dobonnet

产自法国，全球最受欢迎的开胃酒之一。该酒以葡萄酒为基酒，加入金鸡纳树皮及其他药草生产而成，分红、白两种，酒精含量 16%vol。特点：呈暗红色，苦中带甜，有浓郁的奎宁味。可净饮或混合饮。

菲奈特　布兰卡 Fernet Branca

产于意大利，有"苦酒之王"的称号。该酒以多种天然草本植物和独特配方生产而成，酒精含量 39%vol。特点：味苦，有药用功效。可净饮或与碳酸饮料混合饮用。

苏滋 Suze

产自法国，以食用酒精为基酒，加龙胆草根混合蒸馏而成，酒精含量 15%vol，含糖量达 20%。特点：酒液呈金黄色，甜中带微苦。可纯饮，适宜搭配巴黎矿泉水、苏打水或橙汁饮用。

如何饮用开胃酒？
HOW TO DRINK APERITIF?

开胃酒已传承了几百年，但如今并不流行在餐前饮用传统开胃酒，反而用极干型起泡葡萄酒或干白葡萄酒做开胃酒。烈酒由于酒精含量高，刺激性强，餐前饮用会使口腔味蕾迟钝，并且空腹饮用也不利于健康，因此，也不适合做开胃酒饮用。理论上，酒精含量在 16%~24%vol 之间的酒较适合做餐前开胃酒饮用。

安格斯特拉苦精 Angostura Bitters

原产西班牙，现产自南美洲的特里尼达。以朗姆酒为基酒，加入龙胆草根提取的苦味成分配上独特的秘方生产而成。特点：酒体呈红褐色，刺激性强，苦味突出，酒精含量 44.7%vol，容量 200ml。不宜直接饮用，大多用于鸡尾酒调味。

此外，还有法国比尔（Byrrh），意大利的西娜尔（Cynar）或西班牙烈性苦艾酒（Absinthe）等等。

烈性苦艾酒 Absinthe 的饮用

| 将适量的酒液倒入杯子底部。 | 勺上放一块方糖，点燃。 | 糖溶解前从上面加入适量饮用水。 | 用勺搅拌均匀后即可饮用。 |

事实上，大多数开胃酒都含有多种草药成分，饮用后，不但可开胃，还有一定的滋补功效，是一种不错的保健饮品。传统上，开胃酒可低温饮用，也可加热饮用，因人而异。此外，混合饮用时以添加碳酸饮料为主，多数开胃酒不宜与果汁混合。

净饮
Straight Up

用雪利杯或鸡尾酒杯，加半片柠檬（茴香类除外），冰镇后饮用口味最佳。

1.5~2 盎司
(45~60ml)

加冰
On the Rocks

用古典杯加 4~5 块冰，加一片柠檬（茴香类除外，金巴利加橙片），加入酒即可。

1.5~2 盎司
(45~60ml)

混合饮
Mixed Drinks

用海波杯加冰，加碳酸饮料时放柠檬片（金巴利加橙角）。

1.5~2 盎司
(45~60ml)

利口酒
LIQUEUR

利口酒又称香甜酒，粤语译为"力乔酒"，由"Liqueur"直接音译而来，美国则称之为甘露酒（Cordial），指兴奋的饮料。此类酒以中性烈酒为基酒，加入甜浆及其他加味材料生产而成。常用于餐后饮用，有助于肠胃消化，酒精含量在15%~55%vol之间，大多数酒的含糖量超过25%。特征：颜色丰富，香浓甜腻，密度大，是调制鸡尾酒必不可少的调色和调香材料，还是甜品常用辅料。主要产地有：法国、荷兰和意大利等。

利口酒的主要生产原料：

中性烈酒（白兰地、金酒或朗姆酒等）、甜浆（糖浆或蜂蜜）。加味材料有（水果、花草、药草、香料、种子、牛奶或鸡蛋等）。

利口酒的生产方法：

蒸馏法：将加味物质放入基酒中一并蒸馏生产而成，常用于干香草或种子类。

浸渍法：将加味物质放入基酒中进行浸泡生产而成，常用于新鲜药草、花卉或水果等。

渗透过滤法：加味物质与基酒隔离，用虹吸式摄取色和香，常用于药草或香料等。

混合法：将天然食用香精或人工提取的香味物质与基酒直接勾兑而成。

利口酒的分类：

利口酒的加味材料十分丰富，酒的颜色和口味也千奇百怪，分类方法各异，根据加味原料可分为6大类：水果类、种籽类、花草类、草药类、果皮类、乳脂类和其他类。

水果类：以水果为原料配制而成。如：樱桃利口酒（Cherry Liqueur）、蓝莓利口酒（Blueberries Liqueur）、桃子利口酒（Pecher Mignon）、马利宝椰子酒（Malibu）、南方舒适（Southern Comfort）或香瓜甜酒（Melon Liqueur）等。

此类酒果香浓郁，甜度高，适合加冰、加果汁或与其他酒类及碳酸饮料混合饮用。

种籽类：以果实的种子配制而成。如：杏仁甜酒（Amaritto）、卡鲁瓦（Kahlua）、榛子甜酒（Frangelico liqueur）、核桃利口酒（Nocello）、添万利（Tia Maria）、茴香利口酒（Anisette Liqueur）或花生朗姆利口酒（Castries Peanut Rum）等。

此类酒香气浓郁，适合加冰、奶或咖啡饮用，还可与其他酒类混合或制作糕点。

花草类：以花卉或叶类植物生产而成。如：接骨木花甜酒（Elderflower Liqueur）、紫罗兰利口酒（Violet Liqueur）、薰衣草利口酒（lavender liqueur）或薄荷酒（Mint）等。

此类酒色彩鲜艳，清新，适合加冰、果汁或碳酸饮料，是鸡尾酒调色调味主要用酒。

草药类：以香草和香料配制生产而成，一些酒的草药多达 130 多种，因此，香草类利口酒属于十分出色的补酒。如：沙度士（Chartreuse）、加力安奴（Galliano）、女巫酒（Strega Alberti Benevento）、乌尼昆草利口酒（Unicum liqueur）、修士酒（Benedictine DOM）或圣鹿酒（Mast Jägermeister）等。

此类酒适合做餐后甜酒或睡前补酒，长期饮用有一定的滋补功效。在饮用时可净饮、加冰或混合饮。由于草药味较重，不适合与果汁混合搭配。

果皮类：以柑橘类水果的果皮配制而成。如：君度（Cointreau）、金万利（Grand Marnier）或橙味乔力梳（Orange Curacao）等。

此类酒果香浓郁，微苦，可净饮或加冰，适合与多种饮料混合饮用，属于鸡尾酒用量最大的辅助材料之一

乳脂类：以香料和乳脂配制而成。如：百利甜（Bailys）、爱玛乐（Amarula）、克鲁赞朗姆奶油（Cruzan Rum Cream）、可可酒（Cremede Cacao）或杜利斯（Dooley's）等。

此类酒奶香浓郁，入口甜腻，适合加冰、奶、咖啡或巧克力饮用，也可制作糕点。

其他类：指用前几类除外的材料生产的酒，比如蜂蜜、鸡蛋或辣椒等。如常见的：杜林标（Drambuie）、蛋黄酒（Advocaat）、姜味利口酒（Domaine de Canton Ginger）或克鲁布尼克蜂蜜酒（krupnik miel liqueur）等。此类酒风格各异，一些酒口感较强烈，适合加冰或与其他烈酒及碳酸饮料混合饮用。

如何饮用利口酒？
HOW TO DRINK LIQUEUR?

净饮
Straight Up　用利口酒杯、鸡尾酒杯、烈酒杯或古典杯直接加酒即可。

1~1.5 盎司（30~45ml）

加冰
On the Rocks　用古典杯加入冰块和酒，不同口味的酒用相应的水果调味或装饰。

1.5~2 盎司（45~60ml）

混合饮
Mixed Drinks　用冻饮杯加冰，加碳酸饮料时可放柠檬片。

1.5~2 盎司（45~60ml）

甜食酒
DESSERT WINES

甜食酒指餐后吃甜食时饮用的酒品，又称餐后甜酒。此类酒是在葡萄酒发酵过程中通过冷却或添加烈酒等方法，抑制酵母发酵，让酒中保留少许天然糖分，在葡萄酒分类中属于强化葡萄酒类。如今，随着消费者的口味变化，甜食酒已不仅仅局限在强化葡萄酒范畴，今天，泛指甜型葡萄酒。

综观所有甜型葡萄酒会发现，只有少数葡萄适用于酿造甜型葡萄酒，主要有两种情况：一是历史传承，二是葡萄本身固有的成分适合酿造甜酒，如：白麝香（Muscat Blanc）、琼瑶浆（Gewürztraminer）或赛美蓉（Semillon）等。

在所有甜型葡萄酒中，根据酿造工艺和酒的风格，分5种类型（见右图）。

甜食酒与利口酒的区别

甜食酒（Dessert Wine）并非利口酒（Liqueur），多数人会将两者混为一谈。

甜食酒属于酒精含量较高的甜型葡萄酒，或称"强化葡萄酒"，大多在吃甜食时饮用，如甜品或糕点等。而利口酒由烈酒或食用酒精添加香味物质生产而成，酒精含量较高，多数在30%vol以上，并且糖分含量特别高，基本都在25%以上，属于甜腻多彩的烈性甜酒，适合在休闲时饮用，主要用于酒吧调制混合型饮料，不适宜佐餐。

 ≠

甜食酒 Dessert Wine ≠ 利口酒 Liqueur

1 甜型起泡葡萄酒
Sparkling Dessert Wine

2 清新淡雅型甜葡萄酒
Lightly Sweet Dessert Wine

3 浓郁复杂型甜葡萄酒
Richly Sweet Dessert Wine

4 甜红葡萄酒
Sweet Red Wine

5 强化葡萄酒
Fortified Wine

| 甜型起泡酒 Sparkling | 清淡型甜白 Lightly Sweet | 丰富型甜白 Richly Sweet | 甜红葡萄酒 Sweet Red | 强化葡萄酒 Fortified |

甜型起泡葡萄酒
SPARKLING DESSERT WINE

起泡葡萄酒是指在20℃情况下，酒中二氧化碳的压力等于或大于0.5巴（bar）的葡萄酒。此类酒大多以干型为主，甜型比较少见。适合做甜食酒的起泡酒以甜型或半干型为主，如：法国的甜型香槟、卢瓦尔的孚富雷（Vouvray），意大利的阿斯帝麝香（Moscato D'Asti）或传统半干起泡酒等。

甜型起泡酒基本上都属于简单且适宜年轻时饮用的酒品。酒体清新活泼，果香丰富，柔顺甜美，在饮用前需事先冰镇。载杯以高身香槟杯最佳，适合搭配巧克力、雪糕或其他甜点等。

| 甜型
Sweet | 甜型
Doux | 阿斯蒂麝香
Moscato d'Asti | 半干起泡
Demi Sec | 半干香槟
Demi Sec |

◄ 甜　　　　　　　　　　微甜

清新淡雅型甜葡萄酒
LIGHTLY SWEET DESSERT WINE

　　轻淡型甜葡萄酒以清新甜美吸引众多消费者，此类酒适合炎热的夏季冰镇后饮用，宜搭配辛辣食物，如中国的川、湘菜或东南亚美食等。轻淡型甜酒基本都出自气候凉爽的地区，如：德国的雷司令（Riesling），法国阿尔萨斯的琼瑶浆（Gewürztraminer），法国北罗讷的维奥涅尔（Viognier）或法国卢瓦尔的白诗南（Chenin Blanc）等。

浓郁复杂型甜葡萄酒
RICHLY SWEET DESSERT WINE

　　浓郁复杂型甜葡萄酒属于一种常见的甜白葡萄酒，如：贵腐（Noble Rot）、晚收（Late Harvest）、稻草（Straw Mat）或冰酒（Ice Wine）等。此类酒大多出自一些拥有独特风土的地区，酒体饱满，风格复杂多变，耐久存，许多酒可存放50年以上。

　　贵腐甜酒：如法国索帝恩（Sauternes），德国的干浆果精选（Trockenbeerenauslese）或匈牙利的托卡伊（Tokaji）等。

　　晚收甜酒：德国和奥地利称 Spätlese，法国称之为 Vendage Tardive。

　　稻草甜酒：如法国的 Vin de Paille，意大利的 Vin Santo，希腊的 Straw Wines，德国的 Strohwein 或奥地利的 Schilfwein 等。

　　冰酒：用自然冰冻的葡萄酿造的甜型葡萄酒，此类酒产自温带寒冷地区，如：德国、奥地利或加拿大等，德语称之为 Eiswein。

　　浓郁复杂型甜酒大多属于佳酿葡萄酒，在饮用前需要冰镇，品质越高温度相对越高，品质越低则反之。此类酒适合与高档甜品、鹅肝或鱼子酱搭配。

甜红葡萄酒
SWEET RED WINE

　　甜红葡萄酒是葡萄酒当中比较少见的一类。由于消费者的口味变化，此类酒越来越少，市场上面也比较少见。如：意大利的可爱甜红（Amabile）、优尼特甜红（Riunite Sweet Red）或美国的晚收甜红葡萄酒（Late Harvest Red）等。

　　甜红葡萄酒基本上都是一些中低端酒，适合搭配味道较重且较甜的食物，还宜与川、湘菜搭配佐餐。饮用前需要冰镇，也可加冰或与碳酸饮料混合饮用。

强化葡萄酒
FORTIFIED WINE

强化葡萄酒以葡萄酒作为酒基，在发酵过程中添加了食用酒精或白兰地。发酵结束前加入，是为了提高酒精强度，抑制酵母发酵，让酒中保留少许天然糖分，这是甜型强化葡萄酒。在发酵结束后加入，是为了提高酒精强度和稳定性，这是干型强化葡萄酒。此类酒的酒精含量在15%~23%vol之间。如波特酒（Port）、雪利酒（Sherry）或玛德拉（Madeira）等。传统上，强化葡萄酒大多产自温带或亚热带气候较炎热的地区，如葡萄牙、西班牙、法国南部或意大利南部等。强化葡萄酒还是世界上最耐久存的葡萄酒，存在不少珍贵的稀世佳酿。

波特酒
PORT & PORTO

波特酒英文：Port，葡萄牙语：Porto，是世界最著名的甜型强化葡萄酒之一，有葡萄牙"国酒"之称。Port一词源于葡萄牙港口城市名"波尔图（Porto）"。普通话音译"波特"，粤语译为"砵酒"，有时称之为"波尔图"。按规定只有在葡萄牙杜罗（Douro）山谷限定的种植区内出产的葡萄酿制的强化葡萄酒才可命名为"Port"或"Porto"，其他地区或国家出产的同类酒只能称为强化葡萄酒或天然葡萄酒。

波特酒由数十种葡萄酿制，如：红巴罗卡（Tinta Barroca）、国产多瑞加（Touriga Nacional）或罗丽红（Tinta Roriz）等。

波特酒基本生产过程：压汁→发酵→加入烈酒→陈酿→装瓶。

红波特陈酿时间越长颜色越浅；而白波特酒则相反。波特酒有干和甜之分，前者适合餐前开胃，后者宜搭配甜品，但在欧洲甜波特常常当开胃酒来喝。

载杯：波特酒杯或小容量的葡萄酒杯。

多数波特酒在饮用前需要适当的冰镇，饮用温度在7~18℃之间。酒质越高，温度越高；酒质越低和甜度越高，饮用温度越低。陈年珍藏佳酿常温饮用最佳。

波特或干邑口吸杯
Port Sipper Slasses

波特酒分类

宝石红波特（Ruby Port）：一种陈酿时间较短的波特酒，不超过3年。包括宝石红珍藏（Ruby Reserva）和精美宝石红（Fine Ruby）。特点：呈宝石红色，新鲜，富果香。此类酒为波特酒中最常见且较普通的混合年份酒，售价低，口感甜，适合配甜点和奶酪。

粉红波特（Rose Port）：最近几年推出的新产品，在宝石红波特酿制基础上采用放血法生产而成，无需陈年。特点：呈粉红色，清新、芳香，不宜久存。可搭配甜食，或与其他酒类及饮料混合饮用。

白波特（White Port）：通常由白葡萄酿制，有干和甜，干型常用于餐前饮用，甜型做餐后甜酒饮用。此外，年轻的白波特也可混合饮用。

年份波特（Vintage Port）：由丰收年产出的葡萄酿制。其实，这种大年份很难得，酒农也不会轻易酿制。如今，约每三年有一个丰收年。此类酒是波特酒中的精品，橡木桶培养期在 2~3 年间，装瓶后继续陈酿 10~40 年。由于桶陈时间不算太长，酒体保留了深红宝石色和果香，装瓶经陈年成熟后，酒香及口感复杂多变，但会产生少许沉淀，饮用之前需要滗酒，且适宜降温后净饮。

个性年份波特（Vintage Character）：又称珍藏波特，2002 年推出，由不同年份红波特混合制成，禁止在酒标上面注明年份。此类酒品质良莠不齐，并且在市场上面比较少见，风格介于红宝石波特与年份波特之间。

晚装瓶年份波特 LBV：全称（Late Bottled Vintage）。此类酒具有年份酒的特性，木桶陈酿在 4~6 年间，有过滤和未经过滤两种类型。酒标上注明有瓶中成熟（Bottle Matured）的酒至少在瓶内陈酿三年以上。特点：可随买随喝，颜色比年份波特淡，未经过滤的酒在饮用前需要滗酒。

丰收波特（Colheita）：用同一年份葡萄酿制的波特酒，在大橡木桶中陈酿 7 年以上，通常在 20~30 年间。此类酒瓶身有葡萄收获年份和装瓶时间。特点：酒体呈黄褐色，香气复杂多变，有焦糖、坚果和干花等香气。

单一葡萄园年份波特（Single Quinta Vintage Port）：用同一块葡萄园且同一年出产的葡萄酿制，酒标上面注明有葡萄园名字。传统上，此类酒并非来自大年，品质较普通。如今有所不同，已被打造成高端酒。适合冰镇后配上等甜品净饮。

酒垢波特（Crusted Port）：由多种年份波特混合生产而成，橡木桶陈酿 3~4 年，装瓶后至少陈酿 3 年。此类酒装瓶前不过滤，因此，瓶壁有明显的沉淀物，饮用之前需要滗酒。酒垢波特风格与年份波特相似。

茶色波特（Tawny Port）：红波特经木桶长期陈酿，酒液过度氧化，渐渐变成黄褐色或茶色。无年份茶色波特表示木桶陈酿 2 年以上。而年份茶色份波特由多种不同年份酒液调配而成，有 10、20、30 和 40 年之分，表示调配之后在木桶中陈酿的酒龄。此类酒有明显的坚果、香料和氧化味，有干和甜之分，适合净饮。

珍藏波特酒（Garrafeira）：用单一年份同一批葡萄酿制，先用大橡木桶陈酿 7 年以上，然后转入 11L 的暗绿色玻璃坛子中继续陈酿 8 年以上，实际时间更长。装瓶前过滤，酒标注明有三种日期，葡萄收获期、转入玻璃坛子日期和装瓶日期。特点：酒体呈黄褐色，氧化味明显，香气复杂多变。

雪利酒
SHERRY

雪利酒来自英语"Sherry"，Sherry 一词是西班牙南部一个小镇"Jerez"的英语名字，Jerez 译成中文称"赫雷斯"。

雪利酒（Sherry）是受国际公约保护的身份标识，为西班牙"国酒"。按规定：只有在西班牙受保护的"雪利酒三角地（Sherry Triangle）"出产的葡萄酿制的强化葡萄酒才能命名为"Sherry"。这块三角地由圣玛丽亚港（Puerto de Santa María）、赫雷斯（Jerez）和圣路卡德巴拉梅达（Sanlúcar de Barrameda）三个城镇组成，隶属于 1933 年建立的二个 DO 产区：D.O. Jerez–Xeres–Sherry 和 D.O. Manzanilla Sanlúcar de Barrameda。

葡萄品种：帕洛米诺（Palomine）占 90％；佩德罗希梅内斯（Pedro Ximénez）用于生产甜型雪利；麝香（Moscatel）也用来生产甜雪利，但非常少见。

雪利酒的基本生产过程：榨汁 → 发酵 → 加葡萄烈酒 → 换桶除渣 → 稳定处理 → 储藏陈酿 → 勾兑装瓶。

雪利酒的特殊工艺：

由于受炎热气候影响，西班牙人为了防止葡萄酒腐坏，在几百年前发明了"开花（Flor）"和"索乐拉（Solera）"工艺。

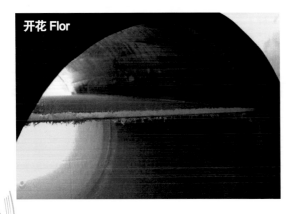

开花 Flor

开花（Flor）：雪利酒发酵时只装 2/3 桶，留 1/3 空间，让酒液充分与空气接触，慢慢会产生一层天然酵母菌孢子构成的白色菌膜，称之为"开花（Flor）"。这层白花可保护下面的酒液不被氧化，并且还带来一种独特的香气。正是这种"开花（Flor）"造就了闻名世界的"菲诺（Fino）"。而开花较少或没有开花的酒称之为"奥鲁罗索（Oloroso）"，这就是大自然造就的两种"Sherry"，前者属于干型，后者略甜。

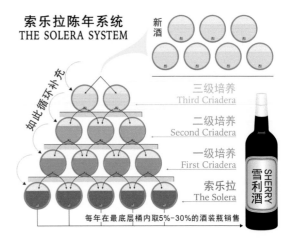

索乐拉陈年系统
THE SOLERA SYSTEM

新酒

三级培养 Third Criadera

二级培养 Second Criadera

一级培养 First Criadera

索乐拉 The Solera

如此循环补充

每年在最底层桶内取5%～30%的酒装瓶销售

SHERRY 雪利酒

索乐拉（Solera）：是雪利酒的一种独特陈年培养系统（见上图）。首先将桶分层摆放，少的 3～4 层，多则十几层。最顶层存放当年生产的新酒，最底层是最老的酒，称之为"Solera"，每年销售的酒从底层装瓶，缺少的酒由上一层补充，如此循环混合陈酿，可保证雪利酒的品质和风格始终如一。

由于雪利酒采 Solera 工艺经过无数次混合，百年以上的陈酿，无法确定年份，因此，属于无年份强化葡萄酒。而有些注明年份的雪利酒是指该酒从这一年开始生产，或指陈年时间。但是，从最底层装瓶的雪利酒当中最年轻的酒至少在 3 年以上。

雪利酒的类型与风格

雪利酒的口味从非常干到非常甜都有，其中甜酒的糖分不像波特酒来自天然，而是后期人工添加的。颜色从浅黄色到棕色，并且有多种风格。事实上，多数雪利酒以干型为主，甜型较少。因此，大部分雪利酒适合做开胃酒或佐餐酒饮用，只有甜型酒适合餐后配甜品饮用。

菲诺（Fino）：在发酵过程中开花（Flor）且未氧化的酒，产自赫雷斯或圣玛利亚港。菲诺属于雪利酒当中最干的一类，从"干 Dry"到"超极淡干 Very Pale Dry"，酒体呈稻草黄色，有显著的杏仁香，入口干爽，清新，属于质量较高的雪利酒，但不宜陈年，酒精含量在 15%~17%vol 之间。菲诺适合做餐前开胃或佐餐饮用，宜搭配甲壳类海产或火腿。饮用前需要冰镇，开瓶后不宜存放。

曼萨尼亚（Manzanilla）：产自靠海边的圣路卡港口（Sanlúcar de Barrameda）附近，风格与菲诺相似，色淡，酒体略轻，清新，干型，香气独特，酒精含量大多为 15% vol，不宜存放，适合搭配海鲜饮用。

阿蒙提拉多（Amontillado）：以干型和半干为主，酒体处于菲诺与奥鲁罗索之间，酒标常注明有 Medium 或 Medium Dry，意思是中等或半干。颜色呈琥珀色，酒精含量在 17%~20%vol 之间。有坚果和黄油等香气，适合搭配鱼、火腿或鸡肉类菜肴。

奥鲁罗索（Oloroso）：全干到微甜，属于古典雪利酒类。在发酵过程中未开花（Flor）或开花较少，由于长期氧化水分蒸发，酒龄相对较老，颜色深，酒精含量高，在 18%~20%vol 之间。此类酒口感浓郁，有明显的核桃和焦糖味，耐久存，开瓶后仍可存放数周，适合与丰富的肉类或奶酪搭配。

帕洛科尔塔（Palo Cortado）：干型，在菲诺开花（Flor）基础上，变异或杀死菌花后酿制的一种浓厚型雪利酒，酒精含量在 17%~22%vol 之间，风格介于 Amontillado 和 Olorosso 之间，既有前者的精美香气，又有后者浓厚圆润的口感。酒体呈迷人的红褐色，有烤面包或坚果等香气。饮用前应稍加冰镇，适合搭配奶酪和野味。

佩德罗希梅内斯（Pedro Ximénez）：一种超甜美的雪利酒，用 Pedro Ximénez 葡萄晒干后酿制，酒精含量在 17%~20%vol 之间，耐久存，有太妃糖、无花果或糖蜜等香气，适合餐后搭配香草雪糕或黑巧克力等。

奶油雪利（Cream Sherry）：由阿蒙提拉多、奥鲁罗索和 PX 雪利加糖酿制，理论上，属于低档酒。酒体呈深红色，口感柔滑，香甜可口，酒精含量在 17%~20%vol 之间，耐久存，开瓶后可常温存放几个月。与芝士蛋糕搭配十分完美。

雪利酒的饮用

雪利酒饮用前需要冰镇，饮用温度在 7~18℃之间。通常，酒质越高，温度越高；酒质越低和高糖度酒，则温度越低。

载杯：雪利酒杯或波特酒杯。

佳酿雪利以净饮为佳，想加冰或混合饮用时，尽量选廉价酒。

马德拉
MADEIRA

马德拉酒（Madeira）因马德拉群岛而得名。马德拉群岛地处北非西海岸外的北大西洋之中，隶属于葡萄牙。距葡萄牙里斯本（Lisbon）西南约970公里，距非洲北部摩洛哥（Moroccan）约600公里。

马德拉岛酿酒历史悠久，起初这里的葡萄酒用船舶运往内陆，由于行程较远，为了防止酒液变质，出发前加入了少许葡萄烈酒。后来，马德拉的酒商发现，船上的酒运往目的地一旦未售出，就再运回岛上，受途中长时间的高温暴晒、船舱热量及颠簸等因素影响，加速了酒液氧化，却变成了另一种具有独特风味的葡萄酒。如今，马德拉岛将这种自然转化过程复制成人为的生产工艺，称之为"Estufagem"工艺，并以其独特的马德拉酒闻名世界。

按欧盟PDO法律规定：只有马德拉岛出产的强化葡萄酒才能命名为"Madeira"或"Madère"。但在克里米亚，美国加州和得州仍有少量葡萄酒也称之为"Madeira"或"Madera"，这并不符合欧盟PDO的规定。

马德拉酒属于口味丰富的强化白葡萄酒类，这种酒通过长期高温陈酿（40~60℃）和过度氧化培养，有非常强大的抗氧化能力。因此，是世界上最耐久存的强化葡萄酒，开瓶后仍可常温存放数月，消费者对其有"不

死之酒"的赞美。此外，佳酿年份马德拉的品质极高，万元以上的酒不在少数，时常会出现在国际顶级葡萄酒拍卖会上，是投资客追捧的主要对象之一。

葡萄品种：传统上，马德拉（Madeira）由Malvasia, Bual, Verdelho 和 Sercial 四种葡萄酿制，称之为四大贵族品种。但自19世纪爆发的白粉病和根瘤蚜之后，这几种葡萄越来越少，目前的种植面积不足10%。因此，Tinta Negra Mole 和 Complexa 成为主流品种。但是，葡萄牙1986年加入欧盟之后规定：只有传统品种才可在酒标上面注明，并且还要标注含糖量、酒精含量和陈酿时间。因此，许多马德拉酒仍谎称使用了四大贵族品种，并以此区分酒的类型。此外，还有一些少见的其他品种，如：Terrantez, Bastardo 和 Moscatel 等。按规定：酒标注明有风格类型的酒，与其相应的葡萄品种至少占85%以上。如果没有注明，基本都是由 Tinta Negra Mole 酿制。

马德拉酒的基本生产过程：葡萄去梗破碎→压榨→发酵→测糖度→加入烈酒强化（甜型）→热陈酿→冷却降温→混合勾兑→酒精强化（干型）→低温稳定处理→马德拉、刺绣和工艺品协会 IVBAM 认证→装瓶。

马德拉的生产与其他强化葡萄酒不同，干型酒的葡萄去皮发酵，在发酵过程结束后添加葡萄烈酒（96% ABV），而甜型酒的葡萄皮渣和汁一并发酵，在发酵过程停止前根据酒的口味类型加入葡萄烈酒抑制发酵。马德拉的酒精含量在 17%~18%vol 之间。

艾斯图法热（Estufagem）工艺：葡萄牙语意思指"热房子"或"热炉"，其实是加热马德拉酒的大木桶，这是马德拉最独特的陈酿工艺。这种工艺源自马德拉自然生成过程和酿酒师百年经验的积累。如今，有 3 种不同的马德拉陈酿工艺：

古巴热（Cuba de Calor）：低成本马德拉常用方法，用热线圈或水管绕在不锈钢桶外，通过热水流动进行加热，温度达 55℃，需要持续加热 90 天以上。

热库（Armazém de Calor）：马德拉葡萄酒协会专用方法。将盛酒的 600L 大木桶存放在一个配有蒸汽罐或蒸汽管的暖气房内加热到 30~40℃，持续 6~12 个月。

自然热（Canteiro）：指自然加热法，多用于优质马德拉的陈酿。将酒液放进大橡木桶内，放在通风且有光照的房间内，或放在酒窖楼顶、阳台、户外等地方，在太阳的照射下自然加热 3 年以上，一些年份马德拉可能持续数十年或百年以上。

马德拉分类

马德拉酒的类型比较复杂，既有葡萄品种、又有口味类型和其他术语，各代表不同的风格。根据法律规定：只有单一葡萄品种用量在 85% 以上的马德拉才可以在酒标上面注明品种名字。目前，负责监管的官方机构是："马德拉、刺绣和工艺品协会 Instituto do Vinho, do Bordado e do Artesanato da Madeira, I.P."。简称 IVBAM。IVBAM 由 2006 年 7 月之前的马德拉葡萄酒协会 IVM 与马德拉刺绣、挂毯和工艺品协会 IBTAM 合并组成。

今天，由于四大贵族葡萄品种的不足，多数酒都运用了一些专业术语，如：口味类型、颜色或风格等。DOP 法规定：马德拉酒的残留糖分不以每升多少克计算，而是采用"波美度（°Bé）"，范围（特干 <0.5°Bé，干 0.5~1.5°Bé，中干性 = 1.5~2.5°Bé，中甜 =2.5~3.5°Bé，甜 >3.5°Bé），事实上，波美度并非残留糖分的精确测量方法，为何采用不得而知。1°Bé≈18g 糖。

高贵的葡萄	年份马德拉 Vintage Wine 20年 多数 >30年
赛西亚尔 Sercial（最干） 华帝露 Verdelho 布尔 Bual / Boal 玛尔维萨 Malvasia / Malmsey（最甜） 黑莫乐 Tinta Negra Mole	丰收马德拉 Colheita 5~20年
口味类型与残留糖分(升/克)	15年 10年 5年
Extra Seco = 特干 Extra Dry［<49.1］ Seco = 干型 Dry［49.1~64.8］ Meio Seco = 半干 Medium Dry［64.8~80.4］ Meio Doce = 半甜 Medium Sweet［80.4~96.1］ Doce = 甜型 Sweet［96.1］	普通马德拉3年
马德拉葡萄品种与糖度	**陈酿要求**

马德拉酒的口味类型：

马德拉酒除了干或甜（见上图）味类型外，还有：浅色（Pale）、黑色（Dark）、饱满（Full）、丰富（Rich）、中等丰富（Medium Rich）和精美（Finest）等颜色或风格术语。

四大名贵葡萄品种代表的风格：

赛西亚尔（Sercial）

最干的马德拉，且酒体最轻，每升酒的残留糖分在 18~65g 之间。酒体呈亮丽的淡黄到琥珀色，时间越长颜色越深，酸度高，芳香，有桃或杏仁等香气。

华帝露（Verdelho）

发酵停止时间略早于 Sercial，干到半干型，每升酒的残留糖分在 49~80g 之间。酒体中等，颜色呈金黄色，酸度高，有烟熏、柑橘、杏仁或核桃等香味。

布尔（Bual）

布尔又称 Boal，半甜到甜型，每升酒的残留糖分在 80~96g 之间。颜色较深，中到深棕色，口感丰富细腻，有葡萄、焦糖、红糖、无花果和黑胡桃木香味。布尔马德拉有多种陈酿酒龄，其中以 50~70 年品质最佳。

玛尔维萨（Malvasia）

玛尔维萨又称 Malmsey，甜型，每升酒的残留糖分在 96~135g 之间。是四大贵族品种中最甜的，呈棕黄色或黄褐色，酒体丰满，酸甜度平衡，口感丰富细腻，有焦糖、柑橘、坚果或氧化味，为玛德拉酒类家族中品质最高的酒。

除了以上四大名贵葡萄品种外，还有：Terrantez，Bastardo 和 Moscatel 等。

陈年马德拉类别：

三年陈酿（Three Year Old）

三岁马德拉，是一种几乎所有生产者都酿制的普通酒，但并非官方指定陈酿年限。此类酒通常在酒标上面注明有"精美（Finest）"字样，在欧洲大多用于烹饪。

珍藏（Reserve）

陈酿时间大于 5 年，使用至少一种名贵葡萄酿制的马德拉酒所需陈酿的最少年限。也有可能由多种陈年马德拉混酿而成。

特别珍藏（Special Reserve）

陈酿时间大于 10 年，属于优质马德拉的起点，多数由贵族葡萄品种酿造，用橡木桶天然加热陈酿。

额外珍藏（Extra Reserve）

陈酿时间大于 15 年，比珍藏和特别珍藏类更加丰富，但此类酒很罕见，原因是多数生产者会选择陈酿 20 年的 Vintage 或 Colheita。

丰收（Colheita 或 Harvest）

单一年份和单一葡萄品种酒，橡木桶陈酿 5 年以上。此类酒比 Vintage 马德拉的陈酿时间短，必须注明 Colheita 字样。

年份（Vintage 或 Frasqueira）

年份马德拉，来自单一年份，陈酿时间大于 20 年，许多酒的陈酿时间更长。年份马德拉酒中品质最高的一类，抗氧化能力强，瓶装酒可存放百年。

索乐拉（Solera）

使用西班牙雪利酒一样的索乐拉陈酿系统混合多年份培养的马德拉。由于对雪利酒的产权保护，此系统已被欧盟法律禁止使用。但此类老马德拉仍可找到，售价十分昂贵，常出现在葡萄酒拍卖会上。

雨水（Rainwater）

淡马德拉，消费者对于此类酒一直有争议，且有两种说法：一是指陡峭山坡上的 Verdelho 葡萄难以灌溉，只能依靠天然降水存活。另一种说法是说有一批桶装酒在运往美国的途中不慎被雨水稀释，酒商不想倒掉，于是以新风格马德拉出售，令人惊讶的是大受美国人欢迎。此类酒显然比较清淡，半干型，通常只销往美国，在其他国家较少见。

马德拉的饮用：

马德拉酒从特干到甜型都有，适合在各种场合饮用，但不同的场合应选择相应的口味。其实，马德拉的含糖量与普通红、白葡萄酒不同，干型红、白葡萄酒的含糖量每升 < 4g，而干型马德拉的含糖量每升在 49~65g 之间，因此，口感会偏甜。

极干和干型马德拉冰镇后适合作开胃酒饮用。而半甜和甜型适合餐后搭配甜品饮用。所有马德拉均可佐餐，极干和干型宜搭配海鲜；半干和半甜适合搭配辛辣菜肴；年份佳酿马德与鹅肝、鲍鱼和鱼子酱拉搭配协调。

多数马德拉酒的陈酿时间超过十年，酒中会有酒泥，在饮用之前应直立静放两个小时以上，以便于饮用前滗酒除泥。

传统上，马德拉属于低温饮用酒品。饮用温度取决于酒的甜度、陈酿时间和葡萄品种。通常，年轻的、甜的和低质的，饮用温度较低，在 10~12℃ 之间；而老酒和佳酿的饮用温度略高，在 15~16℃ 之间，合适的温度能充分体现酒的风格和复杂的风味。

载杯：可选各种强化葡萄酒杯或小容量葡萄酒杯，如：波特杯、雪利杯或葡萄酒杯等，斟酒量以半杯为宜，量太少，会使酒温快速升高，量太多不利于品鉴。

储存：马德拉是一种非常耐久存的葡萄酒，开瓶后仍可以保存数月。现在，已知最老的马德拉酒产自 1715 年。此外，19 世纪中期的酒存世量也不在少数。尽管此类酒耐久存，但开瓶之后也应注意保存，避免在高温、日照或潮湿环境下存放，最好尽早喝完。

马德拉酒标上面如果没有注明葡萄品种名字，则由 Tinta Negra Mole 葡萄酿制。

低质马德拉通常会添加盐和胡椒，防止充当优质马德拉出售。因此，称之为料酒（Cooking Wine），主要用于烹调。

专业术语"Maderization"是指用马德拉式氧化培养（Maderized）的强化葡萄酒，不一定是真正的马德拉酒（Madeira）。

天然甜酒
VIN DOUX NATUREL

天然甜酒是法语 Vins Doux Naturels 的意译，简称 VDN，更确切的说应该译成"天然甜葡萄酒"。此类酒指甜味完全来自天然糖分的葡萄酒。

天然甜酒（Vins Doux Naturels）这个词语属于无保护地理标志葡萄酒"专用名称"，全球通用。目前，主要生产国为法国，其次有西班牙、希腊、瑞士或塞浦路斯等。

天然甜酒不同于其他传统甜酒、贵腐甜酒或迟摘甜酒，属于强化葡萄酒类，与雪利酒（Sherry）或波特酒（Port）相似。欧盟于 1981 年底颁布一项法令（81-1160 号），规范了天然甜酒的定义：

- 用传统生产工艺；
- 使用符合酿造天然甜酒的葡萄品种；
- 生产者必须是种植者；
- 每公顷葡萄园最大葡萄汁（Moût）产量＜ 4000L；
- 葡萄汁自然糖分≥ 252g/L；
- 最低自然酒精含量≥ 15%vol；
- 葡萄汁中禁止添加糖分；
- 酒精添加量：≥ 5%，＜ 10%（酒精纯度≥ 96%vol）
- 残留糖分≥ 45g/L

天然甜酒根据葡萄品种分两大类：歌海娜类（Grenache）和麝香类（Muscat）。

歌海娜类（Grenache）：以黑歌海娜（Grenache Noir）、灰歌海娜（Grenache Gris）和白歌海娜（Grenache Blanc）为主，有时会添加少量的佳丽酿（Carignan）、马卡布（Macabeu）、西拉（Syrah）或图尔巴（Tourbat）等。有些红天然甜酒由 100% 黑歌海娜酿制。此类酒主要产自法国南部的鲁西荣，如巴纽尔斯 AOP、莫利 AOP 和里维萨尔特 AOP。此外，南罗讷的拉斯图 AOP 也出产此类酒。

麝香类（Muscat）：小粒白麝香（Muscat Blanc à Petits Grains）和亚历山大麝香（Muscat d'Alexandrie）。零星分布在法国南部的朗格多克－鲁西荣和南罗讷等产区。

灰歌海娜　　麝香

天然甜酒的基本生产过程：榨汁→发酵→抑制发酵→陈酿→装瓶。

天然甜酒在发酵过程中采用了传统工艺"突变法（Mutage）"，加入 5%~10% 纯度为 96%vol 的葡萄蒸馏酒，以此来提高酒精强度，抑制酵母发酵（酒精强度超过 15%，酵母菌会被杀死），使酒中的少许自然糖分得以保留下来，从而为酒带来甜味。

天然甜酒的风格

歌海娜类（Grenache）

以歌海娜葡萄品种为主，用室外加热陈酿法长时间培养，抗氧化能力强，耐久存，种类丰富，风格独特。根据酿造方法分：年份（Vintage）、陈年（Rancio）和永恒（Hors d'âge）等，按颜色分：琥珀（Ambré）、砖红（Tuilé）和石榴红（Grenat）等几种类型。

特点：白葡萄酒在年轻时呈晶莹的金黄色，随着陈年时间颜色会逐渐加深。而天然红葡萄酒相反，随着陈年时间颜色会逐渐变淡。此类酒的酒体丰厚，口感浓郁复杂，甜味适中，有复杂的果香、坚果、可可、咖啡或李子干等香气，酒精含量在 15%~18% 之间，最高可达 21.5%。残留糖分＞45g/L。适合作餐后甜酒饮用。

麝香类（Muscat）

用 100% 麝香（Muscat）葡萄酿造，为了保留葡萄本身的芳香，在酿造过程中尽量避免氧化，因此，装瓶较早，并且适合年轻时饮用。此类酒的残留糖分 ≥ 100g/L，法国南部产的麝香 VDN 常注明《Muscat de Noël》术语，表示"浅龄酒"。

特点：酒体呈金黄色，有干果、柚子和蜂蜜等香气，口感丰厚饱满，浓烈，香滑甜腻，但不宜久存，适合作餐后甜酒饮用。

法国天然甜酒

法国天然甜酒集中产自地中海沿岸的部分 AOP 产区，其中以鲁西荣最负盛名，产量占法国"VDN"总产量的 90% 以上。

天然甜酒 AOP 法定产区：

巴纽尔斯 Banyuls

巴纽尔斯特级园 Banyuls Grand Crus

里维萨尔特 Rivesaltes

莫利 Maury

拉斯图 Rasteau

里维萨尔特麝香
Muscat de Rivesaltes

宝美斯维尼斯麝香
Muscat de Beaumes-de-Venise

圣让米内瓦麝香
Muscat de St-Jean-de-Minervois

枫蒂南麝香
Muscat de Frontignan

米莱瓦麝香 Muscat de Mireval

吕奈尔麝香 Muscat de Lunel

科西嘉角麝香
Muscat du Cap Corse

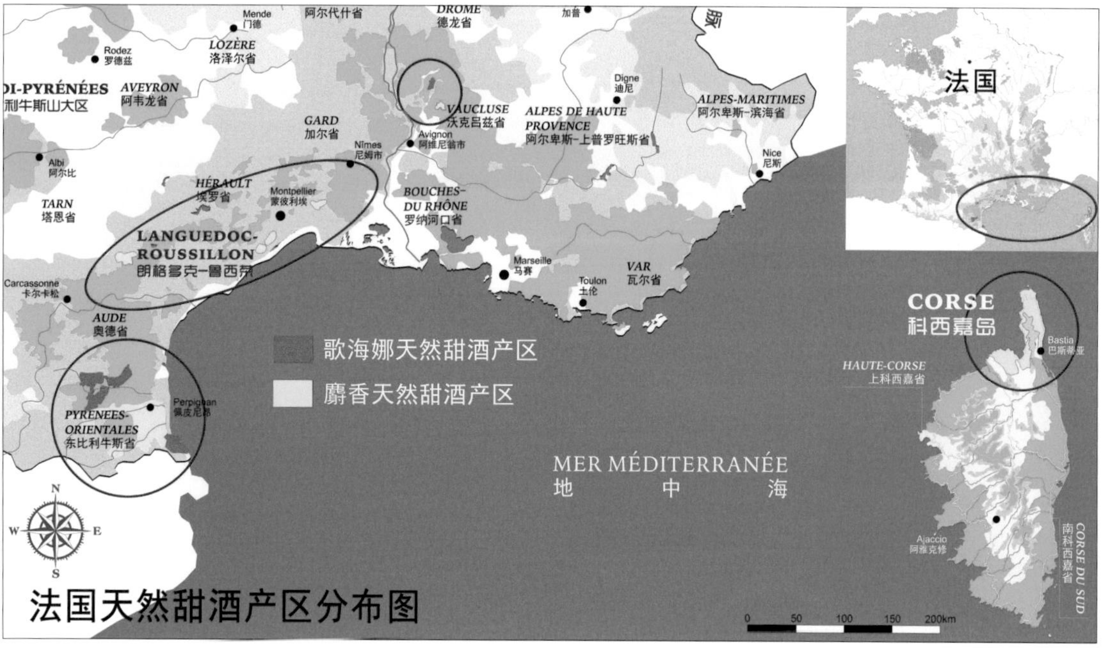

法国天然甜酒产区分布图

法国歌海娜天然甜酒的类型

白（Blanc）：用白葡萄直接酿制或用红葡萄的汁酿制，橡木桶陈酿1~3年，之后瓶内陈酿不低于3个月。酒体呈金黄色，香气丰富，有干果、坚果、香料、水果蜜饯、蜂蜜、橙皮和干花等香气。

粉红（Rosé）：用红葡萄、灰葡萄和白葡萄采用放血法混合酿制，陈酿时间较短，为了保持品质特征，法定灌瓶时间不迟于葡萄收获当年的12月31日。酒体呈淡粉红或橙红色，简单易饮，清新，富果香和花香，不宜陈年，越年轻越好。

石榴红（Grenat）：用黑歌海娜酿制的红天然甜酒，橡木桶培养12个月以上，再经瓶内陈酿3个月。酒体呈石榴红色或明亮的紫红色，口感浓郁，有黑樱桃、黑醋栗、桑葚和香料等香气。

琥珀（Ambré）：用红葡萄、白葡萄及灰葡萄采用放血法混合酿制的白色天然甜酒，橡木桶培养2~3年，瓶内陈酿3个月以上。酒体呈琥珀色，香气复杂，常散发着坚果、干果、香料、水果蜜饯、蜂蜜、橙皮和干花等香气，耐久存。

砖瓦红（Tuilé）：用黑歌海娜和其他红、白及灰葡萄混合酿制的天然甜红，经3年以上的橡木桶培养之后，酒液转化成砖红色或综红色。此类酒口感平衡，香气丰富复杂，有无花果、李子干、咖啡、可可和烤面包等香气，耐久存。

传统（Traditionnels）：以红葡萄和灰葡萄用传统酿制方法生产而成的甜型强化葡萄酒，经过2年以上的日晒氧化培养，有熟透水果、梅子蜜饯、烤咖啡和可可等香气。

锐美（Rimage）和年份（Vintage）：用黑歌海娜和其他葡萄混合酿制，但只有大年份才会生产。此类酒以清新芳香著称，因此，陈酿时间较短，灌瓶早。酒体呈红宝石色，有樱桃、覆盆子或黑莓等香气，是一种未经氧化的葡萄酒。其中晚熟锐美和年份酒（Rimage / Vintage Tardive）的橡木桶培养期在1~3年间，有明显的氧化味。此类酒丹宁丰富，口感强烈复杂，有糖渍水果、坚果、香料、可可粉和烘焙咖啡等香气，耐久存。

陈年（Rancio）：此术语指经长时间氧化培养后，产生独特氧化味（Goût de Rancio）的天然甜酒。此类酒有2种培养方法：一是将酒液装在大腹玻璃瓶内放到室外经过3年以上的氧化培养；二是装入大橡木桶内，用西班牙雪利酒（Sherry）的传统"索乐拉（Solera）"循环氧化方法进行培养。陈年甜酒口感较浓烈，带有一种独特的陈年氧化味，常散发着坚果、咖啡、干果和烧烤等香气。按规定，必须以"琥珀（Ambré）和传统（Traditionnels）"作为基酒。

超龄（Hors d'âge）：法定酒窖氧化培养时间不低5年，有些酒可能超过20年，为天然甜酒中的上品，但非常少见。按规定，必须以琥珀（Ambré）和砖瓦红（Tuilé）为基酒，再进行陈酿。

饮用温度：
6 ~ 12℃

天然甜酒可与辛辣食物搭配佐餐，也可餐后搭配甜品或奶酪饮用。普通酒还可加冰或混合饮用。

麝香类甜酒口感清新，芳香，较甜，饮用温度较低，适合搭配雪糕、蛋糕或口味略淡的甜品。

歌海娜类甜酒口味丰富，可根据甜品的口味和甜度依个人喜好去搭配。通常，简单易饮型甜酒的饮用温度较低，陈年复杂型温度略高，并且适宜净饮，慢慢品尝。

麝香天然甜酒

歌海娜天然甜酒

饮用温度：
8 ~ 16℃

什么是葡萄酒？简单的说："以成熟的酿酒葡萄为原料，经发酵后生产而成的低酒精饮料"。

按照国际葡萄与葡萄酒组织（O.I.V./1996）规定：只有用纯正、成熟、新鲜的葡萄酿造的葡萄酒才能称得上"Wine"，酒液在20℃条件下酒精含量不低于8.5%vol。"Wine"指"葡萄酒"，而不是"酒"。酒的范畴非常广，可应用于所有的酒类。但是，"Wine"仅代表葡萄酒或果类酿造酒。

传统的红、白葡萄酒根据酒中的残留糖分含量分4种类型：干、半干、半甜和甜，而全球葡萄酒总产量的90%以上都属于"干型"，平常适合在就餐时饮用，因此，称之为"餐酒"。"餐酒"来自法语"Vin de Table"演变的英文"Table Wine"，有人称之为"Everyday Wine"，意思指日常饮用的葡萄酒。其实，法语"Vin de Table"指法国最低法定等级葡萄酒，简称VDT，由于质量较普通，价格低廉，主要用于日常佐餐或烹饪，因此，有"日常餐酒"之称。如今，所有能就餐饮用的葡萄酒都称之为"餐酒"，而中文"日常餐酒"泛指品质和价格较低廉的葡萄酒，因此，"餐酒"和"日常餐酒"在表达方面有实质性的区别，前者指佐餐饮用的酒品，如：红、白、桃红或起泡葡萄酒等，无等级和品质之分。而后者是指低等级、低质和廉价葡萄酒，如法国的VDT（VDF），意大利的VDT或西班牙的VDM等。

葡萄酒 Wines

　　葡萄酒装瓶后会随着环境的不同而产生不同的变化，这是一种自然循环规律，像人一样，从新酒（小孩）→成熟（成年）→老化（老年）→变质（死亡）。因此说："葡萄酒是有生命的饮料"。

　　葡萄酒可自然形成，属于大自然恩惠。世界上找不到两种口味完全一样的葡萄酒，即便来自同一地区、同一块葡萄园或同一种葡萄品种酿造的酒，成分和口味都有着细微的变化。

葡萄酒的主要成分 The Components of Wine

水：＞80%，由根系从土壤中汲取的"生命之水"；

酒精（乙醇）：9%~15%vol，由自然糖分分解；

酸类：酒石酸、苹果酸、柠檬酸、乳酸、醋酸……

酚类：1~5g/L，天然色素、单宁、白藜芦醇（红酒）……

糖分：干型 0.2~5g/L，甜 ＞5g/L；

芳香物质：数百毫克/升，果香、发酵香、醇香；

营养成分：氨基酸、泛酸、叶酸、蛋白质、维生素……

葡萄酒分类
TYPES OF WINE

按酒体颜色分类
THE COLOR TYPE OF WINE

红葡萄酒：用红色或黑色葡萄经挤压后，连同皮和渣一并浸皮发酵，将葡萄表皮色素汲取出来，构成葡萄酒的颜色。红葡萄酒通常呈宝石红色、深红色或紫红色，口味较白葡萄酒浓郁，含有多种酚类化合物和酸性物质，口感干涩，一些优质干红可适当陈年。

白葡萄酒：用白葡萄或红葡萄经榨汁后酿制而成。白葡萄酒并非白色，通常呈淡黄色、禾杆黄色、金黄色或苍白色。特征：口感清新，酸度高，有新鲜白色或黄色水果香味。大多数干白葡萄酒不宜陈年，一些复杂饱满的甜白可适当陈年。

黄葡萄酒：简而言之，用干白葡萄酒经过特殊氧化培养后生产而成的黄色葡萄酒。此酒的发酵过程比较缓慢，法定橡木桶氧化培养期大于60个月，

玫瑰红葡萄酒：又称桃红，是形容其色泽而不是香味。此类酒用红葡萄或混合白葡萄酿制。生产方法与红葡萄酒相似，只是浸皮发酵时间较短，获取的颜色浅。通常呈粉红色或淡红色。口感介于白葡萄酒与红葡萄酒之间。在法国其他地区又称灰葡萄酒（Vin Gris）。

淡红葡萄酒：用红葡萄或黑葡萄酿制，方法与桃红相似，浸皮时间相对略长。酒液颜色呈淡红色或亮丽的红宝石色，风格介于红葡萄酒与桃红葡萄酒之间。此类酒的酒体适中，口感清新，富果香和花香，单宁含量低，适合年轻时饮用。

无需添加二氧化硫，属于纯天然葡萄酒。此类酒呈金黄色，酒体饱满，香气复杂，口感浓郁，有核桃、杏仁、榛子和蜂腊等高级香气，耐久存，可长达百年。

按酿造方法分类
DIFFERENT TYPES OF BREWING

所有的葡萄酒在发酵过程中都会产生二氧化碳气体，而静态葡萄酒在发酵过程中排除了二氧化碳气体，气压<0.5 bar，因此，称之为静态葡萄酒，通常酒精含量在 8.5%~15%vol 之间，属于葡萄酒当中的主流产品。如：红、白或桃红葡萄酒等。

强化葡萄酒：是指在发酵过程中或发酵后加入白兰地或食用酒精来强化酒体的葡萄酒。添加酒精是为了提高酒精强度并控制酒中的糖分不再发酵，因此，酒精含量较高，在 16%~21%vol 之间，如常见的雪利酒（Sherry）、波特酒（Port）或天然甜酒（VDN）等。

起泡葡萄酒：指酒中含有二氧化碳气体的葡萄酒。葡萄酒在 20℃ 的条件下，瓶内二氧化碳压力在 0.5~6 bar 之间，其中 0.5~3.5 bar 属于低压起泡酒或微起泡，3.5~6 bar 为传统起泡酒。按规定：酒精含量不低于 8%vol，大多在 9%~13%vol 之间。

但是有些起泡酒的酒精含量却在 5%~8%vol 之间，如：意大利的阿斯蒂麝香（Moscato D'asti）或气酒（Frizzante）等，这另当别论。市场上常见的起泡酒有：法国香槟（Champagne）或其他国家的起泡葡萄酒（Sparkling Wine）等。

按酒的含糖量分类
INDICATE SWEETNESS OF WINE

干型：酒中的残留糖分含量在 0.5% 以下，每升葡萄酒小于或等于 4g，入口感觉不到甜味，法语表示为"Sec"。

半干型：酒中的残留糖分含量在 0.5%~12% 之间，每升葡萄酒在 4~12g 之间，入口感觉有微弱的甜味，法语表示为"Demi Sec"。

半甜型：酒中的残留糖分含量在 1.2%~5% 之间，每升葡萄酒在 12~50g 之间，入口有明显的甜味，法语表示为"Demi Doux"。

甜型：酒中残留糖分含量在 5% 以上，每升葡萄酒在 50g 以上，入口有浓厚的甜味，法语表示为"Doux"。

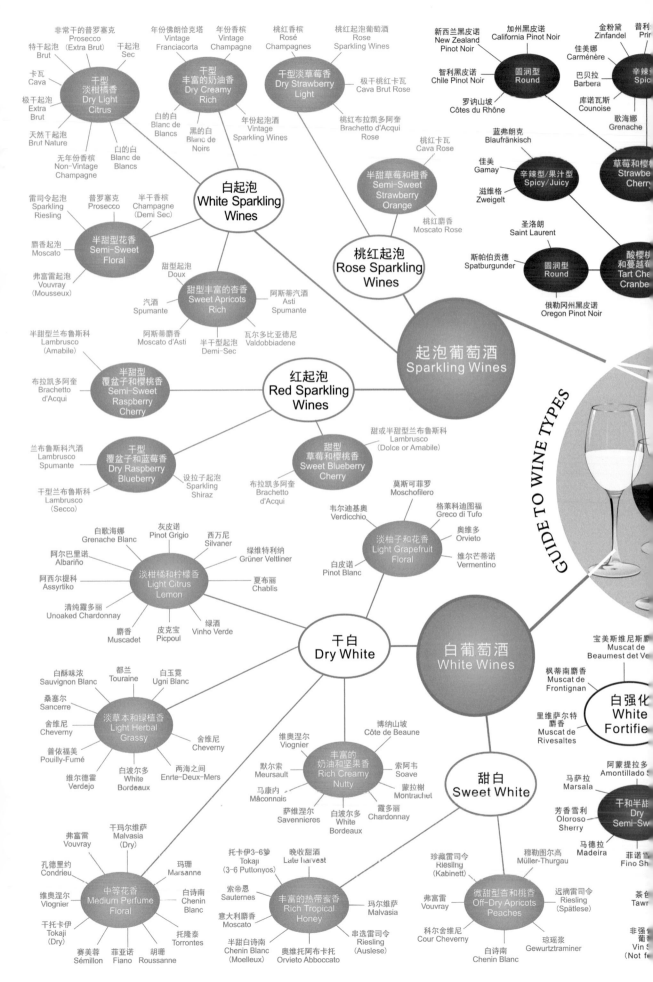

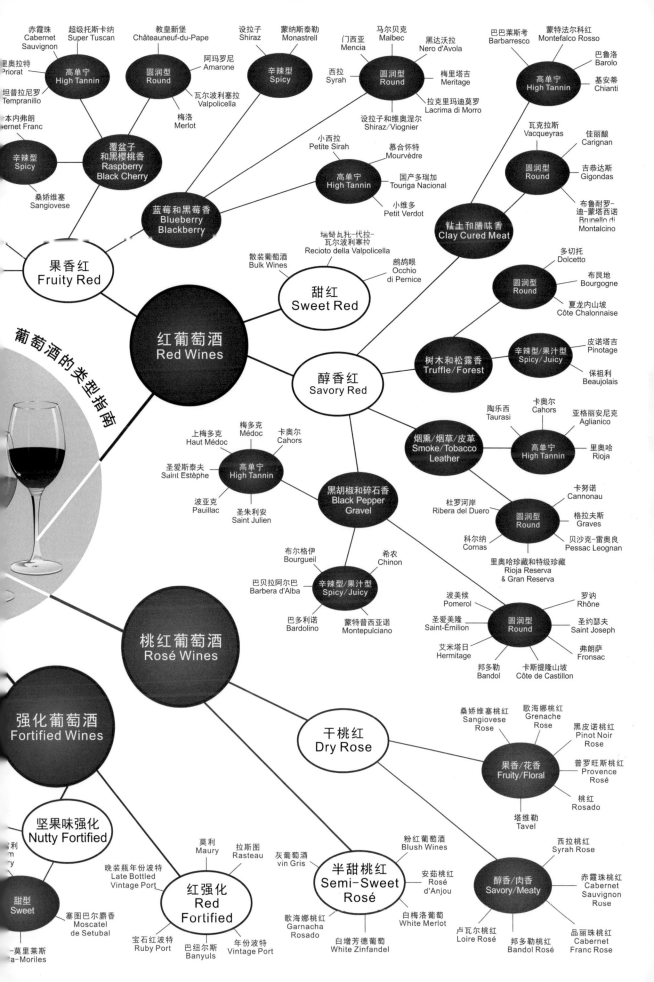

酿酒葡萄品种
WINE GRAPE VARIETIES

葡萄的属性"葡萄科"，英语称之为Ampelidaceae或Vitaceae。葡萄科有12属，其中酿酒葡萄品种学名称"*Vitis Vinifera*"，属于欧亚酿酒葡萄原种。全球99.9%的葡萄酒来自酿酒葡萄品种（*Vitis Vinifera*）。随着社会发展，古老的葡萄品种渐渐退出历史舞台，经现代科技改良的新品种日益增多。如今，全球有8000多种葡萄，其中能用来酿酒的葡萄约有1000种。拥有最多葡萄品种的国家是意大利（Italy），常用品种超过200种，具体有多少，意大利人自己也说不清楚！目前，国际常用并且流行的葡萄仅约50多种，按颜色分三大类：红葡萄（Red）、白葡萄（White）和灰葡萄（Gray）。

红葡萄：表皮呈黑色、墨蓝色、紫红色或深红色，大多数果肉呈白色，只有极少数红葡萄的果肉有色，因此，红葡萄不但能酿造红葡萄酒、淡红葡萄酒和桃红葡萄酒，榨汁去皮后还可酿造白葡萄酒和起泡葡萄酒。红葡萄表皮含有丰富的色素、酚类物质和呈香物质，因此，酿造的酒较浓郁复杂。

白葡萄：表皮颜色并非白色，呈淡绿或淡黄色，果肉呈苍白色、淡黄色或禾黄色，是酿制白葡萄酒和白起泡葡萄酒的主要原料。白葡萄表皮含有丰富的酸类物质和少量的酚类物质，但酿造前会去皮，因此，多数白葡萄酒以简单易饮，清新活泼著称。

灰葡萄：并不多见，外观颜色介于红葡萄与白葡萄之间，表皮呈淡红色或灰色，主要用来酿造淡红葡萄酒，灰葡萄酒或白葡萄酒。用此类葡萄酿造的白葡萄酒颜色呈淡黄色或金黄色，结构和口感相对较强。

酿酒葡萄与食用葡萄的区别

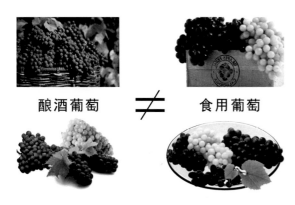

品种属性不同。食用葡萄颗粒较大、皮薄、肉多、汁少，表皮含有的酚类物质和芳香物质非常低。而酿酒葡萄却恰恰相反，大多数葡萄颗粒较小、皮厚、汁多、肉少，并且含有丰富的酚类物质和芳香物质。此外，还有鲜食与酿酒两用葡萄品种，如麝香（Muscat）或夏斯拉（Chasselas）等，其中粉红色麝香在国内又称玫瑰香。

单一与混合葡萄品种酒

传统上，多数旧世界红葡萄酒以混合酿造为主，主要原因是单一品种酒的香气和口感过于简单，如果混合适量的其他品种，可提高葡萄酒的结构和复杂性。例如：法国的波尔多或南罗讷等。但有些葡萄适合酿造单一品种酒，例如：法国布艮地的黑皮诺、北罗讷的西拉或澳洲的设拉子等。

事实上，单一品种红葡萄酒并非纯正一种葡萄，按欧盟法律规定：一种葡萄用量大于85%，就允许以单一葡萄品种命名销售。法国布艮地 AOP 从 2012 年起，规定一些特级园的单一葡萄品种酒从之前的 85% 提升到95%，只允许添加 5% 的其他法定品种。多数新世界规定：单一葡萄品种酒的标注葡萄用量不得低于 75%。因此，几乎不存在纯正单一葡萄品种的红葡萄酒。即使是布艮地的黑皮诺（Pinot Noir）或波美候的梅洛（Merlot）也是如此。但纯正单一品种白葡萄酒的确存在，如霞多丽（Chardonnay）或雷司令（Riesling）等。

葡萄品种的选择

葡萄的质量决定着葡萄酒的品质和风格，简单的说葡萄酒的质量主要取决于葡萄品种质量，其次才是种植环境和人为因素。

优秀的葡萄品种并不一定适合所有的葡萄园，因为每一种葡萄需要的生长环境和土壤不同。同样的品种种植在不同的葡萄园内，酿造出来的葡萄酒风味截然不同，甚至在同一块葡萄园内也会相差甚远。全球种植优质葡萄品种的葡萄园非常多，但能够酿造出伟大葡萄酒的葡萄园屈指可数。由此可见，选择葡萄品种的重要指标并非品种知名度，而是葡萄园自身条件。因此，在购买葡萄酒时，选择因地制宜的葡萄品种酒，其品种特性和风格更加明显，质量也比较高。

流行酿酒红葡萄品种 RED GRAPE VARIETIES

阿里安尼科（别称：艾格尼克）
Aglianico

原产于希腊，广泛种植在意大利南部，是意大利最出色的酿酒葡萄品种之一。

晚熟品种，喜好温暖干燥的气候和火山岩，果实表皮色深，酸度高，宜与歌海娜混合酿酒。

 意大利南部的巴西利卡塔（Basilicata）或坎培尼亚（Campania）。

 呈深红宝石色或石榴红色。

 黑色浆果、李子、巧克力和咖啡，成熟的酒有泥土或皮革等气息。

 酒体饱满、单宁丰富，年轻时略显粗糙，成熟的酒香气复杂多变，可适当陈年。

巴贝拉（别称：巴巴拉）
Barbera

原产于意大利的皮埃蒙特（Piemont）地区，是意大利种植面积最大的葡萄品种之一。

晚熟品种，适应能力强，长势旺，喜好炎热气候和贫瘠的沙质土，果皮颜色深，酸度高。

 意大利的 Barbera d'Astit 和 Barbera del Monferrato 等。

 呈诱人的深红宝石色。

 红色浆果、黑色浆果、玫瑰、李子和葡萄干等，有显著的樱桃味。

 酒体适中、单宁丰富，高酸，大多适宜年轻时饮用。

蓝佛朗克（别称：伦贝格尔）
Blaufrankisch(Lemberger)

原产于奥地利（Austria），目前，为奥地利种植面积最大的酿酒葡萄品种之一。

晚熟，产量高，生长旺盛，易染灰霉病，喜好凉爽的砾石山坡，可酿造多种类型葡萄酒。

 奥地利的布尔根兰（Burgenland）。此外，德国、美国和澳大利亚也有种植。

 呈强烈的深红宝石色或深紫红色。

 樱桃、覆盆子、黑醋栗和甘草等，成熟的酒有雪松、辛香料或皮革等香味。

 酒体适中，单宁丰富，结构平衡，优质酒具有良好的陈年潜力。

卡本内（别称：解百纳）
Cabernet

1948 年美国加州大学用传统的佳丽酿（Carignan）和赤霞珠（Cabernet Sauvignon）杂交培育而成，晚熟品种。

产量高，易染灰霉病，可酿单一葡萄品种酒，也可用于混合其他品种酿酒。

 美国加州（California）。常与赤霞珠、或品丽珠混合搭配酿酒。

 呈深红宝石色。

 红色浆果、黑色浆果和玫瑰等，成熟的酒有皮革和灌木气息。

 酒体轻盈，单宁含量低，大多不宜久藏，成熟期在 2~5 年间。

品丽珠（别称：卡本内佛朗）
Cabernet Franc

原产于法国波尔多（Bordeaux）。

早熟品种，适宜凉爽的温带气候，单宁及酸度含量较低，主要用于添加调味，增加酒的芳香。适合搭配品种有赤霞珠或梅洛。

 法国波尔多的圣爱美隆（St Emilion）和卢瓦尔河谷中部地区。

 呈红宝石色。

 红醋栗、黑莓、紫罗兰、青椒和青草等，成熟的酒有皮革或灌木气息。

 酒体中等、单宁柔顺，适宜年轻时饮用，不宜久存。

赤霞珠（别称：卡本内苏维翁）
Cabernet Sauvignon

原产于法国波尔多（Bordeaux），有酿酒红葡萄品种之王的美誉，为全球种植最广泛的葡萄品种。

适应能力强，易栽培；皮厚颗粒小，单宁含量高，可酿单一或混合葡萄品种酒。

 法国波尔多（Bordeaux）或美国加州纳帕山谷（Napa Valley）等。

 呈深红宝石色。

 黑醋栗、李子、甘草和香料等，成熟的酒有香草、皮革、松露和烟草等香气。

 酒体饱满，单宁丰富，耐久存；成熟的酒口感复杂多变，有层次感。

佳丽酿
Carignan

原产于西班牙东北部的阿拉贡地区（Aragon），为世界种植面积最大的酿酒葡萄品种之一。

晚熟品种，长势旺，结果早，产量高，喜好干燥炎热的温带气候和贫瘠的山坡。

 法国南部朗格多克（Languedoc）和西班牙（Espagne）等地。

 呈深紫红色。

 果香浓郁，常散发着黑色浆果、香草、辛香料和胡椒等香气。

 酒精含量高，单宁强，酸度高，口感偏苦，主要用来混合其他品种酿酒。

多切托（别称：多姿桃）
Dolcetto

名字的意思是"有点甜"，原产于意大利北部的皮埃蒙特（Piemont）。

早熟品种，对生长环境挑剔，易染病，喜好凉爽干燥的气候和泥灰岩地质，低酸，单宁丰富。

 意大利北部的 Dogliani, Diano d'Alba 和 Ovada 等产区。

 呈深紫红色。

 果香浓郁，有松柏、杏仁、紫罗兰、甘草和咖啡等香气。

 酒体适中，单宁柔顺，酸度低，微甜，适宜年轻时饮用，不宜久存。

佳美
Gamay

原产于法国布艮地（Burgundy），全称"白汁黑佳美（Gamay noir à jus blanc）"。

适宜生长在花岗岩或石灰质含量较低的土地上，常用来酿造新酒，也可酿造浓郁型红葡萄酒。

 法国宝祖利（Beaujolais）和卢瓦尔河谷（Vallée de la Loire）中部。

 呈艳丽的紫红色。

 花香和果香丰富，常散发着红醋栗、覆盆子、紫罗兰、玫瑰和木犀草等香气。

 酒体平衡，单宁及酒精含量低，酸度高，清新，有丰富的花果香，不宜久存。

黑歌海娜
Grenache Noir

原产于西班牙，目前，是法国南罗讷最具代表性的酿酒葡萄品种。

成熟晚，抗热抗旱，喜好炎热干燥气候和砾石土壤，糖分含量高。适合与西拉、穆合怀特和佳丽酿等品种混合。

 法国南罗纳（Rhône Sud）；西班牙普里拉托（Priorato）和里奥哈（Rioja）。

 呈深紫红色。

 红色浆果、百里香、鼠尾草、香草和太妃糖等，成熟的酒有香料和皮革味。

 酒精含量高，单宁适中，酸度低，香气丰富，柔顺，成熟较快，不耐陈年。

马尔贝克（别称：高特）
Malbec(Cot)

原产于法国西南部，为国际常见混合葡萄品种之一，主要用于提高酒体颜色和单宁。

早熟品种，易染霜霉病或腐烂，产量高，喜好温暖的温带气候与贫瘠的石灰岩地质。

 法国西南大区的卡奥尔（Cahors）和阿根廷的门多萨（Mendoza）。

 呈暗红色或墨黑色。

 香气丰富，有红醋栗、紫罗兰、李子、香草、香料、薄荷和松露等香气。

 酒体强壮，单宁强劲，口感浓郁，可适当陈年，成熟期在5~10年间。

梅洛（别称：美乐或梅路辄）
Merlot

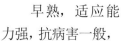

原产于法国波尔多（Bordeaux），是波尔多右岸最具代表性的葡萄品种。

早熟，适应能力强，抗病害一般，产量大，成熟均匀，雨水过多时易腐烂。常与赤霞珠和品丽珠混合搭配。

 法国波尔多的波美侯（Pomerol）和圣爱美浓隆（Saint~Emilion）。

 呈深紫红色。

 红色浆果、紫罗兰、甘草、灌木和松露等，成熟的酒香气复杂多变。

 酒体饱满，酸度低，单宁柔顺，口感圆润，可年轻饮用，可陈年。

蒙特普西亚诺
Montepulciano

原产于希腊，但名字却起源于意大利托斯卡纳大区－锡耶纳省的一座中世纪山城。

晚熟品种，适宜种植在纬度较低的温带丘陵地区，果实颗粒中等，表皮呈蓝黑色。

 意大利的马尔凯（Marche）和阿布鲁佐（Abruzzo）等产区。

 呈强烈的深宝石红色。

 草莓、黑醋栗、果酱、香料、木材、杏仁和香料等。

 果味丰富浓郁，酸度高，单宁柔滑，适宜年轻时饮用。

穆合怀特（别称：穆韦德尔）
Mouvèdre

原产于西班牙瓦伦斯（Valence），是法国东南部重要酿酒葡萄品种之一，主要用于混合添加。

晚熟，喜好炎热干燥的地中海气候与贫瘠的土壤。表皮呈蓝黑色，是歌海娜的最佳伴侣。

 法国南罗讷河谷（Vallée du Rhône）和普罗旺斯（Provence）等产区。

 呈亮丽的深紫红色。

 黑莓、百里香、胡椒、青椒和雪松等，成熟的酒有松露、香料或野味等香气。

 结构紧密，口感浓郁丰厚，丹宁含量高，酸度低，耐陈年，成熟的酒口感复杂。

内比奥罗（别称：雾葡萄）
Nebbiolo

原产于意大利，是意大利最独特且最具代表性的酿酒葡萄品种之一。

该葡萄只生长在意大利皮埃蒙特为数不多的几座丘陵之上。目前，在其他地区和国家也有少量种植，但表现平平。

 意大利皮埃蒙特（Piemont），如巴鲁洛（Barolo）或 Babaresco 等。

 呈深红宝石色。

 香气复杂，有玫瑰、紫罗兰、松露、甘草、烟草、黑枣和巧克力等香气。

 酒体饱满，丹宁强劲，口感浓郁丰厚，陈年佳酿富层次感，耐久存。

黑皮诺（别称：黑品乐）
Pinot Noir

原产于法国布艮地，为世界最高贵的酿酒葡萄之一，在德国称之为 Spätburgunder。

早熟，皮薄，色素含量高，产量低，难栽培；喜好寒冷的温带气候与石灰质土壤。

 法国布艮地（Burgundy）、瑞士、新西兰、美国加州或奥地利等。

 呈宝石红色。

 香气复杂，有草莓、樱桃、紫罗兰、灌木、松露、甘草、香料和包心菜等香气。

 酒体适中，单宁低且柔滑，成熟的酒口味复杂多变，耐久存。

皮诺塔吉
Pinotage

1925 年，南非开普敦大学教授用黑皮诺 Pinot Noir 与神索 Cinsaut 通过授粉培植的新品种。因为神索在当地被称之为 Hermitage，所以用 Pinot Noir 的前半加 Hermitage 的后半组成 Pinotage。

 南非标志性酿酒红葡萄品种，出色的产区如：帕尔 Paarl 或北开普等。

 呈深红色。

 黑色浆果，如黑莓或黑醋栗等，还有李子酱、甘草、甜椒或烟草等香气。

 结构紧密，有口感粗犷的可陈年酒，也能找到轻盈柔顺且果香丰富的酒。

桑乔维塞
Sangiovese

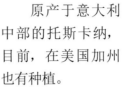 

原产于意大利中部的托斯卡纳，目前，在美国加州也有种植。

晚熟品种，植株变种多，喜好温带炎热干燥的气候与石灰质土壤；果实颗粒小，呈蓝黑色。

 意大利的托斯卡纳（Tuscany）和美国加州（California）等地。

 呈深红宝石色。

 新酒富花香和果香，成熟的酒有咖啡、香料、新鲜泥土或烟草等香味。

 酒体结构饱满，单宁含量高，酸度高，略苦，有良好的陈年潜力。

西拉或设拉子
Syrah & Shiraz

原产于法国南部的北罗讷（Rhône Nord），在澳洲和南非称之为设拉子（Shiraz）。

晚熟，表皮颜色深，产量低，喜好凉爽的气候及花岗岩土壤，常用来酿造单一葡萄品种酒。

 法国北罗讷（Rhône Nord）和奥大利亚（Australia）等地。

 呈深紫红色。

 年轻时散发着黑醋栗、甘草、胡椒和草本香，成熟的酒有皮革和烟草味。

 酒体结构紧密，单宁含量高，口感浓郁复杂，有良好的陈年潜力。

丹娜
Tannat

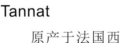 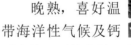 

原产于法国西南部，目前，被广泛种植在南美洲的阿根廷和乌拉圭。

晚熟，喜好温带海洋性气候及钙质土壤；颗粒中等，皮厚，呈蓝黑色。常与赤霞珠、品丽珠和菲尔色瓦都搭配。

 法国西南大区的马迪朗（Madiran）及南美洲的乌拉圭（Uruguay）。

 呈深红宝石色或深紫红色。

 桑葚、黑加仑子，成熟的酒有甘草、香料和烟草等香气。

 酒体饱满，丹宁高，收敛性强，年轻时略显粗糙，成熟后口感丰富复杂。

坦普拉尼罗
Tempranillo

原产于西班牙北部，是西班牙本土最具代表性的酿酒葡萄品种之一。

早熟，喜好凉爽的气候和贫瘠的土壤；果实皮厚，颜色深，酸度高，宜与歌海娜混合搭配酿酒。

 西班牙的里奥哈（Rioja）产区。此外，美国和澳大利亚也有种植。

 呈深紫红色。

 草莓、黑醋栗、樱桃、李子、巧克力、香草、香料和烟草等。

 酒体平衡，单宁适中。年轻时以果味为主，成熟后复杂多变，可陈年。

红好丽诗（别称：罗丽红）
Tinta Roriz

原产于西班牙的里奥哈（Rioja），是 Tempranillo 的变种。

早熟品种，易染病，喜好海拔较高的山坡及温带炎热干燥的气候，果皮厚，呈蓝黑色。

 葡萄牙北部的杜罗河（Douro）和达奥（Dao）等产区。

 呈深紫红色。

 覆盆子、桑椹、玫瑰、香草、香料和烟草等。

 酒体强壮，结构平衡，单宁丰富，有良好的陈年潜力。

国产多瑞加
Touriga Nacional

葡萄牙本土最具代表性酿酒葡萄品种，是优质波特酒的重要原料之一。

早熟品种，长势旺，产量低，喜好海拔较高的石灰岩山坡。果实颜色深，含糖量高。

 葡萄牙北部的杜罗河（Douro）和达奥（Dao）等产区。

 呈深暗红色。

 年轻时常散发着紫罗兰、桑椹和李子干等香气。成熟的酒有香料和烟熏味。

 酒体饱满，酒精含量高，单宁厚重而柔顺，口感强烈，有良好的陈年潜力。

增芳德（别称：金芬黛）
Zinfandel

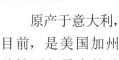
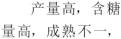
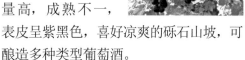

原产于意大利，目前，是美国加州种植面积最大的酿酒葡萄品种之一。

产量高，含糖量高，成熟不一，表皮呈紫黑色，喜好凉爽的砾石山坡，可酿造多种类型葡萄酒。

 美国加州干溪谷（Dry Creek Valley）和亚历山大谷（Alexandra Valley）等。

 红葡萄酒呈深红色。

 香气丰富浓郁，有花香、浆果香、李子、果酱和香料等香气。

 酒精含量高，口感浓郁，单宁强而柔顺，耐陈年。清淡型红酒结构不明显。

流行酿酒白和灰葡萄品种 WHITE AND GRAY GRAPE VARIETIES

阿尔巴利诺
Albarino

原产于西班牙加利西亚（Galicia），在葡萄牙被称之为"Alvarinho"。

皮厚颗粒小，产量低，属于珍稀酿酒葡萄品种，为西班牙最具代表性的白葡萄品种之一。

 西班牙西北部的下海湾地区（Rias Baixas）。

 呈淡禾黄色。

 富花香和果香，如山楂花、椴树花、苹果、桃、柑橘、蜂蜜或矿物等。

 酒体中等，酸味十足，口感清新干爽，风格多变，不宜陈年，越新越好。

阿里高
Aligoté

原产于法国布艮地（Bourgogne），常用来酿造单一葡萄品种干白，或混合其他品种酿酒。

早熟，适宜温和的大陆性气候，喜好石灰岩土壤，耐寒，易染病，颗粒小。

 法国布艮地大区或布泽宏阿里高法定产区（Bouzeron–Aligoté）。

 呈淡禾黄色。

 有苹果、柠檬、杏、桃、菠萝和白色花卉等香气。

 酒体适中，高酸度，口感清新活泼，适宜年轻时饮用，不宜存放。

霞多丽（别称：莎当妮）
Chardonnay

原产于法国，国际最著名且种植最广泛的酿酒白葡萄品种，多用来酿造单一葡萄品种酒。

早熟，易栽培，抗病能力强，产量高；不同地区有不同的表现，还是佳酿起泡葡萄酒的首选品种。

 法国布艮地（Burgundy），美国或奥大利亚等地。

 呈淡黄色，橡木桶陈酿的酒呈金黄色。

 白色花卉、蕨类植物、甜瓜、柠檬、奶油、香料、干果、蜂蜜和烤面包等。

 结构平衡。新世界酒清新活泼，宜年轻时饮用；旧世界圆润优雅，可陈年。

夏斯拉
Chasselas

原产埃及，现分布世界各地，属于酿酒和鲜食两用品种，是瑞士种植最广泛的葡萄品种。

古老的耐寒品种，早熟，喜好凉爽的半大陆气候，果实颗粒中等，皮薄，含糖量高，酸度低。

 瑞士和法国卢瓦尔河谷的普依卢瓦尔（Pouilly–sur–Loire）等地。

 呈淡黄色或禾黄色。

 山楂花、柠檬、菠萝、鲜杏、榛子和火石等。

 酒体轻盈，结构平衡，口感清爽淡雅，微酸，适宜年轻时饮用，不宜存放。

白诗南
Chenin Blanc

原产于法国卢瓦尔河谷的安茹地区（Anjou）。

中熟品种，长势极强，用途广泛，不但可酿制干白、甜白和起泡葡萄酒，还可酿制强化葡萄酒或白兰地等。

 法国西北部的卢瓦尔河谷（Vallée de la Loire）。

 干白呈禾黄或淡黄色，甜酒呈金黄色。

 白花、黄色花卉、杏、桃、柠檬、糖渍水果、鸢尾仁、蜂蜜和矿物等。

 酒体饱满，酸度高，干白和起泡葡萄酒适宜年轻时饮用，甜白可陈年。

克莱雷特
Clairette

原产于法国南部，现种植在罗讷河谷和朗格多克。

晚熟品种，抗旱强，喜好炎热干燥的地中海气候与贫瘠的钙质土壤。果实皮薄易腐烂，可酿酒，可食用。

 法国罗讷河谷（Vallée du Rhône）和朗格多克（Languedoc）等地。

 呈禾黄色或淡金黄色。

 白色花卉、黄色花卉、柠檬、苹果、西柚、丁香和蜂蜜等。

 酒体结构平衡，口感清新活泼，酸度适中，适宜年轻时饮用，越新越好。

琼瑶浆（别称：特拉米诺）
Gewürztraminer

原产于意大利北部，又名"特拉米诺（Traminer）"，意思是"芳香的"。

早熟品种，表皮呈粉红色，喜好凉爽气候，产量低，糖分高，芳香物质丰富。该品种酿造的酒都带甜味，无干甜之分。

 法国阿尔萨斯（Alsace），德国巴登（Baden）和法尔兹（Pfalz）等。

 呈金黄色。

 荔枝、柑橘类水果、百里香、水蜜桃和玫瑰花等，有葡萄酒"香水"之称。

 酒体饱满，酒精含量高，酸度不足，香甜可口，贵腐和迟摘甜酒可陈年。

满胜
Manseng

原产于法国西南，家族式品种，分：Gros Manseng 和 Petit Manseng。

喜好海洋气候和砾石土壤；果实颗粒中等，表皮呈苍白色，带有褐色斑点，皮厚，酸度高。

 法国西南大区的朱朗颂（Jurançon）和贝阿恩（Béarn）等产区。

 干白呈淡黄或禾黄色，甜白呈金黄色。

 椴树花、菠萝、丁香、桂皮、榛子和蜂蜜等。干白以热带水果香气为主。

 酒体平衡，干白细致清新，适宜年轻时饮用；甜白浓郁香甜，可陈年。

玛珊（别称：马尔萨纳）
Marsanne

原产于法国南部罗讷河谷（Vallée du Rhône）。

晚熟品种，喜好凉爽气候与贫瘠的花岗岩地质，长势旺，产量高，难栽培，易染病。绝佳搭配品种是胡珊，几乎不存在单一品种酒。

 法国北罗讷的爱米塔吉（Hermitage）和圣约瑟夫（St-Joseph）等。

 呈淡金黄或禾黄色。

 白色花卉、柠檬、桃、杏、蜂蜜、香草、葡萄干、无花果和坚果等。

 干白酒体醇厚，酸度适中，适宜年轻时饮用；甜白细腻圆润，耐久存。

米勒图尔高
Müller~Thurgau

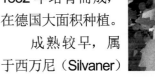

瑞士研究员米勒（Müller）博士于1882年培育而成，在德国大面积种植。

成熟较早，属于西万尼（Silvaner）和雷司令（Riesling）杂交品种，喜好寒冷的山区，易种植，产量高，但品质一般。

 德国（Germany）各产区，意大利北部、瑞士和新西兰等地。

 呈淡黄或禾黄色。

 香气清新，主要有桃子、青柠、葡萄柚和矿物等。

 酒体轻盈，微甜，简单易饮，适宜年轻时饮用，越新越好。

麝香（别称：蜜斯佳）
Muscat

原产于法国，在意大利称之为"Moscato"；主要用于酿造甜白或起泡葡萄酒。

变种多，族群大，分布广，属于酿酒和鲜食两用品种，酸度低，糖分高，成熟晚。

 法国鲁西荣和卢瓦尔南特地区，或意大利的皮埃蒙特（Piemont）等。

 呈禾黄色或金黄色。

 柠檬、杏、西柚、山楂花、橙皮、苹果、葡萄干、香料和矿物等。

 干型酒清新活泼，微酸；甜酒结构饱满，浓郁香甜，都适合年轻时饮用。

白皮诺（别称：白品乐）
Pinot Blanc

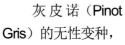

原产于法国中部，德国称 Weisser Burgunder，意大利称 Pinot Bianco。

灰皮诺（Pinot Gris）的无性变种，中熟，常用于酿造干白、迟摘或起泡酒，但品质表现较普通。

 法国阿尔萨斯（Alsace），德国巴登（Baden）或法尔兹（Pfalz）等。

 呈晶莹的淡黄色或淡金黄色

 白色花卉、青苹果、鲜杏和柑橘类水果等。

 酒体中等，口感浓郁清新，酸度适中，果味丰富，不宜陈年。

灰皮诺（别称：灰品乐）
Pinot Gris

原产于法国，意大利命名为 Pinot Grigio，德国称之为 Rulander。

果实成熟期呈粉红色，皮薄，酸度低，主要用于混合其他品种酿造干白或迟摘甜白葡萄酒。

 法国阿尔萨斯（Alsace），德国和奥地利等地。

 呈金黄色。

 金银花、椴树花、杏、桃、西柚、苹果、木梨、蜂蜜和牛油等

 酒体重，酒精含量高，酸度低；酒体轻，酸度高，口感清新；可适当陈年。

雷司令
Riesling

原产于德国莱茵区（Rhine），为德国最引以为荣的酿酒白葡萄品种。

中晚熟品种，抗寒能力强，产量高，酸度高，是寒冷地区酿造干白葡萄酒的首要品种。

 德国莱茵区（Rhine）和法国阿尔萨斯（Alsace）等地。

 呈晶莹的禾黄或淡金黄色。

 金银花、杏桃、青苹果、青柠、西柚、干果、蜂蜜、香料和矿物等。

 酒体适中，果味丰富，口感清新活泼，十酒微酸。甜酒浓郁芳香，可陈年。

胡珊
Roussanne

原产于法国北罗讷，现分布世界各地，主要用于混合酿酒。

喜好凉爽干燥气候与花岗岩，难栽培，易染病，产量低且不稳定。与玛珊搭配绝佳，几乎不存在单一品种酒。

 法国北罗纳的爱米塔吉（Hermitage）和圣约瑟夫（St-Joseph）等。

 呈淡金黄或禾黄色。

 白色花卉、柠檬、桃、杏、蜂蜜、香草、葡萄干、无花果和坚果等。

 干白酒体醇厚，酸度略高，适宜年轻时饮用；甜白细腻圆润，耐久存。

白酥味浓（别称：长相思）
Sauvignon Blanc

原产于法国，为世界最古老的酿酒葡萄品种之一。

目前，分布于世界各地，生长茂盛，适应能力强，产量低，可酿造干白、甜白和起泡葡萄酒，可单独酿酒，也可混合其他品种。

 法国卢瓦尔的桑塞尔（Sancerre）和普依芙美（Pouilly-Fumé）等地。

 呈淡禾黄色。

 香气特殊，除花果香外，还有醋栗叶、茉莉花、青草或火石等气味。

 酒体饱满，结构平衡，口感清新干爽，可年轻时饮用，也可适当陈年。

萨瓦涅（别称：自然）
Savagnin(Nature)

阿尔卑斯山脉，是法国汝拉黄酒（Vin Jaune）的唯一品种。

适宜种植在凉爽的气候区，喜好贫瘠多石土壤，不适应温暖的气候。产量低，耐寒，果实颗粒小，香气独特。

 法国汝拉 Jura 和阿尔萨斯的 Klevener de Heiligenstein 产区。

 呈淡金黄或金黄色。

 荔枝、苹果、柑橘类水果、榛子、核桃、黄油、甘草、蜂蜜、香料和矿物等。

 白葡萄酒结构紧密，口感细腻丰富。黄酒香气浓郁、强烈、耐久存。

赛美蓉
Semillon

原产于法国波尔多南部，常与 Sauvignon Blanc 混合酿造贵腐甜酒。

喜好温和湿润的气候，皮薄，易染贵腐霉菌（Noble Rot），糖分含量高。是法国索帝恩贵腐甜酒的主要品种。

 法国波尔多的索帝恩（Sauternes）和巴萨克（Barsac）等产区。

 呈淡金黄或金黄色。

 金银花、洋槐花、柠檬、芒果、梨、桃、蜂蜜、坚果、黄油、香草和烤面包等。

 干白酒体轻盈，清新活泼，不宜陈年；甜白浓郁复杂，细腻香甜，耐久存。

西万尼（别称：森林之子）
Silvaner(Sylvaner)

原产于德国的弗朗肯（Franken），曾是德国种植最广泛的酿酒葡萄品种。

早熟，喜好凉爽干燥的气候，生长旺盛，适应能力强，果实颗粒中等，皮薄多汁，产量高，酸度高。

 德国（Germany）各产区和法国的阿尔萨斯（Alsace）等地。

 呈禾黄色。

 白色花卉、金合欢、柠檬、蜜瓜、苹果和矿物等。

 酒体轻盈，微酸，口感清新淡雅，适宜年轻时饮用，不宜陈年。

维奥涅尔（别称：维欧尼）
Viognier

原产于法国北罗讷，现分布在世界各地，但种植面积非常少。

喜好凉爽干燥的气候与花岗岩地质。难栽培，易柒病，产量低，含糖量高且酸度低。

 法国北罗讷河谷的格里叶堡（Château Grillet）和孔德里约（Condrieu）。

 呈淡黄色。

 茉莉花、白玫瑰、水蜜桃、木瓜、烤杏仁、蜂蜜和松露等。

 酒体结构紧密，甘油含量较高，口感圆润优雅，复杂多变，可陈年。

葡萄酒酿造过程
WINE MAKING PROCESS

葡萄酒的酿造是指从葡萄采收到葡萄酒上市的一系列操作过程。

红葡萄酒的基本酿造过程：葡萄采摘→挤压→浸渍→压榨→发酵→培养→澄清→过滤→灌瓶→包装。

白葡萄酒的酿造过程：葡萄采摘→榨汁→澄清→发酵→冷却→澄清→培养→过滤→灌瓶→包装。

从以上步骤中看起来比较简单，其实这是一门非常复杂的生产工艺。

传统的葡萄酒酿造工艺由人类祖先从大自然生物本能发酵过程中学习而来，已传承了数千年。如今，酿造技术有了较大的改变，同时葡萄酒的品质和成分也发生了质的变化。

上个世纪80年代初，伴随着国际贸易快速发展，葡萄酒走向大众舞台，葡萄酒酿造技术传遍全球。随着葡萄酒的普及，消费者的需求也越来越高，用传统工艺酿造的葡萄酒已不能满足消费者的期望，一些葡萄酒生产商开始在酿造技术方面下功夫，由此，出现了各式各样的新工艺和添加剂。如：二氧化碳浸渍法、低温浸渍法或机器过滤法等。此外，在酿造过程中还添加二氧化硫、酸味物质、营养素或橡木粉等等。通过新技术和添加剂酿造的葡萄酒不论从外观、还是口感上都得到了很大的提升，也满足了许多消费者对品质的要求。但从健康角度来说，使用这些新方法酿造的葡萄酒已脱离了传统葡萄酒的范畴，属于纯商业化产物。

葡萄酒添加二氧化硫（SO_2）是为了抗氧化，杀灭杂菌，抑制发酵，或延长葡萄酒的寿命。但是二氧化硫（SO_2）含量过高时会使葡萄酒产生怪味，对人体健康也会造成危害。因此，葡萄酒中的二氧化硫含量是监管部门最重视的检测项目。对于二氧化硫（SO_2）的添加，每个国家都有严格的规定。欧盟规定：每升红葡萄酒在包装阶段的二氧化硫（SO_2）总量不得超过160mg，每升白葡萄酒和桃红葡萄酒不得超过210mg。

掌握葡萄酒酿造工艺是酿酒师的工作，对于消费者来说不必要。但是，了解葡萄酒酿造流程却是消费者和葡萄酒爱好者必不可少的生活常识。这些知识可让我们了解葡萄酒的诞生过程，有助于提高葡萄酒的选购能力和品鉴乐趣。

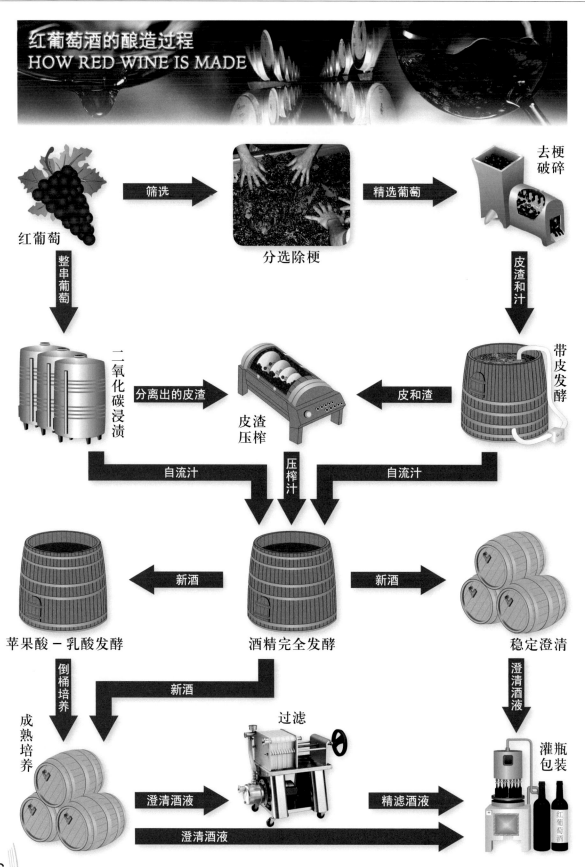

红葡萄酒的酿造过程
HOW RED WINE IS MADE

红葡萄

筛选

分选除梗

精选葡萄

去梗破碎

整串葡萄

皮渣和汁

二氧化碳浸渍

分离出的皮渣

皮渣压榨

皮和渣

带皮发酵

自流汁

压榨汁

自流汁

新酒

新酒

苹果酸－乳酸发酵

酒精完全发酵

稳定澄清

倒桶培养

新酒

澄清酒液

成熟培养

过滤

灌瓶包装

澄清酒液

精滤酒液

澄清酒液

红葡萄酒

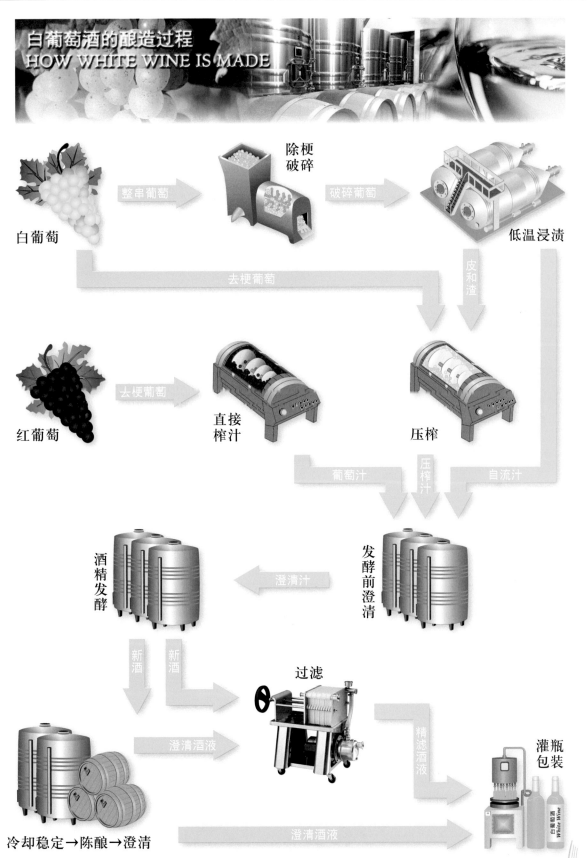

白葡萄酒的酿造过程
HOW WHITE WINE IS MADE

除梗破碎

白葡萄 → 整串葡萄 → 破碎葡萄 → 低温浸渍

去梗葡萄

皮和渣

红葡萄 → 去梗葡萄 → 直接榨汁   压榨

葡萄汁   压榨汁   自流汁

酒精发酵 ← 澄清汁 ← 发酵前澄清

新酒   新酒

过滤

冷却稳定→陈酿→澄清   澄清酒液   精滤酒液   灌瓶包装

澄清酒液

白葡萄酒
White Wine

淡红和桃红葡萄酒的酿造过程
HOW CLAIRET & ROSÉ WINE ARE MADE

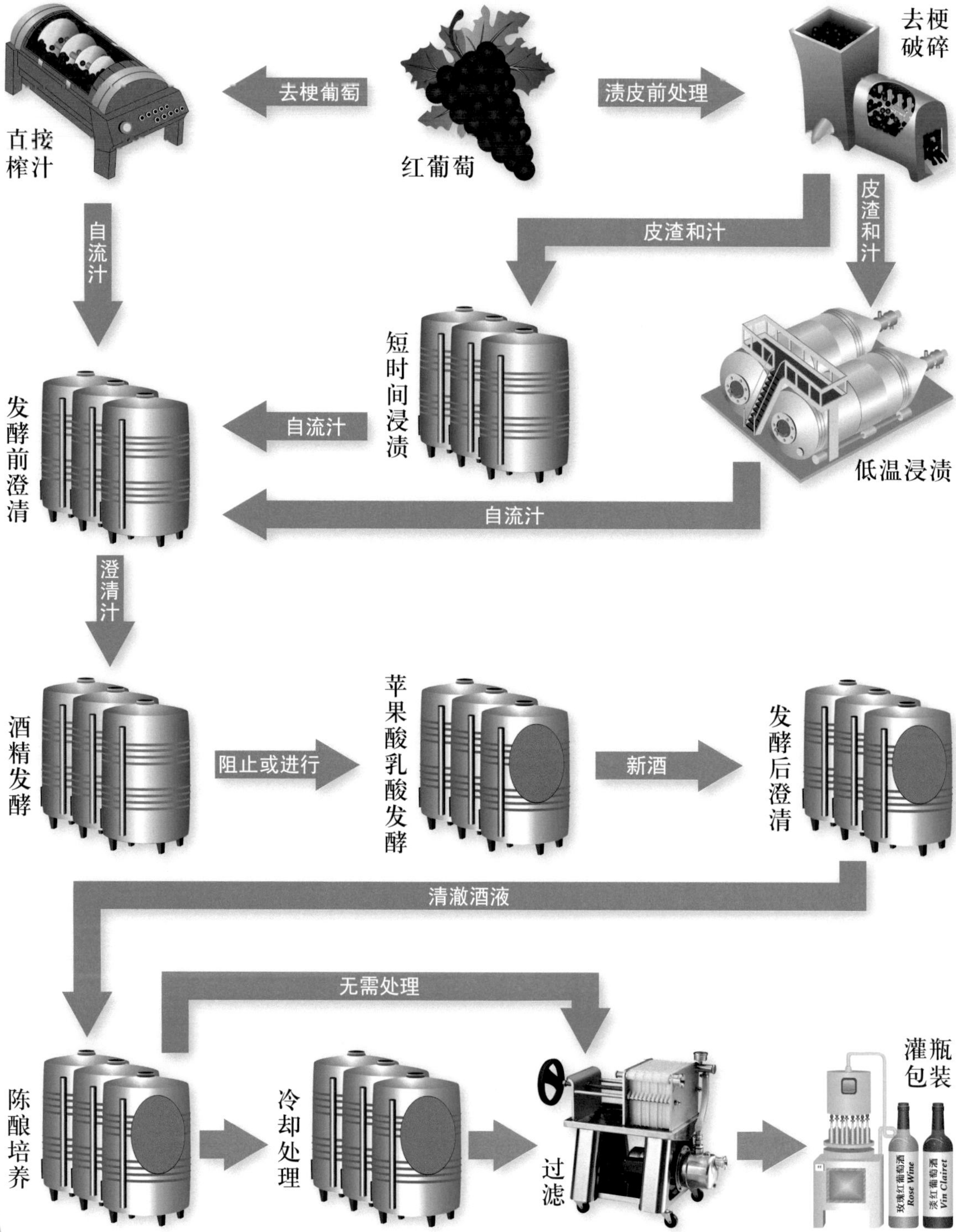

去梗破碎

直接榨汁 ← 去梗葡萄 — 红葡萄 — 渍皮前处理 →

皮渣和汁

皮渣和汁

自流汁

发酵前澄清 ← 自流汁 — 短时间浸渍

低温浸渍

自流汁

澄清汁

酒精发酵 — 阻止或进行 → 苹果酸乳酸发酵 — 新酒 → 发酵后澄清

清澈酒液

无需处理

陈酿培养 → 冷却处理 → 过滤 → 灌瓶包装

玫瑰红葡萄酒 Rose Wine

淡红葡萄酒 Vin Clairet

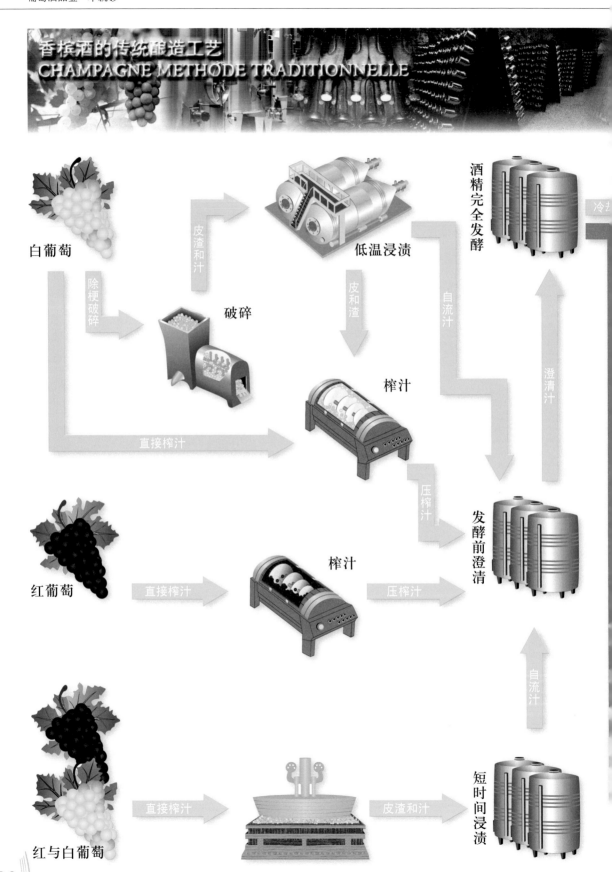

香槟酒的传统酿造工艺
CHAMPAGNE METHODE TRADITIONNELLE

白葡萄

除梗破碎

皮渣和汁

破碎

低温浸渍

皮和渣

榨汁

直接榨汁

压榨汁

酒精完全发酵

自流汁

澄清汁

发酵前澄清

红葡萄

直接榨汁

榨汁

压榨汁

自流汁

红与白葡萄

直接榨汁

皮渣和汁

短时间浸渍

低温处理
倒桶澄清

罐瓶

开瓶除渣

又称吐泥

补充酒液

原酒

酒液补充

白葡萄酒

加完糖和酵母的酒

装完瓶的酒

速冻处理

补充或调配完的酒

混合调配
添加糖和酵母

二次发酵

瓶内产生二氧化碳

颈部速冻

压塞封瓶

桃红葡萄酒

转瓶吸附

速冻处理

封完瓶的酒

低温处理
倒桶澄清

陈酿吸附酒渣和酒泥

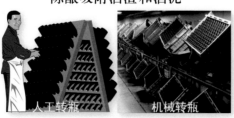

人工转瓶　机械转瓶

贴标包装

起泡葡萄酒 Sparkling Wine

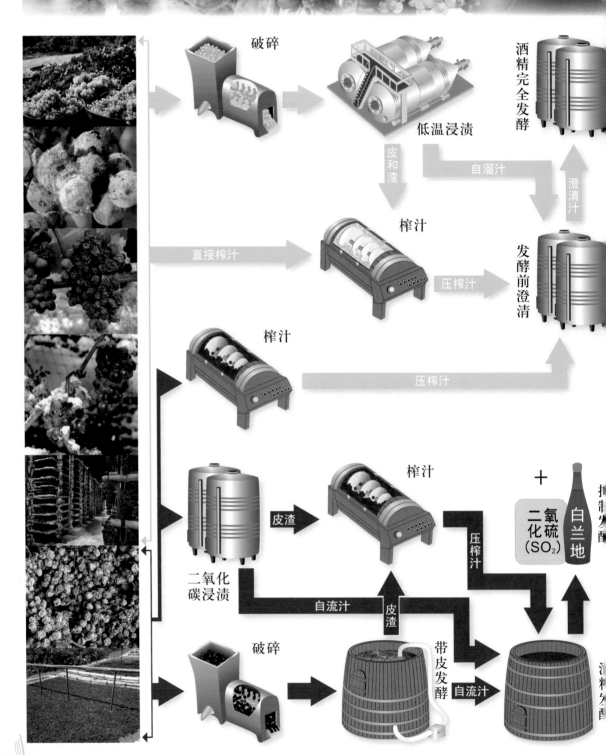

甜酒及强化葡萄酒的酿造过程
HOW DESSERT WINE AND FORTIFIED WINE ARE MADE

破碎

低温浸渍

酒精完全发酵

皮和渣

自溜汁

澄清汁

直接榨汁

榨汁

压榨汁

发酵前澄清

榨汁

压榨汁

榨汁

二氧化碳浸渍

皮渣

压榨汁

二氧化硫 (SO₂)

白兰地

自流汁

皮渣

破碎

带皮发酵

自流汁

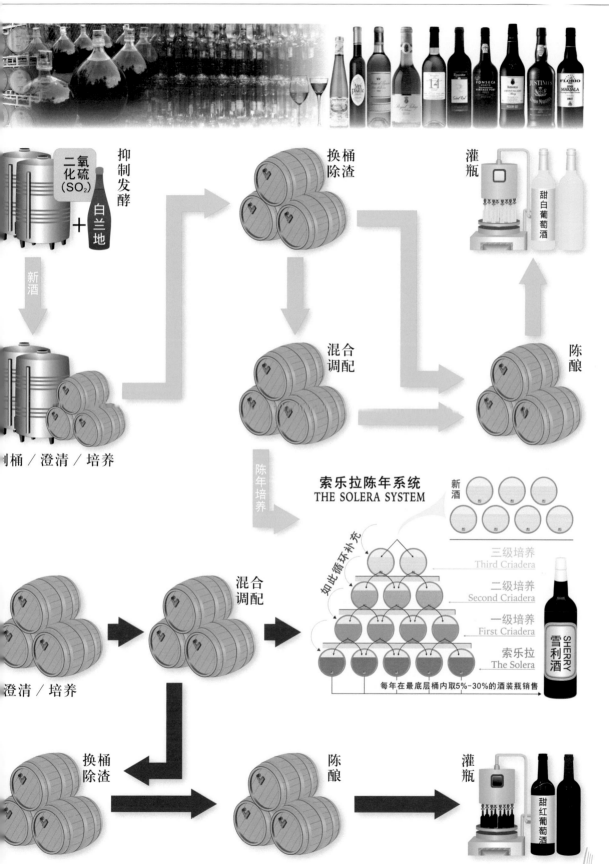

二氧化硫 (SO₂)

抑制发酵

＋ 白兰地

新酒

刨桶／澄清／培养

换桶除渣

混合调配

陈年培养

灌瓶

甜白葡萄酒

陈酿

索乐拉陈年系统
THE SOLERA SYSTEM

新酒

如此循环补充

三级培养
Third Criadera

二级培养
Second Criadera

一级培养
First Criadera

索乐拉
The Solera

SHERRY 雪利酒

每年在最底层桶内取5%-30%的酒装瓶销售

澄清／培养

混合调配

换桶除渣

陈酿

灌瓶

甜红葡萄酒

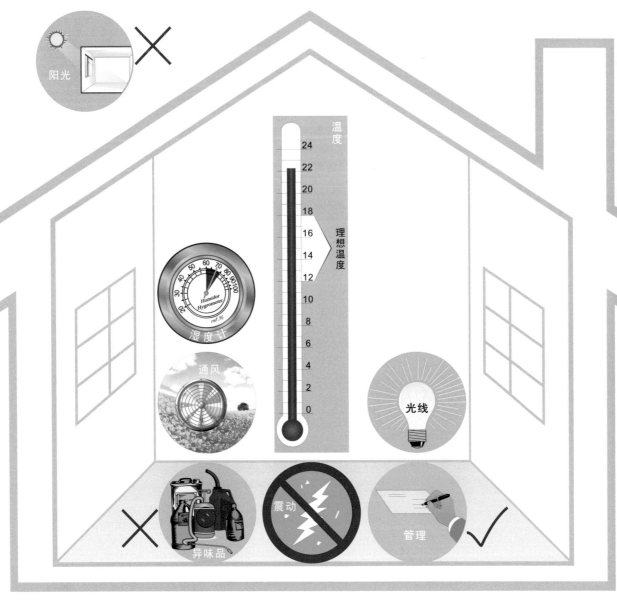

恒温 / 恒湿 / 通风 / 避强光 / 无震动 / 无异味 / 专业管理

葡萄酒在不同温度下储存，可能会发生的变化

环境温度	对葡萄酒的影响	风格形容
0 ～ 5℃	可能会冰冻	像水果冰冻了一样，解冻后已腐烂
5 ～ 12℃	抑制或延缓成熟	像生的、未熟的水果，入口酸涩、粗糙
12 ～ 18℃	理想温度，自然成熟	像自然成熟的水果，可充分体现风味和口感
18 ～ 24℃	加速成熟	像催熟的水果一样，没什么风味
25℃ +	热伤害	像熟过头的水果，已破败

葡萄酒储存

Wine Storage

　　葡萄酒装瓶后仍具活力，会继续醇化、成长。不同的酒体质不同，因此，有些体弱的酒寿命较短，通常在 1~2 年间；有些酒的体质较强，可能达 10 年、20 年或更久。

　　葡萄酒像人一样会随着环境发生变化，同一批酒在不同的环境下，变化结果不同，有的酒可能还未成熟，有的酒正处成熟期，有的酒可能未老先衰。因此，合理的储存才是保证葡萄酒正常成熟的关键因素。

　　不论是收藏几瓶葡萄酒，还是从事收藏事业的商家，都应事先弄清楚自己储存葡萄酒所需要的空间、环境、酒的储存量以及储存周期等。此外，还要清楚存酒地四季的温度和湿度变化，如此，才是更好地把握葡萄酒的品质和适饮期，减少不必要的损失。

葡萄酒最佳储存条件
WINE STORAGE CONDITIONS

环境温度

葡萄酒的理想储存温度在 12~18℃ 之间。温度过高酒液会加速成熟，破坏酒体结构及口感，缩短生命周期；温度过低会抑制成熟，使酒液失去活力；如果温度频繁变化，同样会使葡萄酒未老先衰，甚至变质。当温度超过 30℃ 时，酒液会遇热升高，使软木塞膨胀，渗出酒液；温度低于 5℃ 时，可能会结冰，破坏分子结构，变成平庸的液体。

专业葡萄酒收藏的储存温度应控制在 12~13℃ 之间，此温度段能有效延缓成熟，延长生命周期。商业性经营场所的最佳储存温度可控制在 18~20℃ 之间，处于这个温度段的葡萄酒能够正常成熟，温差变化不大，有利于消费者存放。另外，葡萄酒在运输过程中应特别注意，温度最好不超过 22℃，在炎热的夏季避免用车箱长途运输或放在烈日下长时间摆放，否则在几个小时内，酒质就会被破坏。

环境湿度

葡萄酒的最佳储存环境湿度在 60%~75% 之间。如果湿度过高，软木塞易发霉，滋生细菌，使酒液变质。如果湿度过低，软木塞会慢慢干缩，密封性降低，当空气进入瓶内后,会加速酒液氧化，使其变质。

阳光照射

阳光中的紫外线会破坏酒体分子结构，加速酒液衰老。而高温同样会给酒造成热伤害。因此，葡萄酒储存应避开阳光照射。此外，在运输过程中尽量不要长时间放在户外的阳光下。

震动影响

平稳的环境有利于葡萄酒成熟。震动会使酒液分子不稳定，加速老化。葡萄酒的存放点尽量远离公路、铁路、电梯间、楼梯口、洗衣机或有强烈震动源的周边，且避免频繁移动。

环境光照

光线不仅会加速酒液成熟，光线中的紫外线也会破坏酒中的分子结构，从而降低质量。虽然多数深色葡萄酒瓶能遮挡部分紫外线，并不能完全阻止紫外线的侵袭。侵袭葡萄酒的光源主要是阳光及强烈的灯光。因此，在储存过程中应避免强光直接照射，最好存放在黑暗或柔光环境下。

通风换气

通风

葡萄酒象人一样，除了适宜的温度和湿度外，还要有良好的空气环境。因此，通风换气必不可少，否则，密闭的环境会使酒液产生异味。

储存管理

管理

大型酒窖的葡萄酒储存需要配备专业管理人员。在储存期间除了控制环境和摆放外，还要做好日常登记，以便于控制保质期和查找出处。

葡萄酒储存摆放
WINE PLACEMENT FOR STORAGE

用软木塞封瓶的葡萄酒，在储存时除了需要特殊的环境外，其摆放形式同样重要。存放过程中常见的摆放方法有：平放（卧放）、倾斜放、倒放和立放 4 种形式。有人说葡萄酒应该倒着放，还有人说应该平放，究竟怎么放各执己见！

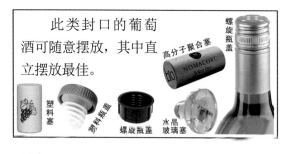

此类封口的葡萄酒可随意摆放，其中直立摆放最佳。

螺旋瓶盖　高分子聚合塞　塑料塞　塑料瓶盖　螺旋瓶盖　水晶玻璃塞

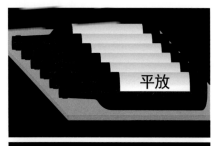

平放

倾斜

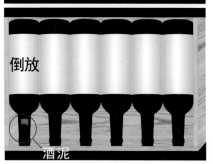

倒放

酒泥

平放：传统且常用的一种储存方式，也是葡萄酒最佳储存摆放法。平放的优点在于软木塞可以充分接触酒液，透氧缓慢，能够使酒液安全平稳的进行醇化，而且不会对酒液和软木塞造成任何影响，还可节省储存空间，适用于酒窖或仓库类储存。

倾斜放：源自商业经营，便于顾客观赏，同时又保证了储存过程中的安全，常见于经营场性场所。对于优质陈年红葡萄酒来说，倾斜摆放，酒中的悬浮微粒在自身重量和引力的作用下会慢慢沉入瓶底，饮用前无需经过漫长的沉淀，便可开瓶饮用。倾斜幅度不宜超过 25°。

倒放：不适宜陈年老酒，只适合普通年轻的红葡萄酒或白葡萄酒，这两类酒在储存过程中不会产生沉淀物，倒放能够更好地保护质量。而陈年干红葡萄酒在储存过程中会产生酒泥，如果将酒瓶倒放，时间长了酒泥会吸附在软木塞上面，开瓶时易造成酒液混浊，影响饮用和口感。

酒窖规划
WINE CELLAR PLANS

不论家庭酒窖还是商业酒窖，都是由专业设计团队按客户需求而设计的，但设计者除了满足客户要求外，通常只注重外观、美感或时尚等因素，往往会忽略一些功能、细节和实用性。因此，酒窖主人应该提前做好规划，例如了解一些酒窖知识或他人的经验。然后，再将自己的理念传达给设计者，这样会使您的酒窖更加理想实用。下面看看酒窖设计前需要注意那些事项：

◎ 确定酒窖性质，是带展示性的酒窖，还是纯粹的储存。前者以美感为主，后者注重储存环境和实用性。还涉及灯光的使用。

◎ 测量空间面积和空间高度，检查周边墙体朝向、窗口和通风口等，提前做好保温、防潮和通风处理方案。

◎ 了解四季温差变化，分别在寒冷的冬季和炎热的夏季及雨季测量酒窖内的温度和湿度变化。这些数据有助于后期恒温恒湿设备的确定及酒窖环境的掌控。

◎ 根据酒窖实际情况及相关测量数据，选择相应的辅助设备。

葡萄酒储存配置

恒温恒湿设备、空调、排风设备、酒架、恒温酒柜、托盘、抽湿机（备用）、加湿器（备用）、温度计、湿度计和手电筒等。

恒温恒湿设备

主要用来控制酒窖的温度和湿度。但是，有些人士认为这种设备作用不大，在欧洲一些国家，酒窖不安装任何设备，属于纯天然环境。但是，国内不同，由于气候和地质条件不同，这些设备是大型商业酒窖必不可少的配置。例如法国酒窖，大多为地下石灰岩窖洞，这种地质本身就十分适合葡萄酒的储存。而国内酒窖基本都修建在城市内，不可能存在石灰岩层。因此，为了让酒能够在最佳环境下储存，必须用此类设备人为的调节温度和湿度环境，才能达到理想效果。

一些营造环境的设备也是必不可少的。当然，如果四季的自然环境能够达标，不需要任何辅助设备。

冷热风空调

此设备虽然不太适合酒窖环境，但做为备用设备不可或缺。如恒温恒湿设备出现故障，遇到炎热或寒冷季节时，临时启用，也能起到不错的效果。

排风设备

用于酒窖空气交换，有新鲜空气流通，才能保证葡萄酒不会产生异味。此外，遇到潮湿季节还有助于除湿。

葡萄酒储存架

储酒必备设施，传统上，以木质最佳，如松木或楠木等。此外，还有不锈钢、角铁或塑料等。款式多样，有单瓶存放，也有整箱存放的酒架，可根据实际需要和经济情况去选择，但须注意以下几点：

◎ 酒窖湿度较高，应做好防霉、防腐和防锈处理。尤其是靠近海边附近，空气的腐蚀性比较强。

◎ 木质酒架以原木清漆最好，尽量避免使用有甲醛或其他异味的木质酒架。

◎ 酒架要与环境风格匹配和协调。

◎ 按酒的承重去选择，确保稳固，一个标准瓶的葡萄酒重量在 **1.3kg** 左右。

◎ 按酒瓶尺寸去选择。葡萄酒的瓶型和款式较多，一个标准瓶的瓶身直径在 **7~9cm** 之间，高度在 **30~33cm** 之间，个别酒的瓶子可能会更大些。

恒温酒柜

现代新兴储存葡萄酒设备，有恒温、恒湿、防震动等综合功能。款式较多，大小各异，小的存几十瓶酒，大的存放几百瓶，此外，还可订制。选择时应根据需要来定。如果是大型商业酒窖可考虑用该设备存储一些需要特别照顾的名庄佳酿。而家庭添置也是不错的选择，但购买时要考虑承重，一个百瓶以上的酒柜，放上酒后，重量达几百公斤。此外，还有运行时产生的噪音等。

抽湿机

备用设备，当遇到湿度特别大的春季或雨季时，可用该设备除湿。抽湿机的大小型号较多，有日除 10L 水的，也有日除 100L 水的，应根据酒窖面积去选择。

加湿器

备用设备，当遇到特别干燥的季节时用此设备进行加湿，效果较好。家庭存酒选家庭款，大型酒窖选商业用大型加湿机。

温度计和湿度计

长期放在酒窖内，随时关注温度和湿度变化，以便于环境监测，及时发现异常。

仓储托盘

当同一款酒的数量较大，需要堆放时，避免直接放在地面上，应摆放在托盘之上，这样可防潮、防热和防震动。

管理您的酒窖
MANAGE YOUR CELLAR

家庭存储葡萄酒是多数消费者容易忽略的问题。如今，生活水平提高了，许多家庭或多或少都有几瓶或几箱葡萄酒，往往都是随便找个地方摆放，数量少的可能就摆在酒柜或酒架上面常温存放，对环境和时间不怎么在意，时间长了也不知道酒质如何？有些消费者可能还认为越放越好，甚至抱着收藏的目的一直放下去。事实上，除了可陈年甜酒和强化葡萄酒外，不论是佳酿还是普通餐酒，如此存放一年以上，酒质就已步入衰退期，或者变质。

家庭储存葡萄酒注意事项

家庭储存葡萄酒时，可利用一些空间，如：地下室、客厅的一角、小酒柜、清洁的杂物间或床下等。当然，如果有条件，还可用一个独立的小房间改成酒窖。储存条件请参照前面的"葡萄酒的最佳储存条件"一节。

不宜存酒的位置：

厨房：温度和湿度变化大，并且有异味；

阳台：有阳光照射，温差变化大；

阁楼：视环境而定；

地热或暖气：温度过高，且过于干燥；

冰箱：冰箱可以放低温饮用的酒品，如白、桃红或新酒等，但时间不宜过长（＜15天），而且只能存储一些近期需要饮用的葡萄酒，并不适合长期存放的葡萄酒。通常，冰箱的保鲜室温度在 4~6℃之间，显然过低，而且里面干燥、有震动和异味等，这都对葡萄酒不利。

远离热源和震动源：

如：烤箱、暖气管、热水管、洗衣机、冰箱及其他会发热或震动的设备。

远离异味品：

如：油漆、其他化工原料、化装品、香料、有异味的食品或杀虫剂等。

储存计划

无论是日常饮用所需，还是备用或者收藏。日常饮用的酒，一次不必购买太多，应该有周期计划，如一个月或三个月购买一次。如果是备用酒，储存时间无法确定，这就需要有适当的储存环境和条件。如果是为了收藏，则需要有特别适宜的储存环境，如专业恒温酒柜或酒窖等。

温度及湿度控制

温度和湿度不稳定，时常变化，会对酒造成损伤。因此，首先应了解自己所处地区的四季温差变化，何时干燥？何时潮湿？并且提前做好防范措施。如北方的冬季，室内常温在零下，并且十分干燥，这时应该给酒保暖和加湿。如果温度太低，可用取暖设备，但必须与酒保持一定的安全距离，将存酒的周围环境温度提高，而不是为酒加热。加湿时，用加湿器，或者在地面铺一层沙土，洒上水。也可以用海绵吸水后放在酒架底下或旁边。如果室内温度和湿度过高，温度用空调调节，湿度用抽湿机，抽湿机的大小根据环境面积大小而定。

包装保护

标签和瓶封不但为酒带来美感，还能反映葡萄酒的储存状况。通常，葡萄酒经长期存储，受到潮湿影响，瓶封会脱色或因过度氧化而腐蚀。而酒标会起泡或脱落，有可能还会发霉。因此，需要加以保护。在储存前用食品保鲜膜包严，或者均匀喷洒一层防水喷雾，但在使用前最好先用类似的纸张测试效果如何。

原木箱酒最好整箱存放，但下面必须放托盘，或者放在特制的酒箱架上面。纸箱包装可短期存放，如果长期存放，纸箱可能会受潮而变形，出现水渍，影响外观。

一些佳酿葡萄酒的瓶外会有包装纸，在存储前最好取掉，否则会因潮湿粘在瓶体或者酒标上面，影响外观，如果是待销售的酒，在出货时容易引起消费者不必要的质疑。

安全管理

葡萄酒的安全管理十分重要，否则等发现酒变质时，已无法挽救。日常管理不但能够让葡萄酒进行安全的陈年，还能及时发现情况，及时补救，避免损失扩大。

瓶封有酒液渗漏痕迹：可能由于温度过高，瓶内产生压力造成的。也有可能是温度太低，瓶塞干缩导致渗漏。出现这种情况，会使酒液加速衰老，个别酒可能已变质。

酒液损耗量过大：指瓶塞与酒液之间的空隙，空隙越大，说明酒液蒸发越大，这也有可能是温度过高或湿度太低造成的。

软木塞突起：可能是温度太低，酒液结冰导致。通常发现这种情况只是个别的酒，因此，还能及时补救。

酒标发霉：可能因湿度过高或不稳定，瓶体产生冷凝水造成的。特别是空调房，有时开，有时不开，对酒的伤害较大。

酒液明显变色：如干白呈老金黄色或干红呈砖红色等。在储存期间发生这种变色情况，有两种可能，一是受强烈光照加速氧化，二是温度和湿度长期不稳定，酒液发生氧化。酒液变色说明酒已经氧化，也无法挽救了。

日常管理

葡萄酒储存时应按类或瓶做好备案，信息包括供应商、储存日期、数量、年份、酒名、葡萄品种、生产者、出产国和酒精含量等，这些信息对日后管理十分重要。如果存有大量不同的酒，最好给每种酒做一张标签卡，上面记录相关信息，然后挂在酒瓶上面，以便于查找。此外，还要做好登记表备案，该表不要与酒存放在一块，以防丢失。

如果存有数量庞大且较零散的酒时，可考虑用"坐标法"为每一瓶酒编号，如酒柜号、行数号和列数号，将三个号码加起来就是这瓶酒的坐标位置。号码可根据自己的习惯使用字母或阿拉伯数字，也可使用罗马数字。例如：XN3W4，X是罗马数字10，代表10号框；N3代表由上到下第三行；W4代表左起第4列。当然，也可依个人习惯编号，以准确找到每瓶酒为标准即可。

如今，最佳选择有基于iPad开发的酒窖管理软件，能够更轻松的管理家庭酒窖。大型商业酒窖，选择一款不错的葡萄酒"进销存"软件，更符合现代储存管理。

喝不完的葡萄酒如何保存
HOW TO STORE AN OPENED BOTTLE OF WINE

事实上，葡萄酒在开瓶后已经开始加速氧化。如果在饮用优质陈年佳酿时，建议一次性喝完，否则一些优质成分在开瓶后会慢慢挥发，珍贵的"陈年香气及精美的口感"大不如前。假如继续存放，待下次再饮用时已然成为平淡的酸味液体。

通常，一些普通新酒、干白和甜白葡萄酒开启后可适当的存放，但时间不宜过长。葡萄酒经开启后的存放时间应根据酒的类型来定，正常来说干红和干白葡萄酒封好瓶口后放在冰箱内最多可存放一周。而甜白和甜红葡萄酒能存放 15~30 天，甚至更长。在保存未喝完的葡萄酒时，如果预计在短时间内喝掉，可用原木塞或专业瓶塞封口。如果预计存放几天以上，最好选择真空塞或电子真空塞封口。用原木塞封瓶的白葡萄酒和起泡酒应存放在冰箱的保鲜柜内，用电子真空瓶塞封口的葡萄酒可常温存放。未喝完的起泡酒最好用专业"香槟塞"盖好后放入保鲜柜内，最大限度 24 小时。不论何种酒，都应尽快喝完，否则会随着时间推移逐渐失去原有的风味，甚至变质。

许多消费者从健康或养颜角度去刻意饮用干红葡萄酒，每日一杯，一瓶酒要喝 5~7 天。其实，干红葡萄酒中对身体健康最有益的成分是酚类物质，如：白藜芦醇、单宁或儿茶素等，这些成分来自葡萄成长过程中的天然抗毒素，生产成葡萄酒后变为酒液的天然抗氧化剂，因此，葡萄酒能够陈年主要靠这些成分在维持。陈年期间随着时间的推移，一些天然抗氧化剂会被慢慢被氧化掉，当含量降到一定程度，葡萄酒开始衰老，直至变质。所以，当一瓶干红葡萄酒开瓶后，酒液开始加速氧化，没喝完后再存放几天，这些成分几乎已消失，从健康角度来说作用不大。因此，建议此类消费都可选择一些小瓶装干红，每瓶分二次喝完，如此效果会更好。

真空塞

电子智能真空塞

水晶玻璃塞

专业香槟塞

葡萄酒的保质期
SHELF LIFE OF WINE

在国内市场流通的葡萄酒背标都印有保质期，而一些进口葡萄酒的原产地标签上面却不会注明，因此，使得一些消费者很是迷惑。葡萄酒到底有没有保质期？当然有！葡萄酒的生命周期主要取决于酒的类型和体质，此外，还受储存及运输等条件影响，如果硬性规定保质期，在流通环节无法保证酒质的可靠性。比如一瓶保质期10年的干红，在市场流通环节如果环境不当，可能一个月或一年就已变质，从法定保质期而言属于仍然可以销售的商品，这就损害了消费者的利益。反之，如果一瓶顶级佳酿注明了15年的保质期，说明15年之后已过期，这显得有点可惜！事实上，耐久存的佳酿干红葡萄酒在良好的环境下存放，成熟期高达20~50年，如果按注明的保质期计算岂不已过期！这是一种很难且很矛盾的界定。

正常来说：普通干红、干白的保质期在10~20年之间，从出生→成熟→衰老→到变质。理论上，干红的成熟期比干白长，因为干白不含酚类物质，只有个别顶级干白可适当陈年。普通干白久存虽然不会变质，但口感却会衰退。一些耐久存的天然甜白和强化葡萄酒由于含有大量的糖分和抗氧化能力，保质期达数十年，甚至百年以上。因此，在欧洲一些旧世界国家出产的葡萄酒对于保质期没有硬性规定，主要靠消费者自己辨别。

通过以上分析可知，葡萄酒的合理储藏不仅能维持其品质，还可延长寿命。在国际大型葡萄酒拍卖会上，时常会出现50年以上的干红葡萄酒，这说明此酒不但在保质期内，而且还处于适饮期。正常来说：名庄优质干红葡萄酒的成熟期在20~30年间，那么为什么还有超过50年的干红呢？其实，这正是合理储藏的功劳。

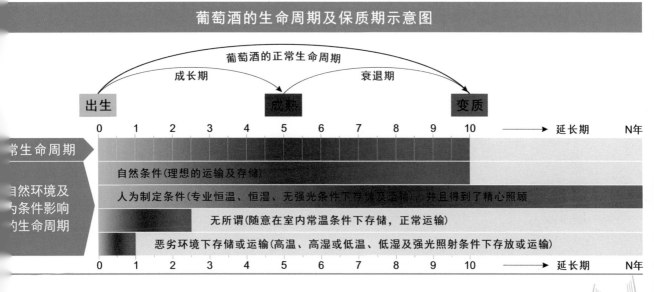

葡萄酒的生命周期及保质期示意图

葡萄酒的损耗
ULLAGE

损耗（Ullage）是指瓶装葡萄酒在储存过程中受周期及环境等因素影响，挥发掉的酒液缺量，就是软木塞与葡萄酒液面之间的空隙。正常情况下，所有的葡萄酒封瓶后，流向市场经过长期颠簸和存放，瓶内的酒液与软木塞之间的空隙会随着时间的推移越来越大，这个空隙为鉴别可陈年葡萄酒的质量起着至关重要的作用。理论上，通过葡萄采摘年份和缺量空隙的尺度可评估葡萄酒的年龄及储存状况，因此，有助于辨别酒质现状。

葡萄酒的损耗主要有两种情况：一是储存时间过长，酒液自然挥发，属于正常现象；二是储存环境不当导致酒液过度缺量，例如：储存环境温度过高使之蒸发或木塞硬化，出现渗漏等，这均属于非正常现象。此外，酒液损耗量过多，瓶内的空气会随之增加，因此，加大了酒液氧化的可能性，从而降低了酒的质量和价值。

葡萄酒的损耗缺量尺度根据不同的瓶型可分两大类：一是市场上面流行的有肩瓶，称之为波尔多瓶型；二是无肩瓶，称之为布艮地或黑皮诺瓶型。其中有肩瓶的度量尺度在瓶颈部（Neck）与瓶肩部（Shoulders），也就是说葡萄酒的液面处于这2个部位的不同位置，代表不同程度的损耗和储存周期。空隙的尺度从瓶塞底边向下按毫米计，或用专业术语来衡量，如：瓶颈中间或瓶颈底部等。

损耗只适用于可陈年收藏级佳酿葡萄酒，普通葡萄酒根据年份基本能断定葡萄酒的质量状况，不必以此去衡量。反而，在购买或拍卖陈年佳酿时，葡萄酒的损耗为评估葡萄酒的品质提供了依据。如果葡萄酒液面高度低于正常标准时，可参照酒液颜色和澄清度来判断是否过于老化，从而避免了不必要的投资损失。

葡萄酒 – 储存与变化
WINE–AGING & STORAGE

颜色变化

　　年轻的干红葡萄酒颜色鲜艳或浓重,光泽度强。经陈年后颜色会越来越淡。正处于适饮期的干红有明亮的光泽,并带有偏黄色的光晕。处于衰退期的干红呈砖红、棕红、茶色或琥珀色。

　　年轻的干白颜色呈苍白、淡黄或禾黄色,较淡,光泽度强。经陈年后颜色会越来越深。正处于适饮期的干白呈禾黄或金黄色,有明显的光泽度。处于衰退期的干白呈老金色或琥珀色,无光泽。而甜白年轻时呈金黄色,若经长期储存后颜色会变成琥珀色或橙黄色,品质持续时间较长,通常超过50年。

香气变化

　　葡萄酒的香气分三类:一是葡萄本身散发的"品种香",如:花香或果香等,称之为表香。二是在发酵过程中自然生成的香气,称之为"发酵香",如:菌类或奶油等。三是在橡木桶或瓶内经陈年转化出来的"陈年香",又称"醇香",如:香料或皮革等。

　　品种香和发酵香是新酒和普通葡萄酒具有的典型特征,而陈年香是佳酿葡萄酒独有的特质。佳酿葡萄酒在储存过程中,品种香和发酵香会慢慢消失,有些被转化成了陈年酒香。而普通葡萄酒在储藏过程中不但不会发展出陈年酒香,反而原有的香味可能会变质或消失。

酒质变化

　　酒质来自各种成分质量的表现,如:甜、酸、单宁、酒精和香味等。这些成分会随着陈年时间发生变化。一瓶佳酿在年轻时饮用,由于各种成分未融合,口感会粗糙、酸涩,且不协调。经过一定时间的陈年,这些成分渐渐融合、成熟,结构和口感才能达到平衡完美状态。而一瓶普通红或白葡萄酒无需陈年,就能充分体现其风格。普通酒如果继续陈年,酒质和口感不但不会提升,反而会下降。

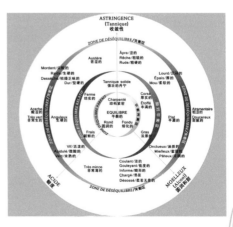

新酿造制的葡萄酒口感粗糙、酸涩，酒液浑浊且不稳定，为此，在上市之前需要在酒窖内进行陈酿培养。葡萄酒的陈酿培养有两种方式：一是橡木桶的稳定培养，二是灌瓶后的缓慢陈酿。这两种方式在欧洲一些国家有严格的规定，只有达到法定培养期的葡萄酒才允许上市销售。

橡木桶培养的作用是为了赋予葡萄酒优质单宁和芳香物质，从而增强葡萄酒的结构感，提高葡萄酒的颜色和稳定性，柔化葡萄酒的口感，促进单宁分子聚合反应，使葡萄酒更加易于饮用，并且具备一定的抗氧化的能力。

瓶内储存培养的目的有两种情况，一是让葡萄酒的果香和发酵香充分融合，从而转化出优雅的陈年酒香，并促进各种香气趋于平衡、协调；二是为了促进葡萄酒的成熟，使口感更加圆润、柔顺、复杂，从而提高葡萄酒的自身价值。

葡萄酒的陈酿

Aging of wine

橡木桶培养的作用
THE ROLE OF OAK BARREL

橡木桶储酒距今已有一千多年的历史，起初只是一种原始的储酒器，后来人们发现它不但能够储酒，同时还能赋予酒体独特的颜色和香味，提高了酒的质量。目前，橡木桶已是优质葡萄酒、白兰地和威士忌生产过程中必不可少的培养容器，深受消费者和酿酒师追捧。

橡木桶在葡萄酒酿造过程中对酒的质量起着至关重要的作用，它不但在发酵过程中能赋予葡萄酒颜色和香味，在陈酿培养过程中还可提高稳定性、复杂性和促进成熟。

氧化作用： 新酿造出来的红葡萄酒口感酸涩、粗糙，需要适度的氧化还原后才易于饮用。而橡木桶恰恰具有透气和抗浸泡特性，外部的氧气通过桶壁缓慢的渗透到桶内与葡萄酒产生氧化反应，使葡萄酒产生多种变化，这些变化主要体现在单宁的软化，色素的稳定和芳香物质的转化等方面。单宁在微量的氧气环境下会慢慢柔化，促进不可溶解物质聚合沉淀，使酸涩的酒液变得更加柔顺，并增强了葡萄酒的色泽和稳定性。此外，橡木中的水解单宁和香味物质也会溶于酒中，提高了酒体的结构，丰富了层次感。以上变化只适宜酒体结构丰满的红葡萄酒，对于较瘦弱的红葡萄酒来说会产生负面影响。比如单宁含量较低且过于清淡的葡萄酒，在橡木桶内陈酿不仅不会提升质量，反而会降低单宁含量、红色素和结构感，并且还会产生苦涩感，使酒液过于柔顺，这便是为什么橡木桶并不适合所有葡萄酒培养的主要原因。

醇化作用： 有研究表明，橡木桶为葡萄酒带来的重要成分有水解单宁、橡木内脂、丁子香酚、香草醛、糖类物质和芳香醇等，这些成分在浸渍的作用下溶于酒中，因此提高了葡萄酒的复杂性和结构感。此外，以上成分还能为葡萄酒带来优雅的香气，如：奶油、香草、巧克力、焦糖或烤面包等。

橡木桶培养的缺点： 橡木桶的种类较多，适宜培养葡萄酒的只有几种。由于造价较高，大部分普通红葡萄酒基本上都使用旧橡木桶进行陈酿培养。如果处理不当，会给葡萄酒带来不良影响。例如：未清洗干净或过于老化的橡木桶，会使葡萄酒产生霉味，甚至还会造成葡萄酒过度氧化，有降低质量的可能。另外，橡木桶的培养只适合于酒体结构较强壮的红葡萄酒，通常新酒、白葡萄酒或酒体较弱的葡萄酒并不适合用橡木桶陈酿。原因是这些葡萄酒适宜年轻时饮用，其特质是清新、富果香，如果经橡木桶陈酿后，会降低清新的口感和新鲜的果香味。

橡木
OAK

橡树学名栎树（Quercus），是一种生长非常缓慢的树种，对地质及生长环境要求较高。全球约有 250 种橡树，但可制作橡木桶的仅有 20 多种，其中常用的有 3 种：欧洲的罗布尔橡树（Quercus Robur）、塞西利橡树（Quercus Sessilis）和美洲的白橡树（Quercus Rlba）。欧洲橡树生长缓慢，木质年轮紧密，单宁含量高，培养出来的葡萄酒色深，香气幽雅，口感柔顺。美洲白橡树集中分布在美国南部的墨西哥湾，与欧洲棕橡树相比生长较快，年轮粗，单宁含量低，但挥发性香味物质远远高于欧洲橡木，经其培养的葡萄酒香气比较浓郁。除了美洲白橡树外，其他树种大多分布在北欧，其中法国分布最为广泛，约有 450 万公顷。在法国出自不同地区的橡树品质各异，著名产地有：利穆赞（Limousin）、阿列（Allier）、特隆塞（Tronçais）、涅夫勒（Nevers）和孚日（Vosges）等。

利穆赞（Limousin）橡木产自法国利穆赞大区（Limousin），与著名白兰地产区干邑（Cognac）相邻，是法国最重要的橡木产地之一。此地的橡树受贫瘠的花岗岩和砂质土壤影响，长得粗矮弯曲，年轮纹理较粗，且单宁含量过高，因此，用该橡木制作的橡木桶几乎全部用于法国干邑的培养。

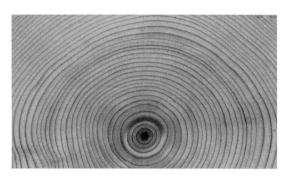

阿列（Allier）橡木出自法国中央高原奥弗涅大区（Auvergne），以阿列河（Allier）命名，为法国森林面积最大的地区。主要树种是佩特拉橡树（Quercus Petraea）。该树生长缓慢，树身高大，树干直，材质优良，年轮紧密，含有丰富的呈香物质及优质单宁，是大牌酿酒师的首选，但价格十分昂贵。

特隆塞（Tronçais）橡木出自法国最著名的橡木原产地阿列省（Allier）。据说这里的橡树在 17 世纪曾是法国海军建造舰艇的专用材料。主要树种是佩特拉橡树（Quercus Petraea），特征是成长性好，树干笔直高大，年轮紧密，质地较软，拥有微妙的橡木香气。由于产量有限，显得十分珍贵，目前，是法国波尔多（Bordeaux）和布艮地（Bourgogne）高级佳酿常用的橡木桶材料之一。

涅夫勒（Nevers）橡木出自法国中部的涅夫勒森林。该地区的土壤结构丰富，气候潮湿，橡树生长较密集，主要品种是塞西利橡树（Quercus Sessilis），此树的树干高大挺拔，年轮紧密，木质适中，是波尔多和布艮地葡萄酒常用的橡木桶材料之一。

孚日（Vosges）橡木出自法国东北部的孚日山脉，邻近阿尔萨斯，是 70 年代末兴起的新品种，树干细而高，年轮紧密，是布艮地（Bourgogne）葡萄酒的新宠。

酒瓶类型及作用
DIFFERENT TYPES OF WINE BOTTLES

透明玻璃酒瓶诞生于 1600 年，17 世纪中期在欧洲主要葡萄酒生产国得到普及，最初为大肚酒瓶，发展至今，种类和形状多不胜数，已成为一种千变万化的产物。传统葡萄酒瓶形状主要有两大类：有肩瓶和无肩瓶，其中有肩瓶以法国波尔多瓶为代表，无肩瓶以法国布艮地瓶为典型。旧世界的法国、意大利和德国，对于葡萄酒瓶型的使用十分讲究，不同瓶型和颜色代表不同的地理标志及类型。例如：德国的琥珀色酒瓶代表莱茵区（Rhein），而绿色酒瓶则代表莫泽尔区（Mosel）。但是，上个世纪，新世界葡萄酒的崛起，却改变了这一传统辨别方法。由于新世界国家的酿酒历史较短，大多以法国、意大利或德国为效仿对象，酒瓶的形状也不例外。如今，世界各地均以这两种瓶型为主，用于盛载相类似的产品。所以，单从酒瓶的形状去辨别原产地并不客观。但是，旧世界的传统仍在延续，不同产区有不同瓶型，传统且常见的瓶型主要有六种：法国波尔多瓶型、布艮地黑皮诺瓶型，阿尔萨斯雷司令瓶型、罗讷瓶型、香槟瓶型和美国加州大酒瓶。此外，不多见的酒瓶还有数十种，例如不多见的茹拉黄酒瓶，天然甜酒瓶、普罗旺斯葫芦瓶、扁瓶、波特酒瓶或雪利酒瓶等等。

目前，国际上惯用的葡萄酒瓶以 750 毫升（75cl 或 750ml）酒瓶为主，称之为"标准瓶"。虽然酒瓶的形状及颜色很多，但在国际上流通并且常见的仅有几种类型及颜色，这些酒瓶的大小、直径及高度各不相同。了解酒瓶的形状和颜色不但对于辨别葡萄酒的地理标志和类型有帮助，还可为葡萄酒的储藏及包装制作提供参考依据。

酒瓶的容量

国际惯用葡萄酒标准瓶容量为 0.75 L，最小的是 1/4 瓶（0.187L），最大的酒瓶被称之为梅尔基奥（Melchior），容量 18L（约 24 个标准瓶）。瓶子的大小因产区或国家各异。法国葡萄酒瓶的容量种类最为丰富，从 0.375~18L（10 种容量）都有，而且每种容量均有各自的称呼。大容量酒瓶惯用于一些高质量且耐久存的大年份干红葡萄酒。理论上，酒瓶的容量对葡萄酒的陈年有一定的影响，主要体现在醇化、氧化和质量等方面。大瓶酒里面的酒液容量较大，意味着更耐久存，这就是大容量佳酿备受投资者追捧的主要原因。

标准葡萄酒瓶
Standard 750 Wine Bottles

标准波尔多瓶
Standard Bordeaux

典型黑皮诺瓶
Typical Pinot Noir

葡萄酒瓶名称及容量 NAMES & SIZES		L=升
名称	容量	标准瓶
斯普利特 Split	0.187 L	1/4瓶
半瓶 Half	0.375 L	1/2瓶
标准瓶 Standard	0.75 L	1瓶
马瓶 Magnum	1.5 L	2瓶
玛丽珍 Marie-Jeanne	2.25 L	3瓶
双马瓶 Double Magnum	3 L	4瓶
杰罗勃 Jeroboam	4.5 L	6瓶
帝国 Imperiale	6 L	8瓶
撒缦以色 Salmanazar	9 L	12瓶
巴尔萨泽 Balthazar	12 L	16瓶
尼布甲尼撒 Nebuchadnezzar	15 L	20瓶
梅尔基奥 Melchior	18 L	24瓶

　　葡萄酒瓶术语代表酒瓶的形状和大小，但一些大瓶的名称却来自圣经中的国王和历史人物，例如：杰罗勃 Jeroboam，指北方王国的第一任国王；撒缦以色 Salmanazar，指亚述王；巴尔萨泽 Balthazar，是早期的基督教民间传说中的三个智者之一；尼布甲尼撒 Nebuchadnezzar，指巴比伦国王；梅尔基奥 Melchior，也是早期的基督教民间传说中的三个智者之一。

± 15 mm

总高 292 mm

瓶身高 153 mm

± 8 mm

直径 82 mm

罗讷风格酒瓶
Rhône Style Bottle

± 15 mm

总高 311 mm

瓶身高 178 mm

± 10 mm

直径 83 mm

典型香槟瓶
Typical Champagne Bottles

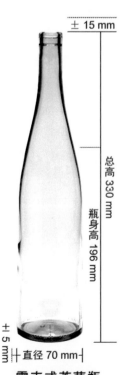

± 15 mm

总高 330 mm

瓶身高 196 mm

± 5 mm

直径 70 mm

霍克或莱茵瓶
"Hock" or "Rhine" Shape

± 15 mm

总高 327mm

瓶身高 240 mm

± 5 mm

直径 76 mm

加州大酒瓶
Large California

酒瓶的颜色

传统葡萄酒瓶颜色大为香槟绿、淡绿、琥珀和橄榄绿色等。其实，用白色透明玻璃瓶更能体现葡萄酒的本质色彩，为什么还选择有色酒瓶呢？原因是所有的葡萄酒在装瓶后，都需要适当的陈年培养，在陈年过程中，最大的危害之一是自然光和灯光中的紫外线。紫外线会破坏酒中的分子结构，加速酒体衰老。选择有色酒瓶的目的就是为了防止强光对酒的侵害，因此，有色酒瓶的使用率远远高于白色酒瓶。在众多有色酒瓶当中琥珀色和绿色酒瓶最具保护力，但也只能遮挡一部分紫外线。目前，一些白葡萄酒、桃红和普通冰酒流行使用白色透明玻璃瓶，主要是为了体现酒液的颜色特征。传统上，白葡萄酒、桃红和冰酒大多适宜年轻时饮用，不宜久存，因此，并不担心光线对酒的侵害。

酒瓶凹底的作用

葡萄酒的玻璃瓶诞生于 17 世纪初，最早使用玻璃酒瓶的是香槟酒。1724 年，法国政府允许瓶装香槟上市销售；1728 年 5 月 25 日，香槟酒得到国王许可后销往海外。1728 年，法国官方正式批准使用玻璃瓶灌装葡萄酒销售。因此，最早的葡萄酒瓶就是香槟瓶，今天的葡萄酒瓶仍延续了香槟酒瓶的传统工艺和形状。所以酒瓶凹底的出现主要有以下几种情况：

| 淡绿 Half Green | 翡翠绿 Emerald Green | 古典绿 Antique Green | 燧石白 Flint |
| 香槟绿 Champagne Green | 枯叶绿 Dead Leaf Green | 琥珀 Amber | 钴蓝 Cobalt Blue |

（1）凹底能够提高酒瓶的抗撞击能力，因为平底酒瓶的抗击性能较差，而凹底瓶有较高的物理强度，可大大降低碰撞造成破损的机率。

（2）凹底形成的周围基底，可提高酒瓶立放时的稳定性。

（3）凹底可减少酒瓶内部容量体积，使酒瓶显得更加大气。

（4）凹底有利于香槟转瓶除泥操作，并且为就餐斟酒服务也提供了方便。

（5）可陈年红葡萄酒的培养周期较长，使用凹底耐压酒瓶更加安全，在饮用时较容易隔除陈年葡萄酒的沉淀物。

事实上，葡萄酒瓶底部凸凹是一种文化的传承，主要作用是耐压，有较高的强度，其次是便于陈年葡萄酒的酒泥沉淀。此外，还有利于饮用前酒泥的稳定及去除。酒瓶的

凹底深并不代表一定是好酒，也不会影酒质。传统上，凹底较深的酒瓶暗示这瓶酒有较好的陈年潜力。但在这市场经济年代，酒瓶只是一种容器，并不能代表酒的质量。如今，在商业利益驱使下，葡萄酒产业鱼龙混杂，一些不良生产者为了蒙骗消费者，刻意使用凹底较深的酒瓶来盛载普通酒，以此作为营销手段。因此，消费者在购买葡萄酒时要擦亮自己的眼睛，不要被一些假象所蒙骗。正常情况下，耐陈年红或白葡萄酒的凹底比较深，但凹底深并不代该酒可陈年或质量高。

瓶封及其他

用软木塞封口的葡萄酒都有瓶封，瓶封的作用是保护瓶塞及美观，防止瓶塞发霉或被虫咬。瓶封顶端的 2 个小孔为葡萄酒透氧而设计。常见的瓶封材质主要有塑胶和锡合金等材质。由于成本的原因，普通酒大多采用塑胶封，而名庄酒或售价较高的葡萄酒则采用传统的锡合金瓶封。瓶封的颜色有黑色、红宝石色、红色、紫红色、蓝色、金黄色、黄色、银色、墨绿色或白色等。传统上黑色或带有红色调的瓶封代表红葡萄酒或桃红葡萄酒，而银色或带有浅色调的瓶封则代表白葡萄酒，起泡酒通常用金黄色瓶封。但今天，这一传统形制也已无章可循，红葡萄酒用白瓶封也就不足为奇了！

葡萄酒瓶除了以上特征外，有些酒瓶的颈部还带有浮雕或数字，通常浮雕是法定产区或生产者的标识（Logo），数字代表年份，但不多见。另外，瓶底还有一些数字、凸点、小凹口、字母或可回收标识等。数字是瓶容量或直径，字母为缩略语，凸点是数字的另一种表现形式，而小凹口与模具生产有关。以上信息代表：材质、容量、日期、厚度、直径或内径等，有些可能是生产模具的编号或酒瓶的批次。无论代表的那种信息，都与酒质和出处无关，对于消费者来说，无需花太多精力去研究这些无关紧要的信息。

葡萄酒软木塞
WINE CORKS

软木塞出现于 17 世纪的法国，由香槟酒之父当佩利翁（Dom Perignon）发明，他首先利用西班牙的槲树皮做出了香槟酒的瓶塞。在发明软木塞之前，葡萄酒大多用藤草之类的材料塞紧瓶口，然后用火漆封口，这种封瓶方法有诸多弊端，开瓶时草屑易落入酒中，且封口不严，酒液会快速氧化，保质期短，时常还会发生渗漏情况。

软木塞的原料来自栓皮栎（Cork Oak）的树皮，又称黑栎或橡树，但此橡树并非做橡木桶的橡树，两者同属非同质。栓皮栎盛产于葡萄牙、西班牙、意大利、法国和非洲北部的阿尔及利亚等地，树龄在 200~250 年间，超过 35 年的树皮才能用于制作软木塞，一棵树一生可重复剥取 12~16 次。成树最厚的树皮约 20 厘米，其中可利用的内层厚度在 6~8cm 之间，表面多皱纹，是制作葡萄酒瓶塞的理想材料。栓皮栎树皮用途十分广泛，除了软木塞外，还可用于隔热板、汽车隔音板或手工艺品等。

用栓皮栎树皮制作的软木塞密度小、吸水性低，具有肉眼看不到的微孔，便于葡萄酒透氧，促进酒液还原成熟。同时低吸水性能还可降低酒液的蒸发量。此外，软木弹性好，复原性较强，不易渗漏，不易腐烂。有研究表明，每立方毫米的软木由 2000~3000 万个含有氮气细胞组成。1mm 厚度软木，相当于 300 层细胞层。

如今，葡萄酒的封瓶物主要有两类：瓶塞和螺旋瓶盖。前者是葡萄酒的传统封瓶方法，后者为现代产物。

关于软木塞与螺旋瓶盖究竟哪个好？已争论了半个多世纪，现在也没有定论。下面看看两种物体的各自优缺点吧！也许能够让您明白为什么一直没有结论的原因。

天然软木塞与螺旋瓶盖

天然软木塞

软木塞在葡萄酒发展过程中沿用了 3 个多世纪，时至今日它不仅仅是葡萄酒的一种封瓶物体，已经形成了一种文化。传统软木塞是辨别葡萄酒质量的重要依据。一瓶优质葡萄酒的软木塞不但品质高，上面还印有酒名、年份或生产者标识（Logo）。

优点：属于天然可再生资源，肩负着葡萄酒传统文化，能够让酒在瓶内进行自然成熟，目前，仍然是名庄佳酿的首选。

缺点：价格贵，是瓶盖的 2~3 倍，而且每年被木塞三氯苯甲醚（TCA）污染的酒占 1%~3%。此外，资源有限，质量良莠不齐，葡萄酒在储存期间需要特殊的环境。

螺旋瓶盖和替代品

螺旋瓶盖又称之为斯帝文瓶盖（Stelvin Closures），是法国制造商佩基内（Pechiney）公司于 1950 年设计的专利产品，原本用于封装廉价葡萄酒，但上世纪 90 年代，为了避免软木塞中的化学成分三氯苯甲醚（TCA）对葡萄酒的污染，被多个国家广泛采用。塑料塞和高分子仿制塞为现代科技产品。

优点： 价格实惠，不会给酒带来污染，可延长葡萄酒的保质期，其中螺旋瓶盖还方便开瓶，对储存环境要求不高。

缺点： 几乎不透气，用不可再生资源生产，可回收，但不能生物降解。主要用于普通葡萄酒的封瓶。

葡萄酒塞的种类

纯天然原木塞： 用优质软木直接冲成的原木塞，成本较高，大多为优质佳酿的首选，意味着葡萄酒至少有 5 年以上的陈年潜力。但如今一些普通酒也会采用，以此作为营销手段，因此，使用原木塞不代表一定是好酒。

天然软木填充塞： 品质较差的软木塞，孔隙过多，如果直接用于封瓶，可能会使酒液渗出。为此，厂家会用软木屑与胶水混合后将孔隙填平。采用此类木塞的葡萄酒基本上都属于较普通的产品。

2+1 软木贴片塞： 中间用软木聚合塞，两头各贴一层或二层原木片，此类木塞被广泛用于中低端静态葡萄酒类。

软木聚合塞： 用软木碎屑经特殊工艺合成，成本较低，多为大酒厂选用，主要用于普通餐酒。此类木塞密封性比较高，基本不会渗漏。如果是静态葡萄酒使用，可以断定为普通酒，佳酿不可能用此类木塞封瓶。

软木贴片香槟塞： 主要用于优质起泡葡萄酒。传统上，起泡酒不会用原木塞，原因是原木塞的微孔会使酒中的气体泄露，而用软木贴片聚合塞不但可避免气体泄露，同时又达到了天然原木塞的作用。

高分子仿制塞： 用橡胶、塑料或纤维等材料特制，密封性好，环保。目前是新世界葡萄酒广泛采用的一种瓶塞，普遍用于日常饮用的白葡萄酒或不宜陈年的红葡萄酒类。

螺旋瓶盖： 环保，便于存放和开瓶。但却背离了葡萄酒传统文化，使葡萄酒失去了开瓶的享受过程。用此类瓶盖的葡萄酒都属于普通酒，目前，没有发现名庄佳酿使用。

通过木塞辨别酒质状态

葡萄酒的软木塞长短不一，长度有38、45、49、54mm 不等，直径在 24mm 左右。通常软木塞尺寸越长品级越高，价格贵，多为可陈年佳酿葡萄酒类使用。葡萄酒在陈年期间，酒液会顺塞子向外渗透，因此，长塞比短塞更加安全。

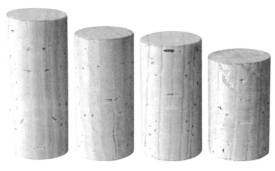

用软木塞封瓶的葡萄酒经过陈年后，酒液会渗入木塞，时间越长，渗入越深。因此，通过酒液渗入痕迹可辨别葡萄酒在开瓶前的存储状态，从而为酒质辨别提供了依据。红葡萄酒的酒液渗入痕迹较明显，而白葡萄酒没那么明显。

红葡萄酒陈酿 2~5 年，酒液渗透痕迹在 1/5~1/4 处；5~10 年，在 1/4~1/3 处；10~15 年，在 1/3~2/3 处；15~20 年，在 2/3~3/4 处；20 年以上，痕迹在 3/4 以上，并且有老化迹象，一些酒可能需要换塞后才能继续储藏。

葡萄酒储存的年限越长，渗入越浅，说明保存环境较好，酒质更可靠。反之，年限短，渗入越深，说明保存环境欠佳，酒液有

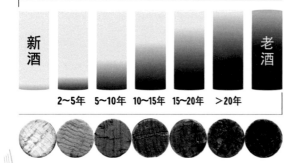

氧化迹象。如果酒液痕迹已渗到瓶口边缘，且隐约有渗出痕迹，说明酒可能已经变质。

已浸透的老酒塞　正常且饱满的软木塞　年轻的葡萄酒，由于干缩有渗漏迹象的木塞

正常情况下，一瓶保存较好的酒，开出的软木塞圆润饱满，用手捏有弹性，且有光泽。如果木塞明显干缩，无弹性，且表面不光滑，说明酒可能是长期立着放摆的，有可能过度氧化或变质。

沉淀物与酒石酸盐

葡萄酒当中有深沉物属于正常现象，但是要看酒龄和沉淀物的类型。通常干白的沉淀物是一种颗粒状的酒石酸（浅龄干红也会出现），这与酒的生产工艺有关。

所有的葡萄酒中都含有葡萄果实从地下汲取的矿物质和酒石酸，但这些物质并不稳定。因此，葡萄酒在发酵结束后会有一道低温处理工序，这正是稳定酒液去除酒石的过程。如果未经低温处理的酒，当遇到低温时就会慢慢产生酒石酸盐结晶。

酒石酸盐结晶呈小颗粒状，通常沉于瓶底或粘在瓶壁上，有时会出现在软木塞底下，这与酒的摆放有关。白葡萄酒的酒石呈白色，红葡萄酒呈紫红色。酒石酸盐的出现不会影响酒质，也与酒龄无关，只能说明该酒未经低温处理或过滤，因此，大可放心饮用。

葡萄酒适饮期
WHEN IS THE WINE READY TO DRINK

葡萄酒的适饮期是指"葡萄酒最适合饮用时机"。葡萄酒灌瓶后开始进入成长阶段，随着成长，酒的结构、口感和香气会发生一系列的物理变化，并逐渐走向成熟，酒质、风味和自身价值也随之提升。

葡萄酒如同水果一样，新生产的酒就像即将进入成熟期的水果，虽然口感有点生涩，但却很清脆、新鲜；而成熟的酒与成熟的水果一样，口感和香气都达到了最佳状态，能够充分体现自身应有的风味；衰退的酒好比熟过头或腐烂的水果，口感和香气让人难以接受，可能也会有个别人喜欢。因此，葡萄酒的适饮期也因人而议，有人喜欢新鲜的，有人喜欢成熟的，还有人喜欢熟过头。总之，早饮用比晚饮用要好。

购买即饮葡萄酒时，如何辨别适饮期？收藏的葡萄酒何时饮用最佳？这需要自己掌握相关知识和经验，才能更好的把握时机。

所有的葡萄酒都有成熟期，只是时间长短不同而已。通常日常饮用的普通干红和干白大多可即买即饮，成熟期在 1~5 年间；一些小产区或小酒庄酒在 5~10 年间；只有极少数顶级佳酿的成熟期会超过 10 年。葡萄酒的成熟期主要取决于：葡萄品种、酒的类型、产区、等级和年份等，具体见"可陈年葡萄酒的辨别"一节。

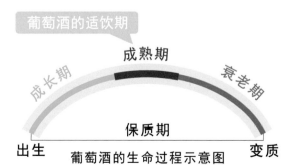

葡萄酒的适饮期

葡萄酒的生命过程示意图

通过感官判断适饮期

视觉判断：

成熟的干白不再有微微的绿色，反而呈淡黄色或金黄色，如果呈琥珀色，说明酒质已过度氧化。而成熟的甜白呈金黄色、老金黄色或琥珀色，如果呈暗棕色，可能已氧化。

成熟的干红颜色越来越浅，从深红或紫红色转为宝石红色或石榴红色，并泛着偏黄色的光晕，有亮度。有些老酒可能呈咖啡色。如果是陈年时间较长的酒，瓶底会有酒泥。如果颜色呈砖红或棕红色，说明酒质已氧化。

嗅觉判断：

年轻的葡萄酒果香和花香丰富明显，香气类型与葡萄品种有关。这些香气会随着陈年时间慢慢消失或转化成陈年酒香。如果是普通酒在陈年期间果香和花香消失后，并不会转化出陈年酒香，属于衰退的酒。而可陈年佳酿会出现陈年酒香，这正是葡萄酒中的最高培养。陈年酒香复杂多变，且有层次感。

味觉判断：

通常，可陈年干红和干白，在年轻时饮用口感酸涩，难以入口，且不协调，酒中的甜、酸、单宁、酒精和香味并未完全融合。随着陈年时间推移，这些成分会慢慢融合在一块。但有时候一些味道可能会短时间消失，称之为闭合（Closed）。当酒体成熟时，所有的成分完全融合，酒的香气、结构和口感也达到完美平衡的最佳状态，饮用时，香气丰富，口感柔顺，感觉十分微妙。

可陈年葡萄酒辨别
ASSESSING WINE QUALITY

葡萄酒的陈年有别于储藏，陈年是指酒在存储过程中通过良好的照顾，可提升质量和口感的一种方式。国内流行一句俗话"酒是陈的香"，但这句话却误导了许多消费者！"酒是陈的香"分两层含意：一是可理解成适当的陈年，而不是一直陈下去！二是经过适当陈年后质量会有所提升，而不是衰退。事实上，所有的酒类都有生命周期。

近年，国内葡萄酒文化的普及，让大部分消费者从"葡萄酒越陈越好"的误解中走了出来，但对于可陈年葡萄酒的辨别仍存在迷惑，能够自己辨别的消费者寥寥无几。那么什么样的葡萄酒才适合陈年呢？可陈年葡萄酒都可以收藏投资吗？关于这些消费们普遍关注的话题将在本章内进行阐述。

辨别可陈年葡萄酒的质量，需要具备丰富的葡萄酒百科知识，对于普通消费者来说是一件非常困难的事。那么，如何才能够辨别呢？首先应掌握以下几点专业知识，然后再进行综合分析，最终做出自己的判断。

可陈年葡萄酒的类型

可陈年葡萄酒指具有一定陈年潜质的葡萄酒，理论上，具备陈年潜质的葡萄酒基本上都有以下几种特点：

★ 原产地拥有独特的气候和地质；

★ 因地制宜的优良葡萄品种；

★ 最高法产区等级；

★ 葡萄园与生产者为同一主人；

★ 传统工艺和声望较高的酿酒师；

★ 拥有极高的质量或独特的风格；

★ 干红含有有丰富的酚类物质；

★ 干白酒体饱满，酸度高；

★ 大年份葡萄酒。

总之，葡萄酒具备可陈年潜质的基本条件有：品质高、红酒单宁丰富、甜酒酒精及糖分含量高、强化葡萄酒的酒精含量高等。酒的类型主要有：贵腐甜酒、强化葡萄酒、年份香槟、浓郁型干红葡萄酒及佳酿干白葡萄酒等。此外，年份是所有可陈年葡萄酒的重要参考依据之一。理论上，以上几类葡萄酒的正常成熟期在 10~50 年间，其中一些天然甜酒和强化葡萄酒的陈年时间相对更长，个别佳酿在适宜的环境下能存放百年以上。

可陈年葡萄酒的产区

葡萄酒的原产地是辨别酒质和风格的重要依据。全球有 70 多个国家上千个产区出产葡萄酒，但仅拥有优越自然风土、悠久的酿酒历史和成熟且发达的葡萄栽培及酿造技术的国家或产区，才具备出产可陈年佳酿的条件。事实上，大多数新兴葡萄酒生产国受风土、历史、工艺和技术等条件影响，出产的葡萄酒质量表现平平，基本不具备可陈年潜质，就更谈不上投资收藏了！目前，多数可陈年葡萄酒基本都来自一些旧世界国家的个别产区内，下面看看有那些产区是可陈年葡萄酒的出生地。

法国 France

波尔多 Bordeaux

法国酒庄文化发源地，以出产世界顶级赤霞珠混合型干红闻名。可陈年葡萄酒产区有：梅多克（Médoc）、格拉夫斯（Graves）、圣受美隆（St Emillon）和索帝恩（Sauternes）4 个产区的 5 种分级系统中的列级酒庄。此外，还有闻名世界的波美候（Pomerol）产区的大多数葡萄酒。这些小产区名庄出产的干红成熟期在 8~20 年间，大年份顶级酒会超过 20 年，并且属于收藏类酒品。此外，索帝恩（Sauternes）的贵腐甜白是最耐久存的葡萄酒之一。格拉夫斯的贝沙克雷奥良（Pessac Leognan）列级庄干白可陈放 10~15 年。

布艮地 Bourgogne

这里是世界顶级黑皮诺红葡萄酒和霞多丽干白葡萄酒的摇篮，大多数红和白葡萄酒的成熟期在 3~8 年间。而北部尼依山坡（Côte de Nuits）和博纳山坡（Côte de Beaune）的 32 块特级园（Grand Crus）、664 块一级园（Premier Crus）及部分村镇园大年份名庄干红的成熟期在 10~30 年间，干白在 5~20 年间。并且多数酒都具备收藏价值。

罗讷河谷 Vallée du Rhône

法国葡萄酒的发源地，存在不少可陈年佳酿。南罗讷的教皇新堡（Châteauneuf–du–Pape）以歌海娜混合型干红闻名，也出产少量的混合型干白，大年份名庄酒的成熟期在 10~20 年间。北罗讷有世界最正统的西拉（Syrah）产区：艾米塔吉（Hermitage）、罗地山坡（Côte Rôtie）和科尔纳（Cornas），以及维奥涅尔（Viognier）产区：格里叶堡（Château Grillet）和孔德里约（Condrieu）等，这些上等园名庄干红、干白、甜白和稻草甜酒的成熟期在 10~20 年间。

香槟区 Champagne

以出产风格独特的高级起泡酒闻名。普通香槟既可陈年，也可年轻时饮用，成熟期在3~10年间。年份香槟成熟期在8~20年间，尤其是特级园（Grand Crus）和一级园（Premier Crus）当中的"白的白（Blanc de Blanc）"香槟，一些名酒具备收藏价值。

阿尔萨斯 Alsace

德国与法国葡萄酒文化结晶，以出产雷司令和琼瑶浆白葡萄酒闻名。其中来自51个特级园的干白成熟期在5~10年间；贵腐（SGN）和迟摘（VT）甜白耐久存，成熟期在10~30年间，一些大年份名庄酒可收藏。

汝拉 Jura

独一无二的黄葡萄酒（Vin Jaune）产区。汝拉黄酒属于干型白葡萄酒，成熟期在20~30年间，大年份名庄酒能存放百年以上。此外，还有稻草甜酒，成熟期在10~30年间。如小产区夏龙堡（Château Chalon）和埃托瓦勒（L'Etoile）等。

鲁西荣 Roussillon

以出产独一无二的天然甜酒（VDN）闻名。其中歌海娜天然甜酒抗氧化能力较强，成熟期在10年以上，有些名庄大年份佳酿能存放百年以上。如巴纽尔斯（Banyuls）、莫利（Maury）和里维萨尔特（Rivesaltes）等。

普罗旺斯 Provence

全球最大桃红产地。虽然桃红适宜年轻饮用，但仍有极少数佳酿可适当陈年，成熟期在3~10年间。此外，还出产少量可陈年干红，如贝莱（Bellet）和邦多勒（Bandol）等，大年份名庄佳酿成熟期在8~20年间。

西南产区 Sud~Ouest

法国南部边缘产区，同样存在一些可陈年佳酿，如卡奥尔（Cahors）和马迪朗（Madiran）干红，大年份名庄酒成熟期在5~15年间。此外，还有耐陈年甜酒产区：蒙巴兹雅克（Monbazillac）和朱朗颂（Jurançon）等，大年份酒的成熟期在10~20年间。

卢瓦尔河谷 Vallée de la Loire

法国最长且最美丽的河谷，以出产白诗南（Chenin Blanc）甜白和长相思（Sauvignon Blanc）干白葡萄酒著称。可陈年甜白产区有：莱永山坡（Coteaux du Layon）、肖姆（Chaume）、蒙路易上卢瓦尔（Montlouis sur Loire）、邦纳佐（Bonnezeaux）、萨维涅尔（Savennières）、雅斯涅尔（Jasnières）和孚富莱（Vouvray）等，成熟期在 10~30 年间。干白产区有：桑塞尔（Sancerre）和普依芙美（Pouilly–Fumé），成熟期在 5~15 年间。半干白产区科尔舍维尼（Cour Cheverny）成熟期在 10~25 年间。

意大利 Italy

可陈年佳酿仅次于法国，如北部著名产区皮埃蒙特（Piedmont）子产区的巴鲁洛（Barolo DOCG）或巴巴莱斯考（Barbaresco DOCG）等，这些酒的酸度和单宁含量较高，成熟期在 5~10 年间。中部著名产区有托斯卡纳大区（Tuscany）的古典基安蒂（Chianti Classico DOCG）和布鲁奈罗—蒙塔尔奇诺（Brunello di Montalcino DOCG）等，成熟期在 5~20 年间。此外，还有弗留利—威尼斯—朱利亚（Friuli–Venezia Giulia DOCG）、托斯卡纳 IGT（Toscana IGT）、西西里岛（Sicily DOC）或其他一些 DOCG 产区的部分名庄佳酿等，都可适当陈年。如名酒：Sassicaia, Gaja, Masseto, Giacomo Conterno, Tenuta dell'Ornellaia, Bruno Giacosa, Bartolo, Aldo Conterno 等。

德国 Germany

世界最佳雷司令（Riesling）干白和甜白葡萄酒产地。佳酿葡萄酒主要来自莫泽尔区（Mosel）、莱茵高地（Rheingau）和法尔茨（Pfalz）等产区，出产的干浆果粒选贵腐（Trockenbeerenauslese）、粒选贵腐（Beerenauslese）、串选贵腐（Auslese）和冰酒（Eiswein）都属于可陈年白葡萄酒类，多数名庄佳酿的成熟期在 10~20 年间。例如著名的生产者：Weingut Egon Muller, Weingut Joh. Jos. Prum, Weingut Geheimer Rat Dr, Schloss Johannisberg, Weingut Markus Molitor, Wwe. Dr. H. Thanisch 等。

西班牙 Spain

以雪利酒（Sherry）闻名世界。西班牙出产的葡萄酒酒精含量偏高，一些优质 DOC 和 DO 产区出产的干红葡萄有良好的陈年潜力，如杜罗河（Ribera del Duero DO）、里奥哈（Rioja DOCa）和普里奥拉（Priorat DOCa）等法定产区，大年份名庄酒的成熟期在 5~20 年间。表现较出色的生产者有：Vega Sicilia, Castell d'Or Esplugen, Dominio de Pingus, Senorio de Villarrica, Bodega Matador Barcelo 等。

葡萄牙 Portual

以出产波特酒闻名世界，此类酒是最耐久存的强化葡萄酒之一，其中年份波特可储存 15 年以上，一些名庄年份波特能陈 30 年以上。此外，还有更耐存放的马德拉（Madeira），年份马德拉能陈酿百年以上。除了强化葡萄酒外，也出产一些干红和干白，如著名产区：达奥（Dao）、杜罗（Douro）或百拉达（Bairrada）等。

美国 United States

以出产赤霞珠干红和霞多丽干白闻名。佳酿主要来自纳帕山谷（Napa Valley）、奥利维尔（Oakville）、中央海岸（Central Coast）和艾德纳谷（Edna Valley）等产区，一些名庄大年份干红和干白都可陈年，成熟期在 10~30 年间，如名庄：啸鹰（Screaming Eagle）、哈兰庄（Harlan Estate）或赛奎农庄（Sine Qua Non）等。

澳大利亚 Australia

澳大利亚是全球酿酒葡萄品种和葡萄酒种类最丰富的新世界国家，其中以出产一流设拉子（Shiraz）干红闻名世界。著名产区有巴罗萨谷（Barossa Valley）、南澳大利亚（South Australia）或库纳瓦拉（Coonawarra）等。著名生产者有：奔富（Penfolds）、神恩山（Henschke）、托布雷（Torbreck）或双掌（Two Hands）等。这些生产者出产的优质酒，既可年轻时饮用，也可陈年，一些顶级酒可陈酿 15 年以上。

奥地利 Austria

奥地利与德国一样，以出产顶级贵腐甜白和冰酒闻名，等级和类型十分复杂。著名葡萄酒产区有：新民湖（Neusiedlersee）和瓦豪（Wachau）等，这些产区出产的"特优级葡萄酒（Prädikatswein）"当中的"干浆果粒选贵腐（Trockenbeerenauslese）、奥斯伯赫高级甜酒（Ausbruch）、麦杆酒（Strohwein）和冰酒（Eiswein）"均可陈年，成熟期在 5~30 年间。如著名生产者：卡哈酒厂（Weinlaubenhof kracher）和 FX 皮希勒（F.X. Pichler）等。

匈牙利 Hungary

以出产托卡伊（Tokaji）贵腐甜酒闻名，该酒来自著名产区托卡伊山麓（Tokaj–Hegyalja），其中以阿苏（Aszu）和阿苏艾森西亚（Aszu Essencia）最为高贵，可储存数十年或百年，并且属于收藏类酒品。此外，匈牙利还有著名的公牛之血（Bikavér）干红，不过大多为普通餐酒。

乌克兰 Ukraine

乌克兰葡萄酒虽声望不高，但却存在少量的佳酿甜白和强化葡萄酒，如马桑德拉酒厂（Massandra）出产的灰皮诺（Pinot Gris）甜白和麝香（Muscat）等，十分耐久存，至今仍能找到百年以上的珍藏酒。

南非 South Africa

南非以独特的皮诺塔吉（Pinotage）红葡萄酒著称，但此类酒并不适合陈年。而赤霞珠和西拉在此表也同样出色，一些佳酿干红和甜白的成熟期在 5~10 年间。著名产区是斯泰伦博斯（Stellenbosch）和西开普省（Western Cape）。如：德莱尔格拉夫庄园（Delaire Graff Estate）的赤霞珠红，信号山酒庄（Signal Hill）和图润庄（De Toren）的西拉（Syrah）或设拉子（shiraz）干红等。以及沿海地区（Coastal）的迟摘贵腐甜白等。

阿根廷 Argentina

阿根廷是全球最佳马尔贝克（Malbec）产地之一，一些著名生产者出产的马尔贝克和赤霞珠干红有良好的陈年潜力，成熟期在 5~15 年间。如著名生产者：卡氏家族（Bodega Catena Zapata），万纳特（Weinert），维娜科宝斯（Vina Cobos）或普拉塔酒庄（Dominio del Plata）等。

智利 Chile

智利也是著名新世界生产国之一，葡萄酒以丰富多样著称。赤霞珠和佳美娜（Carmenere）在这里表现十分出色，一些佳酿也有不错的陈年潜力。如：蒙特斯金天使（Montes 'Taita'），埃拉苏里斯庄园查德威克（Errazuriz Vinedo Chadwick）或维娜冯西本泰（Vina von Siebenthal）等。

新西兰 New Zealand

新西兰以长相思（Sauvignon Blanc）干白和黑皮诺（Pinot Noir）干红表现最佳。其中白葡萄酒大多适宜年轻时饮用。而一些佳酿干红有不错的陈年潜力。如命运湾酒厂（Destiny Bay）和石脊庄（Stonyridge）的赤霞珠混合干红，乔纳庄（Johner Estate）的黑皮诺，艾姆斯菲尔（Himmelsfeld）的贵腐霞多丽或维诺特马庄园（Vinoptima Estate）的迟摘贵腐甜白等，都有较好的陈年潜力，成熟期在 5~10 年间。

酿造陈年葡萄酒的葡萄品种

理论上，葡萄酒的陈年潜质主要取决于葡萄品种。但直接根据葡萄品种去判断酒的质量或陈年潜力并不可靠。通常在辨别葡萄酒品质时，首先看标签上面的原产地及法定等级，之后再看葡萄品种、生产者、酒精含量及其他与质量有关的专业术语等。如果这瓶酒出自最佳产区的最高等级葡萄园内，并且属于可陈年葡萄品种，则说明品质较高，可适当陈年。下面是能够酿造陈年葡萄酒的流行葡萄品种，有些红葡萄品种适合酿造单一品种酒，有些适合与其他品种混合酿造。而白葡萄品种大多用来酿造单一品种酒，有些品种酿造的干白具备陈年潜质，而有些品种酿造甜白才具备陈年潜质，不同品种酿造的葡萄酒类型不同，而陈年潜质也有较大的区别，因此，不能一概而论。（各品种的具体风格和产地见前面"酿酒葡萄品种"一节）

红葡萄品种与干红葡萄酒的陈年潜质

赤霞珠 Cabernet Sauvignon	3~30 年
黑皮诺 Pinot Noir	2~30 年
梅洛 Merlot	2~30 年
西拉或设拉子 Syrah / Shiraz	4~30 年
内比奥罗 Nebbiolo	4~30 年
桑乔维塞 Sangiovese	2~20 年
坦普拉尼罗 Tempranillo	2~15 年
黑歌海娜 Grenache Noir	2~15 年
蓝佛朗克 Blaufrankisch	2~15 年
马尔贝克 Malbec	2~15 年
国产多瑞加 Touriga Nacional	2~15 年
红好丽诗 Tinta Roriz	2~15 年
增芳德 Zinfandel	2~15 年
丹娜 Tannat	4~15 年

灰葡萄品种与葡萄酒的陈年潜质

琼瑶浆 Gewürztraminer	甜	2~20 年
灰皮诺 Pinot Gris	干 / 甜	2~20 年
萨瓦涅 Savagnin	黄酒	5~50 年

白葡萄品种与白葡萄酒的陈年潜质

霞多丽 Chardonnay	干	2~20 年
雷司令 Riesling	干 / 甜	2~30 年
长相思 Sauvignon Blanc	干	2~20 年
赛美蓉 Semillon	干 / 甜	5~30 年
维奥涅尔 Viognier	干	3~15 年
白诗南 Chenin Blanc	干 / 甜	3~20 年
满胜 Manseng	甜	3~30 年
玛珊 Marsanne	干 / 甜	3~20 年
胡珊 Roussanne	干 / 甜	3~20 年

葡萄酒的最高法定等级系统

如：法国的 AOP、意大利的 DOCG、德国的 QmP 或西班牙的 DOC 等。所有的高级佳酿基本上都来自国家最高法定等级内，但最高法定等级并不代表全部是佳酿。国家法定等级为国家级管制体系，通常划分几个等级，理论上，等级越高对葡萄酒的生产约束越严格，品质就相对越可靠。如法国 AOP 葡萄酒，不仅有上万欧元一瓶的佳酿，也存在 2 欧元一瓶的普通酒。而一些普通地区餐酒（Vin de Pays）能卖到 20 欧元以上的比比皆是，单从价格方面就可看出一些地区餐酒（Vin de Pays）的品质远远高于一些较普通的 AOP，因此，国家法定等级并非品质保证，不能一概而论。辨别葡萄酒品质不仅需要熟悉各国的分级系统、产区、等级划分及生产者等相关知识，还应掌握相互之间的关系。有了丰富的知识基础，在辨别时才能驾轻就熟。

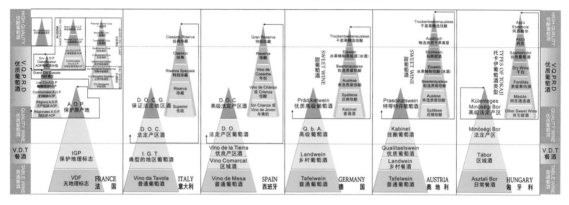

酒庄或葡萄园的等级

酒庄或葡萄园的等级划分是辨别酒质的重要依据之一。如法国布艮地的克里玛（Climats）分级系统，以葡萄园为单位，划分有特级园（Grand Crus）、一级园（1er Crus）、村镇园和地区园四个级别，不同级别代表不同酒质和价格指标。又如 1855 年推出的波尔多列级酒庄分级系统（Grand Cru Classés），以酒庄为单位，划分多个级别。目前，有 5 种酒庄分级系统，归 8 个等级。此外，香槟区同样有分级系统，既不是酒庄分级，也不是葡萄园分级，而是村庄分级，有特级园（Grand Crus）、一级园（1er Crus）和村镇园三个级别。无论何种分级，只要是官方认可的，对于葡萄酒的品质都有一定的影响。因此，在分级系统当中处于最高等级内的大年份名庄酒基本上都是可陈年佳酿（前提必须是可陈年葡萄酒类型），可收藏投资级的葡萄酒 99% 以上出自这些葡萄园、酒庄或村庄内。因此，掌握酒庄或葡萄园分级系统知识，是鉴别葡萄酒品质和陈年潜质必不可少的要件。

布艮地 AOP 葡萄园分布规律图

葡萄酒的特殊等级

特殊等级指在官方认可的分级系统当中的一些细分级，更贴切的说就是一些与质量有关的专业术语运用，例如：法国阿尔萨斯出产的"粒选贵腐（Sélection de Grains Nobles）"，德国著名产区的"干浆果精选（Trockenbeerenauslese）"，奥地利出产的"特等特许（Präedikatswein）"和西班牙出产的"特级珍藏（Grand Reserva）"等。此外，还有法国香槟酒的"白的白（Blanc de Blanc）或干邑的忘年（Hors d'Age）"等等。以上这些特殊等级或术语全部处于国家最高法定级别的顶端，属于稀有的优质佳酿，仅占葡萄酒总产量的 1%，市场售价从几百 RMB 到几万 RMB 不等，酒的品质主要取决于原产地风土、生产者声望和葡萄采摘年份等，但可收藏级葡萄酒都是当中最昂贵的顶级酒。

葡萄采摘年份

理论上，酿酒葡萄采摘年份是辨别葡萄酒品质的重要因素之一，但并非绝对。葡萄采摘年份就是葡萄的生长年份，消费者通过这一年的气候状况来辨别葡萄的生长情况，再通过葡萄的生长情况来衡量葡萄酒的质量。事实上，葡萄采摘年份对于旧世界佳酿葡萄酒来说有着至关重要的影响，而对新世界葡萄酒而言意义并不大。优越的年份能赋予葡萄品种优良的品质，提高葡萄酒的质量。年份对顶级葡萄酒的影响较大，原因是顶级葡萄酒的原材料都是有机栽培和手工耕作的产物，完全脱离了化学肥料和高科技栽培技术，纯属大自然的恩惠。这一年的气候、雨水、阳光及自然灾害会直接影响葡萄的生长状况，因此，间接的影响了酒质。葡萄酒的酿造工艺也是最原始的传统工艺，遵循自然真理，传承的是文化。而普通葡萄酒的原材料大多采现代科技栽培技术和现代化酿造工艺，如果天气不如意，可采用科技手段来弥补大自然的不足。在酿造方面也推崇现代化生产工艺，善于迎合消费者，属于商业化产物。除此之外，不论新世界还是旧世界，葡萄的采摘年份对于普通餐酒的影响并不大，其主要作用是供消费者辨别酒龄、适饮期和保质期等。

葡萄酒的市场销售价格

葡萄酒的售价是辨别葡萄酒品质最简单的方法，俗话说"一分钱一分货"。理论上，价格越贵的葡萄酒品质就越好，但前提是售价要客观。目前，在国内的葡萄酒行业浑水摸鱼的酒商较多，对于普通消费者来说从价格的角度去辨别葡萄酒的品质并不可靠。在欧洲市场售价 10 欧元的葡萄酒，到了国内卖 1000 元人民币并不足为奇，像这样的葡萄酒不一定经得起陈年，更谈不上收藏！其实，葡萄酒的市场价格 = 实物成本（原材料成本、生产成本、人工成本和税收等）+ 流通费用 + 各层利润 + 市场需求值。此外，进口葡萄酒还有关税、增值税和消费税等等。因此，葡萄酒的售价不仅要看酒的来源地和品质，还要视销售渠道。

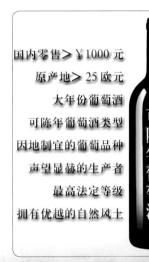

国内零售 > ¥1000 元
原产地 > 25 欧元
大年份葡萄酒
可陈年葡萄酒类型
因地制宜的葡萄品种
声望显赫的生产者
最高法定等级
拥有优越的自然风土

可陈年葡萄酒

单宁丰富的干红
橡木桶陈酿干白
贵腐甜白
迟摘甜白
年份波特酒
歌海娜天然甜酒
黄葡萄酒

不宜陈年的葡萄酒

市场上面 90% 以上的葡萄酒都不宜陈年。如果用价格衡量，原产地低于 10 美元，国内低于 300 元（客观售价）的进口葡萄酒多数都不具备陈年潜质，越年轻饮用越好。

不宜陈年葡萄酒的类型：

新酒 Nouveaux

多数干白葡萄酒 Dry White Wine

桃红葡萄酒 Rose Wine

绿葡萄酒 Vinho Verde

麝香甜白 Muscat Sweet Wine

旧世界国家无地理标志日常餐酒

旧世界国家的大多数地区餐酒

起泡葡萄酒（香槟 Champagne 除外）

不宜陈年的酿酒葡萄品种：

红：巴贝拉（Barbera）、多切托（Dolcetto）、佳美（Gamay）、蒙特普西亚诺（Montepulciano）和品丽珠（Cabernet Franc）等。

白：阿尔巴利诺（Albarino）、阿里高（Aligoté）、克莱雷特（Clairette）、夏斯拉（Chasselas）、麝香（Muscat）、米勒图尔高（Müller–Thurgau）、白皮诺（Pinot Blanc）和西万尼（Silvaner）等。

变质葡萄酒的主要特征
CHARACTERISTICS OF A BAD WINE

客观的讲，葡萄酒变质否？从背标的保质期来断定并不可取。葡萄酒属于微生物活动的产物，酒精含量低，酒中含有丰富的营养成份，包括一些有益微生物。当酒遇到不适宜的环境就会加速成熟，进而变质。如果在适宜的环境下，得到精心照顾，则可延长生命周期。因此，有些酒在保质期内可能已经变质，而有些具备陈年潜质的酒过了保质期，可能还未成熟，这种情况显而易见。

葡萄酒不同于其他饮品，变质后对人体伤害较大。葡萄酒变质后，对人体的伤害并不明显，因此，葡萄酒变质与变坏有实质性区别。理论上，葡萄酒步入衰退期，就可归为变质，因为酒的风格尽失，质量已经发生变化。但是，如果瓶内自然产生气体，说明酒中有有大量微生物活动，酒已变坏，饮用后会对身体造成不可预知的伤害。此外，受到污染的葡萄酒同样属于变坏的酒。

葡萄酒有没有变坏，单从外观很难判断，必须开瓶，通过看、闻、尝才能鉴别酒液是否变坏。通常，变质的葡萄酒主要有以下几种特征：

一、酒液颜色与清澈度

当干白葡萄酒步入衰退期后，酒体从原有的禾黄、淡黄、金黄色逐渐变成琥珀色或褐色，并且失去光泽度。而红葡萄酒从原有艳丽饱满的宝石红、紫红或深红色逐渐变成砖红色或棕红色，光泽度消失。但这种变化必须依据酒的年龄来判断，例如一瓶 2~3 年的普通干红变成砖红色，并且失去光泽，说明此酒已经过度氧化。又如一瓶 30 年以上的佳酿干红变成砖红色，不一定会变质。可以做个实验：事先打开一瓶葡萄酒放一周后，再开一瓶同样的酒，将两个样本对比就能以看出颜色的变化，提前几天开瓶的酒液明显变成呈棕红色，而且失去光泽。

当酒中有沉淀物时，可根据酒龄去判断酒的现状。通常红葡

萄酒随着陈年时间会产生色素与单宁聚合的沉淀物，称之为"酒泥"，这是陈年干红必不可少的产物。而未经低温处理的红和白葡萄酒在遇到低温时，会产生酒石酸盐结晶颗粒，这都属于正常现象。当酒液混浊，并且漂浮有雪花状杂物或絮状物时，说明酒可能变坏，如果饮用，会给身体造成不可预知的伤害。

二、产生气泡

如果一瓶静态葡萄酒出现气泡，说明酒液在瓶内产生了某种变化，警示酒体出现了问题。如果打开第二瓶酒有同样的情况，可以判断酒已经变坏。这种情况的发生，有两种可能，一是酒液被污染，二是储存环境温度过高，酒中残留的杂菌在活动，并排出了二氧化碳气体，导致酒液变质。

三、热伤害

如果一瓶近年份酒发生变质，并且有漏酒迹象，可能是热伤害的结果。热伤害指酒遇到了过多的热能，造成酒液变质。例如夏季将酒长时间放在阳光下晒太阳、长时间放在汽车后备箱、箱式货车远途运输或储存环境温度过高等，都会给酒造成伤害。被热伤害的酒，受瓶内压力膨胀，会出现木塞鼓起或酒液渗出的迹象，而且酒体受高温影响，过度氧化，风格尽失，因此，又称之为熟酒。

四、产生异味的酒

1. 三氯苯甲醚 Trichloroanisole(TCA)

当酒打开，初闻有一点木塞味属于正常情况，如果一直不散，说明酒已变质。如果闻起来像湿毛狗或湿纸板的气味，表明酒已变坏。通常这种气味的出现与软木塞有关，可能是软木塞产生霉菌，或者是被木塞携带的三氯苯甲醚（Trichloroanisole）化学物质污染，在葡萄酒行业称之为"软木塞污染"。用软木塞封瓶的酒，每年被 TCA 污染量占年产量的 2% 以上。

2. 醋酸或指甲油去除剂气味

如果有醋酸或指甲油去除剂气味，说明酒有缺陷，这是一种挥发性酸或 VA 醋酸菌导致的。有一点这种气味可增加酒的复杂性，当气味过重时，会使酒的香气及口感失衡。

3. 氧化味

当葡萄酒衰老或过于氧化后会出现氧化味，导致过度氧化的情况有许多，如：酒龄过高、遇到热伤害、被紫外线辐射或储存不当等等。当酒体有氧化味，并且伴有怪异的腐烂味，说明酒已变质。当然，强化葡萄酒除外，如：雪利（Sherry）、波特（Port）、马德拉（Madeira）或巴纽尔斯（Banyuls）等，氧化味是此类酒的典型特征。

4. 硫化物

酒中有烧橡胶、臭鸡蛋、臭鼬或烂白菜等怪异气味，属于一种少见的缺陷，这是酿造过程中残留硫化物产生的气味，如：二氧化硫或亚硫酸盐等，主要用于杀菌及抗氧化，以此延长葡萄酒的寿命。理论上，干红的硫化物残留量最低，其次是干白，最高的是普通甜白葡萄酒。硫化物的添加在各国都有严格的法定标准，只要在标准范围内，对人身不会造成伤害。

5. 农场气味

如果干红闻起来有像农场的气味，属于正常现象，这种气味源自一种酒香酵母菌（Brettanomyces or Brett）的结果，酒香酵母菌能够增加酒的复杂性，这种气味有人喜欢，有人讨厌。但是，如果闻到有创可贴、臭袜子或牲畜圈的气味，说明酒质出了问题。轻则出现以上气味，重则有苦涩的金属味，白葡萄酒会出现腥味。此外，如果生产者的卫生条件较差，pH 值过高，没有彻底消毒也会产生以上怪味。这种气味虽然不会对人体造成伤害，但让人难以接受。

　　葡萄酒不同于其他酒类，承载着许多西方上流社会的品味文化，饮用时涉及诸多细节。如今，仍然是大多数追求品味生活者饮用的酒品。生活中时常会见到形制各异的酒具、复杂的服务程序和许多饮酒行为细节。只有了解葡萄酒的饮用、服务和礼仪文化，才能够充分体现自身品味和酒的价值。

葡萄酒饮用

Wine Drinking

杯子的选择与斟酒礼仪
GLASS SELECTING & WINE SERVING

葡萄酒的用杯

葡萄酒杯根据酒的种类可分：红酒杯、白酒杯、香槟杯和雪利酒杯等。材质有玻璃和水晶玻璃。款式有球形、郁金香形、小口大腹形等等，品牌种类不胜枚举。葡萄酒杯在葡萄酒的发展历程中有着举足轻重的地位，为葡萄酒文化必不可少的一部分。随着科技的进步，酒杯的材质及种类日新月异，市场上面有多种顶级名牌酒杯，如：奥地利的力多（Riedel），少则几百元一个，多则数千元。酒杯的作用不仅仅是为了体现葡萄酒的风格，便于饮用，还可提高饮酒氛围和生活品味。

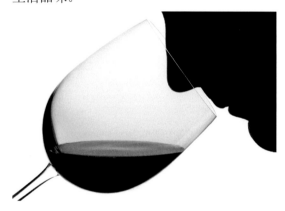

一、饮用葡萄酒为什么用高脚玻璃杯？

（1）易于拿取，避免手温对酒温干扰。

（2）易于酒的观赏及品鉴。

（3）正确的酒杯可充分体现酒的风格。

捏住杯柄的下半部分

二、葡萄酒杯的握法

饮用葡萄酒持杯时，因个人习惯，手势和方法不尽相同。如果在专业品酒会或高级消费场所，最好依规范拿取酒杯，否则有失大雅。拿取酒杯的标准因人而异，以手不触及到杯身为宜。正确持杯的姿势：用大拇指、食指和中指自然捏住酒杯的杯脚，如果想体现自己的专业性，用手抓住杯脚底座一侧也可，但此法需要具备一定的经验，否则会显得很不自然。持杯的要点是"拿取自然，动作优雅大方"。

三、饮酒前摇杯的作用

通常在饮用葡萄酒前需要摇晃酒杯，其作用是让酒液与氧气充分接触，促使其他杂味挥发（如硫化味或怪味等），并促进酒香散发，有助于闻香。这个动作及道理虽简单，但许多消费者似懂非懂，在喝酒时不停的摇晃酒杯，其实这是一种非常失水准的行为。

波尔多杯型　布艮地杯型　通用杯型　桃红杯型　贵腐酒杯型　强化酒杯型　干邑杯　直身香槟杯　平底葡萄酒杯　盲品杯

无论何种酒在这么不停的摇晃下，高贵的酒香都会被加速释放。要想显示自己的专业性，首先应明白饮酒与品酒的区别，还要看饮酒场合及氛围，否则一些不规范的行为动作会将自己出卖。

四、葡萄酒杯的选择

饮用不同的酒使用相应的酒杯，不同的酒杯在饮用过程中可带来不同的感受。饮用葡萄酒时以选择高脚玻璃杯为宜，高脚杯便于握取，并可避免手温透过杯身对酒的温度干扰。此外，还便于观赏与品鉴，给人一种高贵典雅的视觉享受。

饮用佳酿葡萄酒选择收口的大腹高脚玻璃杯最佳，此类酒杯能凝聚酒香，便于鉴赏。大容量酒杯不但能够加大酒液与空气接触的面积，还可避免在摇晃杯子时将酒液溅出。

葡萄酒杯的款式日新月异，从酒的颜色到产地及葡萄品种，几乎都设计有专用的载杯，如果全部罗列出来，有百种之多，不论是专业品酒师还是普通消费者，买一套完整的葡萄酒杯显然过于奢侈，从用途上来说意义并不大，原因是大部分酒杯的使用机率非常低。事实上，传统的葡萄酒杯只有几种类型，如今看到的新型酒杯都是在传统酒杯的基础上衍生出来的，千变万化的杯型完全是生产者的一种宣传手段，无非想多销售酒杯而已！作为消费者首先应明白这一点。

个人建议，家庭选择葡萄酒杯时，不必购买太多形状各异的杯子，找一款品质较好的水晶玻璃杯做为通用杯，形状上依个人喜好和习惯去选择，不同类型葡萄酒应以容量大小区分。起泡葡萄酒选择郁金香型或笛型杯最佳。白兰地杯以矮脚球形为宜。另外，再准备一些古典杯和海波杯用于各种酒类的加冰或混合饮即可。

适用于干红、干白、桃红、甜白和强化葡萄酒，各种酒以容量大小区分
如：干红≥650ml / 干白和桃红≤500ml / 甜白≤350ml / 强化≤260ml

葡萄酒的斟酒标准

　　斟酒标准是一种餐饮服务规范，并非绝对。在日常生活中斟酒应视饮酒环境和酒杯容量而定。通常红酒杯大于白酒杯，形状上可不用区分，当然也可选择不同形状的酒杯。正常情况下，品鉴葡萄酒的斟酒量在30~50ml 间，而喝酒时的斟酒量应多些。

　　不同的葡萄酒有不同的风格，且饮用温度也各不相同，因此，斟酒份量各异。

红、白葡萄酒斟酒量对比

干 白
— 1/3~1/2 杯 —

干 红
— 1/5~1/3 杯 —

　　白葡萄酒属于低温饮用的酒品，份量太少，酒液的温度会快速升高，因此影响口感，足够的份量可维持酒液的低温。这也是为什么白酒杯比红酒杯小的原因。

　　多数干红在饮用前需要与氧气充分接触，以此来柔化单宁促进香气散发，使口感更加柔顺香醇。此外，过多的酒量在摇晃酒杯时可能会使酒液溅出，造成不必要的浪费或麻烦。

起泡酒
2/3~3/4 杯

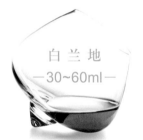

白兰地
— 30~60ml —

　　白兰地属于葡萄蒸馏酒，以芳香醇厚著称，其香气可媲美香水。因此，一些优质白兰地适合净饮，载杯以大肚球形杯最佳，斟酒量不宜过多，少量的酒液宜于手掌传导温度，促进香气散发。

桃 红
— 1/3~1/2 杯 —

各种甜葡萄酒
— 1/3~1/2 杯 —

　　桃红葡萄酒也属于低温饮用的酒品，份量太少，酒液的温度会快速升高，因此影响口感，足够的份量可维持酒液的低温。

　　起泡酒不但是低温饮用的酒品，还具有独特的观赏性。因此，斟酒量应多些，足够的酒量可维持酒的低温状态，同时又使于观赏气泡上升。

　　甜型葡萄酒同样属于低温饮用的酒品，通常在餐后搭配甜点饮用。由于此类酒的杯子较小，斟酒量应多些，足够的酒量可维持酒的低温状态。

葡萄酒的服务操作

红葡萄酒

葡萄酒在饮用前需要配备几种必不可少的用具，如：

餐巾：用来开瓶前后擦拭瓶口，或擦去酒瓶外的冷凝水。

开酒器：用来开启软木塞。如果想体现开瓶技术或享受开启过程，最好用传统酒刀。

酒杯：不同的葡萄酒配备相应的酒杯，专业酒杯能提升酒体的感官及味觉享受。

醒酒器：醒酒或滗酒专用容器。在醒酒

过程中可缩短酒液的氧化时间，或者为有酒泥的陈年佳酿滗酒，便于饮用。

蜡烛或手电筒：为服务陈年红酒滗酒时提供光源，顺利将清澈的酒液滗入酒樽内。

白葡萄酒和桃红葡萄酒

白葡萄酒和桃红葡萄酒属于低温饮用的酒品，在饮用前需要快速冰镇，这样才能够充分体现其独特的风格。饮用时如果温度过高，香气及口感会失衡，并且有明显的酒精味。温度太低，香气无法释放，也就无法体现其独特的口感和风味了！

白葡萄酒和桃红葡萄酒饮用前应配备专用的冷却器，将酒快速降到适饮温度。使用

传统的冰酒桶时，首先向桶内加满冰块，然后加入常温水至七成满，再将整瓶酒放入桶内即可。采用此方法冰镇，在 **10~15min** 就可达到理想的饮用温度。

葡萄酒服务注意事项

◎ 永远用右手拿瓶斟酒，要领是握牢酒瓶的下半部分，标签朝向宾客。

◎ 在斟酒收瓶时向内侧转动一下酒瓶，避免酒液滴在杯壁外或台面上。

◎ 每次斟酒时应事先征询饮酒者的意见，避免斟完酒后不喝，造成不必要的浪费。

◎ 斟酒时酒瓶离杯口不要太高，以免造成酒液喷溅或酒香过度挥发。

◎ 按标准斟酒，随时注意剩余量，确保每次斟酒都能够做到平均分配。

斟酒收瓶时向内转动一下酒瓶，以免最后一滴酒液滴在杯壁或台面上。

酒液流速要均匀

瓶口距杯沿 1.5~2cm。

如果想更方便倒酒，还可借助倒酒器或倒酒环。

葡萄酒理想饮用温度
OPTIMAL WINE SERVING TEMPERATURE

葡萄酒的温度会直接影响酒的口感及香气，因此，不同葡萄酒有不同的饮用温度。而红葡萄酒大多为"常温"饮用，事实上，是指酒窖或仓储温度。但是，受南北方纬度、四季温差及喝酒环境等因素影响，在饮用前都需要对酒进行饮用前的温度处理。如果红葡萄酒的温度过低（＜8℃），会抑制酒香释放，并且有较强的酸涩感；温度过高（＞24℃）酒精味过于强烈，使之口感失衡，无法体现应有的风味。如果白葡萄酒长期在低温环境下存放会导致酒的风味丧失，甚至变质；温度过高（＞24℃）则会使清新的酒香随着酒精的挥发而消失。合理的饮用温度，能充分体现葡萄酒的特质。

起泡酒 Sparkling Wine

起泡葡萄酒（香槟或汽酒）饮用前需要事先放入冰桶内冰镇。非年份起泡酒冰镇温度在2℃左右，最佳饮用温度为4~7℃；年份起泡酒的冰镇温度在5℃左右，最佳饮用温度为8~10℃。起泡酒的冰镇作用：通过降温来改善酒的口味，在斟酒时可防止气体与酒液外溢，并可有效阻止气体快速挥发。传统上，起泡酒在饮用前需要用香槟桶加冰块和水进行快速冰镇，提前20~30min就能达到适饮温度。

红葡萄酒 Red Wine

红葡萄酒的最佳饮用温度在11~18℃之间，不同类型的酒有不同的饮用温度。理论上，年轻的红酒和轻酒体的红酒酸度较高，饮用前需要适当的降温。而优质陈年干红的价值在于复杂的酒香和均衡的口感，因此，温度相对高一些。恰当的酒温有利于品尝。总之，优质红葡萄酒的饮用温度不宜超过20℃。

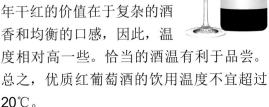

白葡萄酒 White Wine

白葡萄酒属于低温饮用酒品，最佳饮用温度在4~13℃之间。理论上，新酒和清淡型白葡萄酒的饮用温度相对较低，而优质干白或优质甜白葡萄酒的饮用温度相对较高。白葡萄酒在饮用前应该用冰酒桶加以冰镇，如此才能改善口味，充分体现酒的风格。

桃红 Rose Wine

桃红葡萄酒和淡红葡萄酒的风格处于红与白葡萄酒之间，其中淡红葡萄酒的饮用温度略高。此类酒的冰镇温度在6℃上下，最佳饮用温度在9~13℃间。饮用前事先用冰酒桶加冰和水进行冰镇，以保持酒的冷却度。

葡萄酒的理想饮用温度
Optimal Wine Serving Temperature

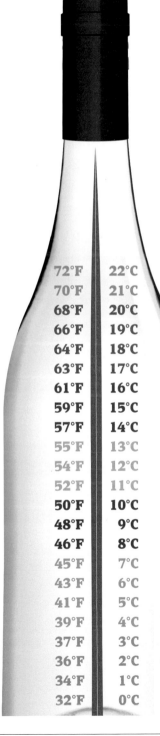

Full Bodied, Mature Red Wine		浓郁且成熟型干红
Bordeaux Grands Cru Classés		波尔多列级酒庄红
Red Burgundy Grand Crus		布艮地特级园红
Red Burgundy Premier Crus		布艮地一级园红
Pomerol Grand Vins		波美候特级酒庄红
Chianti Riserva		基安蒂珍藏
Vintage Port, Syrah		年份波特，西拉
Barolo, Barbaresco		巴罗洛，巴巴莱斯可
Classic Red Wine		经典型干红
Merlot, Light Zinfandel		梅洛，淡雅型增芳德
Young Bordeaux		年轻的波尔多
Young Cabernet Sauvignon	72°F 22°C	年轻的赤霞珠
Cotes du Rhone, Beaujolais	70°F 21°C	罗讷山坡，宝祖利
Tempranillo, Barbera	68°F 20°C	坦普拉尼罗，巴贝拉
Pinot Noir, Sangiovese	66°F 19°C	黑皮诺，桑乔维赛
Vin de Pays (IGP)	64°F 18°C	地区餐酒（红）
	63°F 17°C	
Beaujolais Nouveau	61°F 16°C	保祖利新酒
Rose, Viognier	59°F 15°C	桃红，维欧涅尔
Full Bodied Chardonnay	57°F 14°C	浓郁型霞多丽
Riesling, White Graves	55°F 13°C	雷司令，格拉夫斯白
	54°F 12°C	
White Burgundy	52°F 11°C	普通布艮地白
Aged Champagne	50°F 10°C	年份香槟
Sauvignon Blanc	48°F 9°C	长相思干白
New World Riesling	46°F 8°C	新世界雷司令
Sauternes, Gewürztraminer	45°F 7°C	索帝恩，琼瑶浆
Trockeneerenauslese	43°F 6°C	干浆果粒选贵腐甜白
Pinot Grigio, Italian White	41°F 5°C	灰皮诺，意大利干白
	39°F 4°C	
Muscat, Eiswein	37°F 3°C	麝香甜酒，冰酒
Sweet White Wine	36°F 2°C	普通甜白葡萄酒
Sparkling White Sweet	34°F 1°C	甜型起泡葡萄酒
Sparkling White	32°F 0°C	白起泡葡萄酒

葡萄酒开瓶
WINE OPENING

葡萄酒的开瓶已不是什么新鲜事了，但如果想规范的开好每一瓶用软木塞封瓶的葡萄酒并非易事。从专业角度来说，开启葡萄酒有诸多讲究，如规范的动作、开启质量及开瓶速度等。不论使用何种开瓶器，均有技术要求。否则会出现动作死板，不割瓶封，钻穿或拔断软木塞等情况。要想象侍酒师一样能够潇洒的开好每一瓶酒，需要具备一些知识和经验，才能掌握其中的技巧。

葡萄酒从 17 世纪初采用软木塞封瓶，在 300 多年的历史发展过程中，出现了许多形状及功能各异的开瓶器，从原始的钻头到今天备受推崇的"电动开瓶器"，种类及款式多不胜数。选择一种适合自己的开瓶器有助于提高开瓶质量。比如在高档餐厅，顾客除了享受酒的味觉外，一系列开启过程也是一种视觉享受，这与开瓶器有直接关系，其中最适合享受过程的开瓶器是"侍者之友"。

葡萄酒开瓶过程

普通的侍酒师专用酒刀，支架有 2 节支撑点。

沿着瓶口凸出部位上沿顺时针划开瓶封右侧 180°。

将酒刀反过来从左侧再逆时针划开左侧的 180°。

取下划开的瓶封盖，然后用餐巾将瓶口擦拭干净。

将钻头打开，用钻尖对准瓶塞中间垂直钻入。

钻到最后一环的下边停止，以防钻穿软木塞。

用杠杆第一支撑点顶牢瓶口边缘，垂直向上抬。

左手握牢瓶颈和杠杆，右手慢慢的垂直向上抬起。

松开左手，将杠杆第二个支撑点架在瓶口边缘。

左手握牢，右手垂直向上抬起，当塞子剩 1/5 时停止。

左手握牢瓶身，右手握刀把和瓶塞同时摆动向上拔出。

取下软木塞，用餐巾将瓶口内外擦拭干净即可。

开瓶时瓶塞发生意外的补救方法

瓶塞断裂

新手或遇到储存不当的葡萄酒时，容易出现断塞的情况。此时，应将葡萄酒卧放在台面上，然后用酒刀的钢丝钻尖伸进瓶颈内勾牢断塞，再轻轻拉出即可，成功率在90%以上。重点是在拉取断木塞过程中要随之将酒瓶缓慢的立起，以防酒液顺势流出。

瓶塞穿孔

出现穿孔状况，大多数是葡萄酒因储存不当或酒龄过高，使软木塞老化导致的。除此之外，开启时用力过猛或不熟练也会造成木塞穿孔。此时，可利用牙签将空隙塞满，然后用水果刀将凸出的牙签沿瓶口削平，再用酒钻沿瓶颈壁轻轻钻入，慢慢拉出即可。

各种开瓶器的使用见前面"酒具"一章

开瓶注意事项

(1)为了避免断塞，开瓶前先了解酒龄及存储状况，从始至终按规范操作。

(2)开瓶前将酒标面向宾客，动作自然、优美、大方。

(3)开瓶前记得用小刀沿着瓶口凸出部位的上沿整齐划开瓶封，将其去除。

(4)下钻时控制速度，避免将木塞钻穿或将钻头钻偏，导致塞渣落入酒中。

瓶塞粉碎

出现瓶塞破碎的葡萄酒可能是酒龄过高（超过20年），或储存不当，导致软木塞过于老化造成的。如果遇到这种情况，说明葡萄酒的质量已经衰退，很难避免瓶塞破碎，唯一的补救方法是将落入酒中的塞渣过滤掉。这里推荐比较好用、且又容易找的"不锈钢茶隔"，这种器具基本不会影响酒质和口味，并且完全可以将碎渣及漂浮物过滤掉。

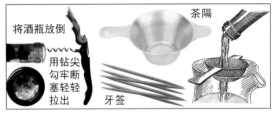

将酒瓶放倒　用钻尖勾牢断塞轻轻拉出　牙签　茶隔

(5) 拨塞时动作应缓慢，保持垂直向上抬起，切记用力过猛或速度过快。

(6) 在整个开瓶过程中，葡萄酒的正标始终面向宾客，以视尊重。

(7) 开瓶后记得用餐巾或纸巾将瓶口内外的木屑及灰尘擦拭干净。

(8) 木塞拨出后，先闻一下是否有异味，避免为宾客提供劣质葡萄酒。

(9) 在葡萄酒喝完之前，不要将酒瓶和软木塞丢弃，以防随时需要或查验。

葡萄酒品尝前准备
PRE-WINE TASTING PREPARATION

葡萄酒的品尝顺序

多数国内消费者在饮用葡萄酒时只选择一种酒，同时喝多种葡萄酒的情况比较少见，所以，对于葡萄酒的饮用顺序应用相对较少。葡萄酒的饮用顺序是指喝多种葡萄酒的同时能够使各种酒充分体现风格的一种程序，这种程序有利于多种葡萄酒的品鉴。传统上，许多品鉴者每喝完一种酒后，习惯用清水漱口，以此来避免对下一种酒的口味干扰。但有学者认为，用清水漱口不但避免不了对下一瓶酒的干扰，还会影响后面的品鉴。那么，怎样才科学呢？通常在饮用多种葡萄酒时，除了按顺序饮用外，在每喝完一种酒后，需要更换干净的酒杯，间隔几分钟，再饮用，如此才有益于后面的品鉴。

葡萄酒的饮用顺序是按酒的类型、结构、干甜、浓淡、酒精含量及品质等状况进行安排的，传统顺序如下：先白后红；先新后老；先干后甜；先低度后高度；先清淡后浓郁；先普通后名贵。

饮用多种葡萄酒时，先喝干酒，最后喝甜酒，如果先喝口味重的酒再喝淡味酒会造成味觉迟钝，不易于后面的品鉴。按餐饮服务顺序：干型酒属于餐前或佐餐用酒，因为干型酒有助于生津开胃，去除油腻，而甜酒放在餐后吃甜品时饮用，有助于餐后消化。

滗酒或换瓶 Decanting

滗酒是葡萄酒服务专业术语，意思把清澈的酒液从原瓶内倒出来，将酒泥隔在瓶内。滗酒的目的是为了去除酒泥或渣滓。酒泥源于红葡萄酒经过长期陈酿后自然产生的沉淀物，这种沉淀物对视觉有一定的影响，但对酒的质量和口感不会产生任何影响。而白葡萄酒出现的通常都是酒石酸盐结晶，无需滗酒，斟酒时稍加注意即可。其实，滗酒不仅去除了沉淀物，还促使硫化物或陈年过程中产生的异味散发掉，同样达到了醒酒的目的。但与醒酒不同，滗酒只适用于有沉淀的陈年老酒，并且滗完酒后无需继续醒酒。

饮用有沉淀物的陈年葡萄酒时，首先将酒取出放在指定的位置直立静放 **30min** 以上，在此过程中不要移动酒瓶，让酒中的陈淀物在自身的重力下沉到瓶底。开瓶时，需注意操作动作，尽量避免转动或摆动酒瓶，开启要点："在静止状态下取出瓶塞"。

传统滗酒方法：（准备一个滗酒瓶和蜡烛（手电或自然光均可），将蜡烛点燃放在台面上，左手握滗酒瓶向右倾斜，右手握酒瓶向左倾斜，让酒液缓慢的流入滗酒瓶中。蜡烛的作用是为了便于滗酒者通过烛光注视瓶内酒液及酒泥的流动状况。滗完酒后，将酒瓶摆放在旁边，以便随时鉴赏。

如果是家庭饮用老酒，无须太麻烦，可使用葡萄酒漏斗（Wine Funnel）直接滗酒。在选购酒漏时，尽可能找那些过滤网较密的漏斗，这样才能更好地将酒泥过滤掉。

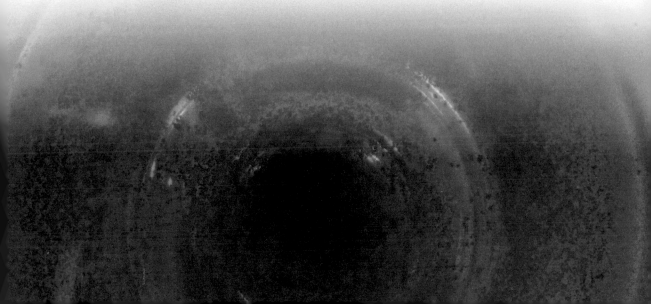

醒酒 Decant

醒酒和滗酒都属于"换瓶"，但两者间却有实质性区别，醒酒适用于所有需要提前开瓶的干红葡萄酒，而滗酒是隔离葡萄酒瓶内沉淀物的一种操作方法。醒酒的目的在于改善口味，在饮用前预先开瓶，让酒液充分氧化，加速成熟，有助于柔化单宁，从而改变单宁结构，使酒液入口更加圆润芳香，减少苦涩感。此外，酒液在瓶内长期陈酿，自然会产生一些怪异的气味，提前开瓶还有助于怪味和硫化物的散发。醒酒并不适合所有葡萄酒，但对单宁较重的年轻干红葡萄酒有一定的作用。

多数人认为所有的葡萄酒都需要提前开瓶，让酒液接触一下空气比较好喝，其实这是一种误解，醒酒器的艺术造型和醒酒过程带来的感觉才是大家盲目醒酒的根本原因。到底何种葡萄酒才适合醒酒？其实，适合醒酒的多数为正值适饮期且单宁较重的陈年干红和年轻饱满的干红。过了适饮期的酒不宜醒酒，此阶段的酒比较脆弱，过分接触氧气会使香气过度挥发，原本不足的酚类物质全部被氧化掉了！最后入口寡淡，风格尽失。

我们在日常饮用葡萄酒时，使用的红酒杯比较大，并且在饮用前都习惯频繁摇晃酒杯，如此，酒中的一些怪味或硫化味在入口前基本已消失殆尽，同样起到了短时间醒酒的作用。所以，具有新鲜果香型的干白、普通清淡型干红、新酒和桃红葡萄酒等，都没有必要提前开瓶醒酒。

醒酒是一门较难诠释的话题，醒酒时间应根据酒的类型及个人喜好来定，这里的类型是指酒龄、酒体轻重、葡萄品种和存储状况等。个人喜好不言而喻，有人喜欢喝单宁重的酒，有人不喜欢单宁的苦涩感，所以醒不醒酒因人而异。这就像吃海鲜一样，喜欢海鲜的人说是"鲜"，更喜欢原汁原味。而不喜欢海鲜的人却说是"腥"，在吃之前会用各种方法或材料将腥味去掉，事实上，海鲜最独特的"鲜味"全没了！但不喜欢海鲜的人却认为这样才好吃。因此，在醒酒方面没有对与错，只是喜好不同而已。

通常年轻且单宁较重的干红需要醒酒时间相对较长，可提前 1~2 个小时开瓶，而处于成熟期的陈年佳酿提前 30min 已足够，时间过长会促使陈年酒香过度挥发，从而降低酒的质量。而陈年老酒结构比较脆弱，最好在滗酒除渣后立刻饮用。个人认为大部分葡萄酒的醒酒时间应控制在 10~60min 之间为宜，当然，不醒也是可以的。

葡萄酒的醒酒可采用多种方式，传统上，打开瓶塞后让酒液在瓶内慢慢透气即可。目前，比较流行使用水晶玻璃樽，这种容器腹大口小，可加大空气与酒液的接触面积，缩短醒酒时间，而且酒香又不宜挥发。醒酒和滗酒使用的大肚玻璃瓶称之为"醒酒器（Decanter）"，此类器皿的材质大多为水晶玻璃，形状普遍像艺术品，造型较多，不论怎么变化，都有一种共同特征：腹大口小，功能或许有点区别。理论上，醒酒器的腹部越大，醒酒时间越短，反之，腹部越小，醒酒时间越长。

不适宜醒酒的类型	可适当醒酒的类型
起泡葡萄酒	年轻且酒体重的干红
白葡萄酒	未成熟的佳酿干红
黄葡萄酒	成熟且酒体重的干红
桃红葡萄酒	单宁含量丰富的品种，如：
宝祖利新酒	赤霞珠 Cabernet Sauvignon
清新型干红	西拉或设拉子 Syrah/Shiraz
酒体瘦弱的干红	内比奥罗 Nebbiolo
柔顺的葡萄品种酒	坦普拉尼罗 Tempranillo
超过 20 年的佳酿干红	马尔贝克 Malbec

不需要醒酒，在饮用过程中通过摇杯就可起到驱除异味和促进氧化等作用。

喜欢单宁重且收敛性强的酒

单宁强的干红、酸度高的干红和年轻且未成熟的干红需要醒酒时间较长。

不喜欢单宁带来的苦涩口感

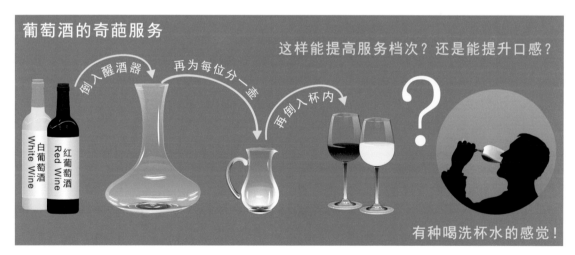

葡萄酒的奇葩服务

倒入醒酒器 → 再为每位分一壶 → 再倒入杯内

这样能提高服务档次？还是能提升口感？

有种喝洗杯水的感觉！

如今，市场上面的酒具花样百出，由此，一些高档会所为了提升服务档次，推出了各式各样的葡萄酒奇葩服务。多数私人会所在服务葡萄酒时，会提前开瓶将酒液倒入醒酒器中进行醒酒，并且在每位客人面前再放一个小的分酒器，最后再倒入酒杯中，一瓶酒从开瓶到入口经过了三种容器：酒瓶 → 醒酒器 → 分酒器 → 酒杯，咱别说酒质和口感会不会提升，单从卫生方面就已行不通，首先再干净的容器都会有其他残留物，如果遇到卫生条件较差的场所，这瓶酒的污染程度可想而知！一瓶佳酿在如此折腾下显然变成了"洗杯水"！但是大多数消费者仍认为这种服务方式属于高标准服务！

餐厅选酒
RESTAURANT WINE SELECTION

点酒

传统上，顾客在餐厅消费葡萄酒时，首先点菜，然后再点酒。原因很简单，用餐的主题是为了吃，而不是为了喝酒。反之，如果为了喝某种高级佳酿时，首先应点酒（或自带），然后再点餐来配酒。如果自己不懂葡萄酒也没关系，可参考酒单或让侍酒师推荐。

示瓶

点完酒后，服务人员会取酒过来向点酒者示瓶，并对酒品做相关介绍。作为宾客，此时应仔细观察酒的产地、名称、年份、等级及口味，看是否与所点的酒品相符。然后再看损耗、沉淀和酒液色泽等，如果与自己点的酒不符或有变质迹象，可要求退换。此时是把握酒质的关键环节。

开瓶

如今，葡萄酒开瓶器从传统酒钻到电子开瓶器，可以说日新月异。但在服务过程中唯有传统"酒刀（侍者之友）"才能充分体现服务程序，并带来一种视觉享受。专业服务人员的开启过程：酒标始终面向客人→割瓶封→擦拭瓶口→下钻→拔塞，整个环节动作流畅、优雅、大方。

验塞

酒打开后，服务人员会及时将软木塞递上来，并示意检验。验塞先看软木塞质地和上面的信息，然后看潮湿、干缩或发霉等迹象。最后再闻一下瓶塞是否有异味，如果有异味表明酒质可能出了问题。正常情况下优质葡萄酒的软木塞整体饱满，字迹清晰，湿润并且光滑。

试酒

许多消费者对试酒了解甚微，其实试酒不但是一种服务程序，还是一种礼仪，表示主人对客人的尊重，主要目的是避免宾客喝到劣质酒。试酒分三步：一、观看酒的色泽和清澈度；二、闻香，并鉴别有无其他异味；三、品尝，感知酒的酸、甜、涩和醇等味觉情况，最后确认酒质是否可靠。

斟酒

试完酒后，应立刻示意服务人员斟酒。喝酒时注意自己的坐姿及握酒杯方法。总的来说应做到自然优雅、大方得体。在饮用陈年佳酿葡萄酒时，不宜干杯或大口饮用，入口量适中，慢慢享受每一口酒的精髓，让葡萄酒的价值和个人品味充分发挥出来。

起泡葡萄酒的饮用
SPARKLING WINE TASTING

起泡葡萄酒属于低温饮用酒品，最佳饮用方法是在饮用前用冰酒桶加冰块和水进行快速冰镇，以此来改善口味，控制气体外溢。此外，还可事先将酒放入4℃的冰柜内冷藏。冷藏前最好用保鲜膜将整瓶酒包起后再放入，以免酒标受潮破损或脱落。

起泡葡萄酒的种类较多，其中以香槟为代表。此类酒的冷却温度在4℃左右，最佳饮用温度为5~9℃。酒温过高，气体散发较快，催生的气泡过大，入口粗糙难饮；温度过低会抑制气泡散发，降低气泡数量，使口感过于平淡，并且失去应有的风味。适宜的饮用温度能有效控制气体散发速度，使气泡更加细腻持久，如此才能够充分展现起泡葡萄酒的独特风味。

起泡葡萄酒载杯

阔口，容量小，摆放平稳，但气体散发较快，温度易升高。适用于大型宴会活动。

碟型香槟杯

杯口小，杯身长，可控制酒香和二氧化碳气体挥发，便于观赏气泡，是最理想的起泡葡萄酒载杯。

高身香槟杯

起泡葡萄酒的饮用时机

餐前饮用
极干的 BRUT
特别干的 EXTRA DRY
干的 DRY

佐餐饮用
极干的 BRUT
特别干的 EXTRA DRY
干的 DRY

餐后饮用
半干的 SEMI DRY
甜的 SWEET

休闲饮用
特别干的 EXTRA DRY
干的 DRY
半干的 SEMI DRY
甜的 SWEET

活动庆典
>3.5个大气压
极干的 BRUT
特别干的 EXTRA DRY
干的 DRY

起泡葡萄酒的开启及注意事项

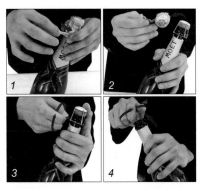

(1) 开启前应轻拿轻放，避免摇晃，以防酒液喷出。

(2) 开启前用餐巾将酒瓶的水滴擦干，防止手滑。

(3) 开启前确认酒液已达到适饮温度。

(4) 开启过程中不要将瓶口对向人或易碎品。

(5) 开启过程中始终用左手大姆指按住瓶塞。

(6) 拔塞时酒瓶倾斜45°，避免发出响声音。

(7) 开酒时标签始终朝向客人，以示尊重。

葡萄酒与食物搭配
WINE AND FOOD MATCHING

　　传统上，葡萄酒与食物搭配原则如下："红肉配干红葡萄酒，白肉配干白葡萄酒"，但这句话过于片面。全球有200多个国家或地区，数千个民族，菜肴的口味千差万别，单从食物颜色去搭配葡萄酒并不科学。再说，全球有70多个国家出产各种葡萄酒，划分数千个产区，单法国就有600多个法定产区。此外，还有数以万计的生产者，近百万种葡萄酒，这些葡萄酒的风格千变万化，各国的配餐方法也各不相同。如：法国、德国和意大利都属于传统葡萄酒生产与消费大国，并且还相邻，在饮食习惯上基本相似，但这几个国家的葡萄酒消费习惯却有所不同。法国人用餐时普遍习惯喝干红葡萄酒；德国人普遍习惯喝干白葡萄酒；而意大利人则习惯红与白葡萄酒搭配饮用。从以上3个国家的酒菜搭配可以看出，同样的菜肴却配不同葡萄酒，这足以说明葡萄酒与菜肴搭配只是一种风土习惯，并非原则。

　　现在，国内许多消费者从原来的简单酒菜搭配逐步走向精准选择，并追求酒与食物之间的平衡极致，这是未来的发展趋势和饮食潮流。葡萄酒与菜肴搭配就是为了相互烘托，相互提升，从两者间找到平衡协调的视觉与味觉享受，提高就餐雅兴。其实，每一种葡萄酒都能搭配各种食物，但前提是两者之间不能相互抹杀味道。例如：吃麻辣火锅配伯图斯（Petrus），就是一种浪费！因为这种搭配无法体现酒的价值。

　　生活中，葡萄酒与菜肴搭配并不难，不一定按食物颜色进行搭配。通常味道较重的菜肴应与口味浓郁的葡萄酒搭配；清淡的菜肴与口味清淡的葡萄酒进行搭配；如果吃味道较鲜的海鲜或河鲜时搭配酸味较高、且清淡的干白葡萄酒或起泡葡萄酒最佳；吃甜点时可配一些甜型葡萄酒，如：天然甜白、雪利酒（Sherry）或波特酒（Port）等。原因是单宁重的干红能缓解油腻，但与海鲜类食物搭配会产生金属味。而酸度高的葡萄酒可掩盖海鲜的腥味，提升鲜味，如果与浓郁的红肉类搭配，风格会被掩盖，并且会产生不协调的口感。甜度高的葡萄酒与甜食搭配更显协调，有助于餐后消化。

葡萄酒与菜肴搭配目的是为了相互烘托，相互提升，从两者间找到平衡协调的视觉与味觉享受。

葡萄酒的传统食物搭配习惯

红葡萄酒适宜与红色肉食（牛羊肉或野味）、烧烤或口味较重的白色肉食搭配。原因是红葡萄酒的口味较重，适合与味道略重的菜肴搭配。此外，红葡萄酒中的酚类物质与肉类的蛋白质相遇后，会使酒的口感变得更加柔顺，同时还可缓解肉类的油腻，促进食欲。通常酒体较轻、且较新鲜的干红也可与普通鱼类菜肴搭配，但酒中的单宁可能会破坏菜肴的鲜味。而酒体较重的干红遇到海鲜，易产生金属味，因此，优质海鲜类菜肴不宜与红葡萄酒搭配。

白葡萄酒适宜与白色肉食（海鲜、河鲜和禽类等）或口味较清淡的红色肉食搭配。因为白葡萄酒的口感清新淡雅，而白色肉食通常较清淡，两者搭配从感官到口味都比较协调，并且还可相互提升，能够充分体现各自的风味。此外，白葡萄酒中的酸味还有助于去除海鲜类的腥味，提升鲜味。如果白葡萄酒与红色肉食或浓郁的菜肴搭配，清新的风格会被菜肴的味道所掩盖。

桃红葡萄酒、淡红葡萄酒和灰葡萄酒的风格介于红与白葡萄之间，通常在食物口味不是特别怪异的情况下，可根据个人口味与任何菜肴搭配。传统上，桃红适合与香肠或辛辣食物搭配。干型起泡葡萄酒做餐前酒或佐餐酒饮用，适宜搭配凉菜、刺身、海鲜打冷、禽类或清淡的红色肉食等，如：生蚝、鱼子酱、白切鸡或法式焗蜗牛等。而甜型起泡酒适合与餐后甜点搭配。

传统上，葡萄酒与奶酪是绝配，但近年美国有一项新的研究表明，红葡萄酒与奶酪同食，会影响酒的味道，在品鉴时难以辨别酒中复杂的香气，甚至鉴别不出葡萄酒的质量，因此，奶酪并不适宜搭配红葡萄酒。研究人员还发现，食用的奶酪味道越浓，口腔敏感度越钝。因为奶酪中厚重的油脂影响了口腔味蕾。该研究并没有对白葡萄酒及天然甜酒进行同样

实验。那么奶酪能不能与葡萄酒搭配呢？消费者各持己见。有一点需注意的是红葡萄酒切忌与辛辣奶酪搭配。

在掌握葡萄酒与食物搭配之前，还需了解不宜于干型葡萄酒搭配的一些食材，如：醋、巧克力、咖喱、柠檬或辣椒等。通常这些食材的味道过于强烈，太酸、太甜或太辣都不宜于葡萄酒的鉴赏，因为浓烈的味道会抹杀或掩盖葡萄酒的细腻口味，使酒液失去原有的风味。此外，某些口味怪异的食材也不宜于葡萄酒的搭配，比如：鸡蛋、皮蛋、酸笋或臭豆腐等。

葡萄酒与食物搭配基本常识

■ 喝佳酿不要让菜的味道压过酒，吃佳肴不要被酒的味道盖过菜。

■ 红肉配红葡萄酒，白肉配白葡萄酒更显协调。

■ 清淡菜肴配酒体轻的葡萄酒，味重的菜肴配单宁较重的葡萄酒。

■ 什么地方的酒配什么地方的菜。

■ 酸味菜肴配白酒，有香料味的菜肴配强劲的干红或干白葡萄酒。

■ 原汁原味的菜肴配清新淡雅或酒体轻盈的葡萄酒。

■ 冷盘和凉菜应配低温饮用的葡萄酒，如：干白、起泡酒或新酒等。

■ 口味较鲜的海产类配酸味较重的干白葡萄酒或新酒。

■ 新酒、淡红和桃红葡萄酒可与任何食物搭配。

■ 喝名贵葡萄酒，搭配高档菜肴。

■ 在食用一些与葡萄酒不协调的菜肴时，最好选择啤酒。

■ 最重要的是根据自己的饮食爱好，尽可能的去尝试。

　　总之，掌握葡萄酒与菜肴的搭配技巧前，需具备葡萄酒与烹饪专业知识，如各国、各地区菜肴的烹饪方法和口味；各国、各产区出产的葡萄酒等级、风格、流行葡萄品种特征；各国、各地区、各民族的饮食文化等。目前，流行的新观点是："喝你喜欢喝的酒，吃你喜欢吃的菜！"从中找到协调即可。

葡萄酒与开胃菜
WINE WITH CANAPES

开胃菜指餐前用来开胃的小吃或点心，有良好的刺激食欲作用，种类十分丰富，但中西方有明显的区别。西方开胃菜以沙拉、海鲜、坚果、鹅肝或芝士等为主。而中国流行凉拌菜、小点心、泡菜、姜丝、油炸小鱼或花生米等食物，不同的地区有不同的开胃小吃。不论何种开胃菜，大多为凉食，口感以清新和酸口为主。因此，搭配的葡萄酒以清新淡雅且低温饮用的酒品最佳，当然一些甜白或强化葡萄酒也可以做开胃酒饮用。

混合类小菜 Mixed Canapes

此类小菜多以蔬菜和酱料为主，选择一款酒体饱满的干白即可，这样能应对多种口味变化。

香槟或起泡酒：选择年轻且口感清新的干到极干型（Dry, Brut, Extra Brut）酒品。

灰皮诺（Pinot Gris）：清新干爽且微酸的口感，适合搭配一些酸味小菜。

雷司令（Riesling）：清新优雅的口感适合搭配鱼类小吃。

海鲜 Seafood

众所周知，海鲜适合搭配干白葡萄酒，两者除了外观十分协调外，清新微酸的口感可去除腥味，提升鲜味。但海鲜并非一定与白葡萄酒搭配，也可搭配新酒（Nouveaux）及一些酒体较轻的黑皮诺或梅洛等，切忌与浓郁的干红搭配。

霞多丽（Chardonnay）：有"生蚝葡萄酒之称"，最适合配较新鲜的贝类和深海鱼类。

此外，雷司令（Riesling）、阿里高（Aligoté）和绿酒（Vinho Verde）也是不错的选择。

坚果和小吃 Nuts and Snacks

此类小吃通常口味比较重，不适合与口感清新类葡萄酒或陈年佳酿搭配，这样酒的风味会被小吃的口味掩盖。比较适合搭配强化葡萄酒，如：同样有坚果味的汝拉黄酒（Vin Jaune）、雪利酒（Sherry）、波特（Port）或马德拉（Madeira）等，其中黄酒为干型，雪利酒以干型为主，而波特和马德拉多为甜型，口味可根据个人喜好去选择适合自己的酒品。开胃菜并非一定搭配干型酒。

鱼子酱 Caviar

鱼子酱是开胃菜中的奢侈品，有"黑色黄金"之称，俄国人称"鱼子酱配伏特加"为世界上最高的美味享受！除了伏特加外，最佳搭配的酒品非"香槟（Champagne）"莫属。

鱼子酱有等级之分，优质鱼子酱适合搭配极干型年份香槟，普通鱼子酱应该搭配酸度高的混合香槟，酒中的气泡与鱼子酱碰撞后带来的美味无与伦比，且十分协调。

肉类与鹅肝酱 Meat and Foie Gras

鹅肝酱可与面包搭配做开胃菜，也可与肉类搭配做主菜食用，开胃菜适合搭配甜白、甜波特（Port）或甜型起泡酒；而主食可搭配甜白或干红，主要取决于搭配的肉类。

索帝恩（Sauterne）贵腐甜白与优质鹅肝酱搭配最完美。甜酒细腻柔滑的口感与入口即化的鹅肝酱十分协调，并且会产生更加细腻复杂的口感和香味。此外，其他如法国阿尔萨斯、卢瓦尔或德国一些迟摘或贵腐甜白也不错。

芝士 Cheese

传统上，葡萄酒与奶酪搭配最佳，但近年美国有一项新的研究表明，干红与奶酪同食，会影响酒的味道，原因是奶酪中厚重的油脂会影响口腔中的味蕾。因此，选择前应考虑奶酪的类型和味道，口味较重的奶酪适合搭配口味较强的干白葡萄酒做开胃酒，如法国北部的桑塞尔（Sancerre）或波尔多干白等。软奶酪搭配普通香槟酒（Champagne）或起泡葡萄酒。

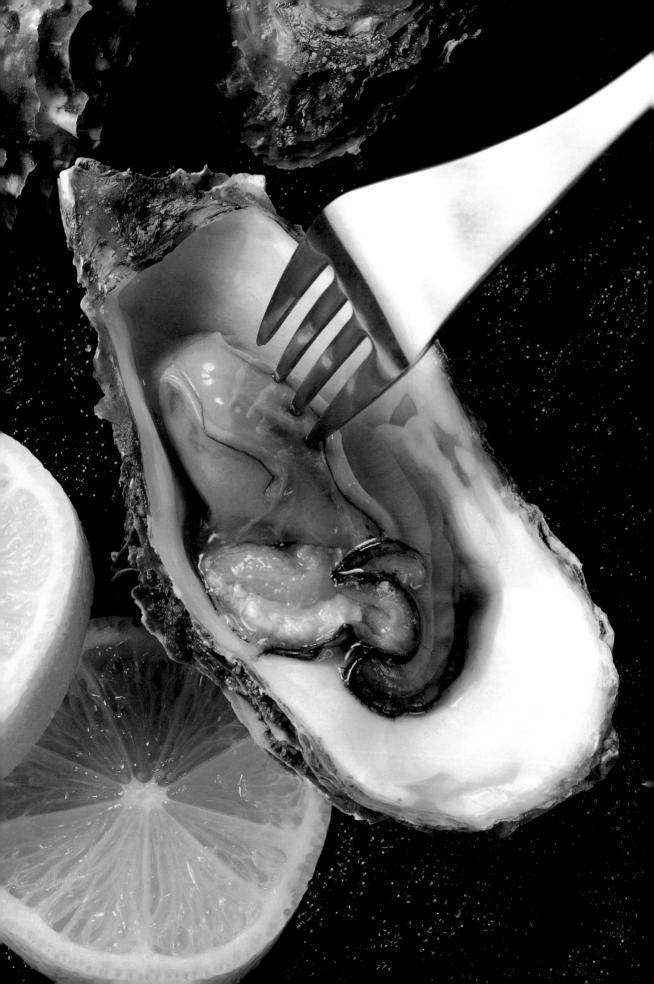

葡萄酒与海鲜
WINE WITH SEAFOOD

海鲜属于高蛋白、低脂肪食物，有较高的营养价值，在食用时大多以原汁原味烹饪为主，口感比较鲜甜。因此，适合与清新微酸的干白或半甜白葡萄酒搭配，此类酒的颜色及清新活跃的口感与海鲜搭配比较协调，并且可相互提升，能够充分体现各自的风味。此外，白葡萄酒中的酸味还有助于去除腥味，提升鲜味。如果白葡萄酒与红色肉食或浓郁的菜肴搭配，清新的口感会被菜肴的味道所掩盖。当然，一些轻酒体且口感新鲜的干红也可与一些烹饪口味较重的海鲜类菜肴搭配，但优质生猛海鲜最好还是选择干白为宜。

浓郁型干红不宜与海鲜搭配，重口味且单宁强的干红会掩盖海鲜的鲜味，酒中的矿物铁会突出腥味，有时还产生不舒服的有金属味。通常海产越鲜与酒体越重的干红搭配，这种腥味或金属味越重，而轻酒体干红与普通海鲜或淡水鱼搭配，基本不会出现。

海水鱼 Saltwater Fish

海水鱼的种类丰富多样，且烹饪方法较多。而适合搭配海鲜的干白葡萄酒种类也比较多，风格各异。因此，搭配葡萄酒时相对较难。

原汁原味的鱼类，如刺身、白灼或清蒸，搭配法国布艮地霞多丽（Chardonnay）最佳，或阿里高（Aligoté）和干型雷司令（Riesling）。

如果是香煎高贵的深海鱼肉，选一款经橡木桶陈酿的霞多丽（Chardonnay）搭配更完美。

用炭烤或香煎的一些脂肪含量较高的鱼类，应搭配口味略强的干白或桃红（Rosé）；高级鱼子配法国布艮地的蒙拉榭（Montrachet）最美。

淡水鱼类 Freshwater Fish

淡水鱼不如海水鱼鲜，并且有土腥味，如：鲤鱼、鲫鱼、草鱼、罗非鱼、鳝鱼或鳟鱼等。此类鱼适合搭配大多数干白葡萄酒，其中以矿物味明显的普依福美（Pouilly~Fumé）长相思（Sauvignon Blanc）和夏布丽（Chablis）最佳，此外，新世界或旧世界的霞多丽（Chardonnay）和雷司令（Riesling）也很适合。

由于淡水鱼没那么鲜，还可选择一些轻酒体、低单宁和高酸度并且适合低温饮用的干红和桃红搭配。如：宝祖利新酒（Beaujolais Nouveau）或普罗旺斯桃红（Provence Rose）等。

虾和贝类 Shellfish

甲壳类如：龙虾、虾或蟹等；软体壳类如：生蚝、蛤、贻贝、螺、蚌或扇贝等。此类海鲜通常以刺身或白灼食用为主，适合搭配清新淡雅且酸度略高的干白葡萄酒，如：夏布丽（Chablis）、雷司令（Riesling）或南布艮地干白等，香槟（Champagne）也是不错的选择。

生蚝与夏布丽（Chablis）搭配最完美。

蟹类适合雷司令（Riesling）。

热食的贝和虾类取决于烹饪方式，不过大多可搭配一些成熟的干白，如：橡木桶陈酿的霞多丽（Chardonnay）、埃米塔吉白（Hermitage White）或灰皮诺（Pinot Gris）等。

烟熏鱼类 Smoked Fish

烟熏鱼通常气味和口感比较重，如烟熏三文鱼或烟熏鲭鱼，前者的口味较淡，可搭配大多数清新干爽的白葡萄酒或起泡葡萄酒。其中香槟（Champagne）是烟熏三文鱼的绝配。此外，夏布丽（Chablis）的霞多丽（Chardonnay）和德国雷司令（Riesling）收效也不错。

烟熏鲭鱼的味道较重，不易搭配果香丰富或用橡木桶陈酿的干白，通常搭配口味略甜的琼瑶浆白（Gewurztraminer）会比较协调。此外，一些口味丰富且较重的烟熏鱼适合搭配西班牙的菲诺雪利（Fino Sherry）、曼萨尼亚（Manzanilla）或葡萄牙的干型白波特（White Port）等。

葡萄酒与肉类
WINE WITH MEAT

红酒配红肉，白酒配白肉是众所周知的传统葡萄酒搭配方法，看似简单实则复杂。在实践搭配中主要依据是肉类的特质和烹饪方法，再结合葡萄酒的风格，从中找到平衡极致的口感。肉类属于高脂肪食物，吃起来比较油腻，葡萄酒中的酸味能去除肉类的油腻感，酚类物质与肉类的蛋白质交融后，可相互提升口感和香味，还有助于消化。

牛肉 Beef

牛肉配红酒为众所周知的酒菜搭配方法，颜色和口感都十分协调。但是，不同的料理，在酒的搭配上有一些讲究。如今，可搭配牛肉的葡萄酒多不胜数，选择时应根据自己的喜好去搭配。

牛排适合配单宁较强且口感浓郁型干红，如：波尔多左岸红或超级托斯卡纳红等。

一些口感较嫩或较清淡的牛肉菜肴，适合搭配酒体略轻的干红，如：布艮地黑皮诺（Pinot Noir）或波尔多右岸的梅洛（Merlot）等。

猪肉 Pork

猪肉虽然属于红肉，但颜色和口感却介于红与白肉之间。可与大多数葡萄酒搭配饮用，主要取决于菜肴的辅料和烹饪方法。多数情况下适合酒体中等的干红或结构饱满的干白葡萄酒。

如吉列猪扒，通常蘸番茄酱或苹果酱食用，可搭配一些果香丰富的桃红或轻酒体的黑皮诺。

红烧肉口味较重且油腻，适合搭配单宁较强的干红或略甜的琼瑶浆（Gewurztraminer）。

烤猪扒与基安蒂（Chianti）搭配最完美。

香肠 Sausages

香肠种类和口味丰富，如德国香肠或意大利肠，大多都含有香料。中国有川湘味儿肠和广味儿肠，前者辛辣，后者略甜。因此，选择葡萄酒时应依据香肠的口味进行搭配，最适合搭配香肠的葡萄酒是桃红（Rose）类。

德国香肠适合配因地制宜的灰皮诺（Pinot Gris）、雷司令（Riesling）或法国阿尔萨斯的琼瑶浆（Gewurztraminer）等。

川湘味儿肠适合搭配桃红或甜白葡萄酒。

羊肉 Lamb

不同的料理在搭配时不同，首先羊肉不易与低温饮用的酒品搭配。此外，配红酒时尽量不要蘸薄荷酱食用。传统上，羊肉适合与酒体丰厚的干红搭配，如赤霞珠（Cabernet Sauvignon）或设拉子（Shiraz）等。

有香料味的烤羊肉适合与法国北罗讷的西拉（Syrah）或澳洲的设拉子（Shiraz）搭配。

口感细嫩的羊肉适合搭配柔顺型干红，如：梅洛（Merlot）或歌海娜（Grenache）等。

小牛肉 Veal

小牛肉肉质嫩滑、味道鲜美，肉色呈浅红色，脂肪含量较普通牛肉低，适合搭配一些口感柔顺的干红或酒体饱满的干白。

适合搭配小牛肉的红酒：法国北罗讷的西拉（Syrah），布艮地黑皮诺（Pinot Noir）或波尔多右岸的梅洛（Merlot）等。

适合搭配小牛肉的干白：法国卢瓦尔的孚富雷（Vouvray），奥地利绿维特利纳（Gruner Veltliner）或意大利的索阿维（Soave）等。

冷盘肉类 Cold Meats

冷盘肉类大多以肠类、火腿、牛肉或猪肉等熟食为主，再搭配各式酱汁，并且属于冷冻凉食，一些肉类脂肪的油腻感较强，因此，适合搭配一些低温且略酸的酒类。如新酒（Nouveau）、淡红（Clairet）、桃红或白葡萄酒等。

火腿适合搭配桃红（Rose）。

原味肠类可搭配雷司令（Riesling）。

辛辣的肉类适合搭配桃红（Rose）、新酒（Nouveau）或略酸的甜白。

葡萄酒与野味
WINE WITH GAME

野味指野生或自然繁殖可食用的生物或植物，但这里是指野生哺乳动物和禽类，如：鹿、狍子、野猪、野兔或野鸡等，这些又称之为"山珍"，具有较高的营养价值，是餐桌上不可缺少的美味佳肴。

野味的特点：野味浓郁，低脂肪，高蛋白。多数野味的肉质较硬，且多纤维，有膻味或土腥味，适合搭配酒体粗犷微酸的干红葡萄酒，酒中的酸味成分和单宁有助于软化肉类的纤维，使肉质更加细嫩。

鹿肉 Venison

鹿肉为高级野味，烹饪后肉质细嫩、味美。鹿肉的烹饪方法较多，如西式做法：鹿肉排、炭烤鹿肉，鹿肉肠或鹿肉丸等。中式有烤、烧或炖等等。不同的烹饪方法和酱汁会带来不同的口味，因此，搭配葡萄酒时应依据烹饪方法和酱汁来选择。总的来说，鹿肉适合搭配一些口感温和柔顺的干红葡萄酒。

法国北罗讷西拉（Syrah）酒体醇厚，口感丰富柔顺，与鹿肉排搭配可相得益彰。

意大利古典基安蒂（Chianti Classico）口感清新柔顺与细嫩的烧鹿肉十分协调。

烤鹿肉或炖鹿肉适合搭配一些酒体较强的干红，如：超级托斯卡纳（Super Tuscan）或赤霞珠（Cabernet Sauvignon）等。

兔肉 Hare

俗话说："飞禽莫如鸪，走兽莫如兔"。野兔肉有"荤中之素"之说。兔肉属于高蛋白质、低脂肪、低胆固醇的肉类，还含丰富卵磷脂。

通常兔肉的土腥味较重，烹饪方法较少，大多为烤、煮、炖或炸，颜色和口味都比较重，不宜搭配有矿物或泥土味的葡萄酒，较适合搭配一些酒体强壮、果香丰富的干红葡萄酒。

烤兔肉或炸兔肉搭配年轻的波尔多、美国加州的赤霞珠（Cabernet Sauvignon）或法国西南地区的卡奥尔（Cahors），这些酒与兔肉协调，能够充分体现出肉质的浓郁口感。

炖兔肉适合搭配酒体中等略酸的干红葡萄酒，如：黑皮诺（Pinot Noir）、梅洛（Merlot）或品丽珠（Cabernet Franc）等。

野禽 Wildfowl

野禽主要有雉鸡（野鸡）、鹌鹑、野鸭或野鸽等。这些禽肉富含矿物质、蛋白质和氨基酸，属于少有的美味佳肴。烹饪方法主要有：烤、炖、烧或炸等，在中国南方大多用来煲汤。通常烹饪口味较重的野禽肉，搭配一些酒体强劲的干红。而烹饪口味较淡的禽肉，适合搭配酒体较轻的干红、新酒或酒体饱满且成熟的干白葡萄酒。

烧或炸禽肉易搭配年轻的新世界黑皮诺（Pinot Noir）、成熟的波尔多右岸列级庄或波美侯（Pomerol）干红等。

烤禽肉口感香浓，应搭配酒体强劲且成熟的干红葡萄酒。如布艮地列级园红或基安蒂珍藏红（Chianti Classico Riserva）等。

野猪肉 Wild Boar Meat

野猪肉质鲜嫩香醇、瘦肉率高、脂肪含量低、野味浓郁。但如今的野猪肉基本都来自人工饲养，肉质与原生态野猪肉比有明显的区别。原生态野猪肉土腥味重，肉质硬。但人工饲养的野猪经驯化或杂交后，肉质有较大的改变，没有土腥味，且肉质鲜嫩。烹饪方法主要有扒、烤、烧或炖等。烹饪后的野猪肉通常口感较浓，大多放有香料，因此适合搭配口感强劲的干红葡萄酒。

扒和烤野猪肉搭配加州赤霞珠（Cabernet Sauvignon）、西班牙杜埃罗河岸（Ribera del Duero）或澳洲的设拉子（Shiraz）最合适。

烧和炖野猪肉选择酒体中等的干红，如：梅洛（Merlot）或桑乔维塞（Sangiovese）等。

葡萄酒与家禽
WINE WITH POULTRY

常见的家禽有鸡、鸭、鹅、乳鸽或火鸡等，分雉科和鸭科，多数雉科属于白肉类，肉质较松软。而鸭科属于红肉，肉质紧实。

家禽肉以高蛋白、低脂肪、营养丰富著称，备受广大消费者青睐，为日常生活中不可或缺的肉类。家禽的烹饪方法丰富，但最受欢迎的有烤、烧、灼、炸、炖、蒸或凉食等，不同的料理带来的口感不同。传统上，家禽肉搭配白葡萄酒。事实上，并非如此。由于各种禽类的肉质不同，加之不同的烹饪方法，搭配的葡萄酒有别。清淡口味的白肉类适合搭配干白葡萄酒，浓郁的红肉类搭配酒体饱满的干白、桃红、淡红、新酒或轻酒体干红最佳。从烹饪角度，清淡的禽肉配清新淡雅的干白，烤禽肉和烧禽肉与酒体丰富的干红葡萄酒搭配更协调。

鸡肉 Chicken

鸡肉的不同部位，肉质不同。如鸡腿和鸡翅肉质滑嫩，且肉味较重。而胸部的肉紧实，多纤维，口感较硬，且味道清淡。烹饪方法有烤、烧、灼、卤和炒等。此外，搭配的一些辅料对口感也会有较大的改变。

白灼和蒸鸡适合搭配霞多丽（Chardonnay）或法国卢瓦尔的白诗南（Chenin Blanc）。

烤和烧鸡适合与法国南罗讷或西班牙的歌海娜（Grenache）干红搭配，这种偏甜口柔顺的红酒与鸡肉能够相互提升各自的风味。

咖喱鸡配琼瑶浆（Gewurztraminer）最美。

鸭肉 Duck

鸭肉属于红肉系，烹饪方法相对较少，以烤、烧、扒、卤或汤为主。鸭肉多油质，且口感较硬，肉香浓。适合搭配酒体丰富的干红。

鸭汤适合搭配酸度略高的干白，如雷司令（Riesling）干白或夏布丽（Chablis），清新的酒香会提升汤的鲜味，降低鸭腥味。

烧鸭配西班牙歌海娜（Grenache）干红或法国南罗讷的教皇新堡（Châteauneuf-du-Pape）能相得益彰。

扒鸭胸或鸭腿与酒体强劲丰富的赤霞珠（Cabernet Sauvignon）搭配最佳。

鹅肉 Goose

鹅肉皮厚，脂肪含量高，且烹饪方法较少，大多以烧为主，此外，还有卤或炖等。

鹅肉的口感较腻，西餐烹饪时经常加入果汁来消除油腻感。因此，适合搭配一些单宁丰富，酸度高，且充满果香的干红葡萄酒，这样既能降低油腻感，还能柔化肉质，去除腥味，使鹅肉更易入口。但卤水鹅肉不易与葡萄酒搭配。

现在，搭配鹅肉的葡萄酒较多，如新世界国家的设拉子（Shiraz）、年轻的赤霞珠（Cabernet Sauvignon）、法国西南地区的卡奥尔（Cahors）或意大利的桑乔维塞（Sangiovese）等。

火鸡肉 Turkey

火鸡是最大的家禽之一，但在中国较少见。火鸡肉味浓，肉质紧实，味道纯厚，多瘦肉，蛋白质含量丰富，胆固醇低，为西方常食的肉类，并且是节日必不可少的美味佳肴。火鸡的烹饪方法较少，多以烧、烤和扒为主。由于火鸡肉无异味，比较纯厚，既可搭配多数的干白葡萄酒，也适合搭配干红葡萄酒。

烤火鸡宜与加州霞多丽（Chardonnay）、德国雷司令（Riesling）或法国卢瓦尔的孚富雷（Vouvray）搭配。此外，美国的增坊德（Zinfandel）和澳洲的设拉子（Shiraz）也值得一试。

葡萄酒与素食
WINE WITH VEGETARIAN DISHES

这里的素食指除了肉类之外的食物，素食的种类较多，如淀粉类、面粉类、豆类和蔬菜等等。现代社会中，素食者越来越多，素食人群也趋于年轻化。即使不是素食者，多数人为了健康，每餐也离不开素食。因此，素食在葡萄酒搭配中越来越重要。

如果您是一位好酒的素食者（非信仰者），同样有不错的素酒来搭配。传统上，多数葡萄酒在酿制最后环节会加鱼胶、蛋清或血清等动物制品，用于沉淀吸附酒中的沉淀物。如今，这些传统方法已很少使用，尤其新世界国家，基本上都采用现代化设备过滤。不过，谁也没有把握确定哪一款葡萄酒为素酒。但在欧洲对葡萄酒的生产都有严格的规定，所以，存在不少素酒。有人说有机葡萄酒是不错的选择。其实，一些有机酒同样允许添加动物制品，如常见的 AB、Bio 或 Demeter 等。但纯天然葡萄酒（100% Vins Naturels）除了二氧化硫之外，禁止添加任何物质，可以确定为素酒。此外，罗马尼亚是世界上唯一用法律手段保障 100% 纯葡萄酒的国家，规定不得在酒中添加任何物质成分，因此，在这里可以找到多种口味的葡萄酒，如：干红、干白、贵腐甜酒和起泡酒等，为素食者提供了丰富的选择。

素食由于种类和口味丰富多样，能与各种葡萄酒进行搭配，下面看看一些常见素食如何与葡萄酒搭配吧？

意大利面食 Pasta

意大利面属于中性食物，酱汁分红、青、白和黑四类，因此，在选择葡萄酒时应以酱汁的特点选择相应的葡萄酒，使两者口味更加协调。

白汁蔬菜或海鲜意大利面适合搭配酒体饱满的干白，如成熟的霞多丽（Chardonnay），灰皮诺（Pinot Grigio）或索阿维（Soave）等。

肉酱类意大利或千层饼面适合搭配因地制宜的托斯卡纳基安蒂（Chianti）或皮埃蒙特的内比奥罗（Nebbiolo）等。

豆制品 Bean Products

豆制品是一类营养丰富的传统美食，如：豆腐、豆皮、豆干、腐竹或素火腿等等，为素食者每餐必不可少的食物。

豆腐是中国传统食物，在西方的饮食文化中很少提及。因此，关于葡萄酒搭配建议较少。

清淡且单一的豆制品菜肴适合搭配中等酒体干白。鲜味豆腐适合酸度较高且清新活泼的干白。辣味豆腐搭配高酸度新酒、桃红或甜白最佳。烤豆腐类搭配一些轻酒体干红。

蛋类食物 Eggs

其实，鸡蛋与葡萄酒搭配并不协调，但一些用鸡蛋与其他材料烹饪的食物可适当的搭配葡萄酒。通常，清淡的菜肴，搭配白葡萄酒。口味较重且油腻的菜肴搭配清新的新酒或桃红。

馅饼、咸派和薄饼适合搭配清新无橡木味的灰皮诺（Pinot Grigio）、霞多丽（Chardonnay）或意大利加维（Gavi）等。

一些口味较重的烘焙面食宜搭配干型桃红或清新富果香的干红葡萄酒。

蔬菜 Vegetables

常食的蔬菜主要有叶类（青菜）、根类（红萝卜或土豆）、瓜类（黄瓜或南瓜）、果类（番茄或辣椒）和菌类（香菇或鸡腿菇）等，这些蔬菜是餐桌上必不可少的食物之一。

简单清淡的蔬菜适合搭配多数干白。味道较重的番茄或辣椒类菜肴适合搭配酒体丰富略酸的干红葡萄酒。烧蔬菜的理想搭配是桃红。

菌类的最佳搭配：布艮地的黑皮诺（Pinot Noir）或波美侯（Pomerol）的梅洛（Merlot）等。

葡萄酒与辛辣食物
WINE WITH SPICY FOODS

辛辣食物指具有尖锐而强烈刺激性的食品，如：辣椒、花椒、蒜、芥末、胡椒、姜或酒精饮料等。传统的辛辣菜肴以咖喱类和辣椒类为主，如东南亚的咖啡或中国的川、湘菜系等。

传统上，辛辣食物适合搭配烈性酒，原因是酒精可以溶解辣椒素，降低辛辣感。而葡萄酒并不适合与辛辣食物搭配，尤其是陈年佳酿，酒的特有风味会被强烈的辣味所掩盖。但如今，辛辣食物越来越受广大消费者青睐，新一代青年又推崇葡萄酒。所以，辛辣食物与葡萄酒搭配应运而生，许多专业人士也总结出不少搭配经验，使葡萄酒与辛辣食物完美结合，让许多爱吃辣菜的消费者有了更好的生活体验。

冰镇的低酒精度带有酸味的甜白葡萄酒最适合搭配辛辣食物，如德国的雷司令（Riesling）或意大利的阿斯蒂麝香（Moscato d'Asti）等。原因是低温可麻痹口腔味觉；甜酒中的糖分密度较高，能保护口腔；酸味能化解辛辣；低酒度可降低酒精带来的刺激感。因此，充分的缓解了辛辣带来的灼热感。

除了低度甜白外，酒体丰厚且高酒精的干红适合与重口味辛辣肉类搭配，将红酒冰镇后更佳，但不易用陈年佳酿，否则酒的风格无法体现。

咖喱 Curries

咖喱由多种辛香料调配烹制而成，其中主要成分是黄姜粉。咖喱菜肴在东南亚十分盛行，其中以印度、泰国和日本最著名。事实上，咖喱不适合搭配葡萄酒，因此，在吃咖喱配葡萄酒时尽量选用低价普通酒类，饮用佳酿实属浪费。

咖喱分辣咖喱和微辣咖喱，前者可搭配一些清新的半甜白，如法国阿尔萨斯的琼瑶浆（Gewurztraminer）或雷司令（Riesling）等。后者适合搭配一些普通干白。

泰国菜 Thai food

泰国菜以甜、辣和酸见长，多数菜肴会添加香料和青柠，口感比较强烈，同样不太适合搭配佳酿葡萄酒。可选择一些普通白或红葡萄酒搭配。如海鲜类淡咖喱，选用雷司令（Riesling）或琼瑶浆（Gewurztraminer）配餐比较适合。

口味重的肉类咖喱用酒体强壮的干红或果香丰富的干白搭配，如法国南罗讷的歌海娜（Grenache）混合红或新世界长想思（Sauvignon Blanc）等。偏酸味菜肴不适合配酸度高的酒。

川湘菜 Chuanxiang dishes

川菜以麻辣闻名，湘菜以酸辣著称。其实这两种菜肴都不大适合搭配优质葡萄酒，因为酒的口味无法与菜的口感平衡。但搭配一些普通酒的确能够提升菜肴的风味。

肉类川菜适合搭配高酒精强酒体干红，如法国南罗讷的歌海娜（Grenache）混合红或西班牙的里奥哈（Rioja）等。海鲜类川菜宜搭配甜味的琼瑶浆（Gewurztraminer）、雷司令（Riesling）或桃红葡萄酒。

墨西哥菜 Mexican Food

墨西哥菜为世界十大美食之一，多以辣椒、番茄和粟米为主要原料，味道以甜、辣和酸著称，酱汁基本上都是由辣椒和番茄调制而成。

墨西哥菜种类丰富，不同食材搭配不同葡萄酒，但切忌不要搭配佳酿类葡萄酒。

辛辣的素食或海鲜类菜最佳搭配是长相思（Sauvignon Blanc）干白；烤肉类应配西班牙歌海娜（Garnacha）、坦普拉尼罗（Tempranillo）或里奥哈珍藏（Rioja Reserva）干红等。

葡萄酒与甜点
WINE WITH DESSERTS

甜点泛指餐后食用的甜味点心，如水果、巧克力、蛋糕、雪糕或布丁等。传统上，西餐最后一道菜为甜点，称之为餐后甜品。而国内各地区差异较大，北方很少有餐后吃甜点的习惯。南方一些地区时常会在餐后喝糖水，如广东或福建。餐后糖水大多是绿豆沙、莲子糖水、姜撞奶、银耳炖木瓜或西米露等等，这些糖水无需再搭配葡萄酒饮用。

甜点配葡萄酒已传承了几千年，传统上，最佳搭配是"甜食酒（**Dessert Wine**）"，又称餐后甜酒。事实上，餐后甜酒指"强化葡萄酒"，如：波特酒、马德拉或雪利酒等。

如今，餐后甜点与葡萄酒搭配已有较大的改变，原因是当今可选择的甜酒种类和口味更加丰富，如贵腐甜酒、迟摘甜酒或冰酒等等，能满足不同消费者的需求。

葡萄酒与甜点搭配应根据自己的喜好去选择，技巧是不要让酒的味道盖过甜点的细腻口感，同时又能够相得益彰。此外，要有主次之分，吃高级甜点时酒为次之，喝高级佳酿时，甜点为次之。名点配名酒，普通点心配普通酒，这些是基本的搭配常识。

水果类 Fruit

水果是日常点心，分时令水果盘、水果沙拉或水果点心几大类，大多在餐前、餐后或休闲时食用。搭配葡萄酒时应以两者的口味去选择，新鲜的黄色水果适合搭配清新淡雅的甜白，红色水果和浆果与甜味桃红或甜红搭配最佳。

如：柑橘类水果搭配雷司令（Riesling）或法国南部的浅龄麝香（Muscat de Noël）。

红色的李子、黑莓、樱桃或草莓等搭配甜味桃红或法国南部天然甜酒中的粉红（Rosé）或石榴红（Grenat）等。

巧克力类 Chocolate

巧克力属于不易与葡萄酒搭配的食物。原因是这种食物太甜且口味太重，会掩盖葡萄酒的风味。因此，在搭配时，尽可能的选择一些较普通且能够平衡点心的甜酒。

黑巧克力属于坚果类甜点，搭配法国南部的歌海娜天然甜酒（VDN）十分和谐，如：琥珀（Ambré）或传统（Traditionnels）等。顶级巧克力搭配锐美（Rimage）和陈年（Rancio）最佳。

如果是牛奶黑巧克力，可选晚收甜红（Late Harvest Red）或可爱甜红（Amabile）。

奶油类 Cream

奶油是一种又香又甜腻的液态甜品，不太适合搭配葡萄酒。除非能够找到与其口感和香味匹配的甜酒。

冰镇稻草甜酒与奶油类甜品搭配比较协调，如：法国的 Vin de Paille，意大利的 Vin Santo 或德国的 Strohwein 等。

高档奶油甜点适合配匈牙利托卡伊（Tokaji）的阿苏（Aszú）3~6 箩（Puttonyos）甜酒；香浓且普通奶油甜点搭配西班牙奶油雪利（Cream Sherry）较合适。

雪糕类 Ice Cream

雪糕的口味较多，如水果、坚果或香草等，而且食用温度低，适合搭配低温饮用的甜酒，酒的风味与雪糕口味协调最佳，如冰酒（Icewine）就是雪糕的绝配。

佩德罗希梅内斯（Pedro Ximénez）雪利酒配香草雪糕，能够相互提升。

意大利麝香阿斯蒂（Moscato d'Asti）适合配什果类雪糕。

高端雪糕配德国的干浆果精选贵腐甜酒（Trockenbeerenauslese）和谐完美。

葡萄酒与奶酪
WINE WITH CHEESE

奶酪（Cheese）中文又称芝士，是一种发酵奶制品，种类丰富，据说有 1000 多种以上，在欧洲一个国家就有数百种。

奶酪与葡萄酒属于绝配，已传承了 2000 多年。但是，近年美国有一项新的研究表明，红酒与奶酪同食，会影响酒的味道，在品鉴时难以辨别酒中复杂的香气，甚至鉴别不出葡萄酒的质量，因此，奶酪并不适宜搭配红葡萄酒。研究人员还发现，食用的奶酪味道越浓，口腔敏感度越钝。因为奶酪中厚重的油脂影响了口腔中的味蕾。该研究并没有对白葡萄酒及天然甜酒进行同样的实验。那么奶酪能不能与葡萄酒搭配呢？消费者各持己见。需注意的是品鉴葡萄酒时尽量不要配奶酪，就餐或休闲时就无所谓了！奶酪与葡萄酒搭配应注意以下几点：① 因地制宜，例如意大利奶酪配意大利葡萄酒。② 白葡萄酒比红葡萄酒更适合奶酪。③ 要平衡协调，浓配浓，淡配淡。④ 红葡萄酒切忌与辛辣奶酪搭配。

软奶酪 Soft Cheese

口感醇厚、香气浓郁的软奶种类丰富多样，如：布理（Brie）、卡门贝尔（Camembert）或瑞布罗申（Reblochon）等。柔滑的软酪适合与口感圆润、果味清新的半甜白或起泡酒搭配。

布理（Brie）与法国白的白香槟（Blanc de Blancs）绝配。

卡门贝尔（Camembert）配法国卢瓦尔的萨维涅尔（Savennières）半甜白（Moelleux）或索米尔（Saumur）起泡酒。

瑞布罗申奶酪（Reblochon）配法国萨瓦区的阿尔地斯（Altesse）或低压起泡（Pétillant）。

硬奶酪 Hard Cheese

硬奶酪质地坚硬，香气甘美，成熟需要数月甚至数年，如：帕马森（Parmesan）、罗马诺（Romano）和孔泰（Conte）等。此类奶酪大多切成小块当小吃，或用于烹饪菜肴。适合搭配酒体饱满的干白或干红。

帕马森（Parmesan）配意大利托斯卡纳干白（Toscana IGT）或基安帝（Chianti）干红。

罗马诺（Romano）适合搭配新世界国家的长相思（Sauvignon Blanc）。

孔泰（Conte）配法国汝拉区（Jura）的黄葡萄酒（Vin Jaune）最佳。

羊奶酪 Goat Cheese

羊奶酪与其他奶酪不同，体积较小，形状多样，味道略酸。如法国的克罗汀（Crottin），瓦朗塞（Valençay），罗卡马杜尔（Rocamadour）或皮科多（Picodon）等。此类奶酪适合搭配低酸度的桃红、半干白或干白。

安茹桃红（Rosé d'Anjou）、萨维涅尔古力塞朗（Savennières Coulée de Serrant）半甜白或桑塞尔（Sancerre）干白都是不错的选择。

西班牙羊奶酪适合搭配本土出产的雪利酒（Sherry），酒中的坚果香与羊奶酪十分和谐。

蓝纹奶酪 Blue Cheese

蓝纹奶酪在成熟过程中因蓝绿色的菌群繁殖形成漂亮的蓝色花纹而得名，味道辛香浓烈。如：斯提尔顿（Blue Stilton）、奥弗涅（Bleu d'Auvergne）或布雷斯（Bleu de Bresse）等。

斯提尔顿（Blue Stilton）配白波特（Port）。

奥弗涅（Bleu d'Auvergne）配邦纳佐甜白（Bonnezeaux）或普依芙美（Pouilly~Fume）干白。布雷斯（Bleu de Bresse）配比热塞东起泡（Bugey Ceron）。此外，朱朗颂（Jurançon）或索帝恩（Sauternes）适合配多种蓝纹奶酪。

葡萄酒的卡路里 CALORIES IN WINE

单位份量：6盎司 (177ml)
Single Serving Size: 6oz (177ml)
瓶容量：25.4盎司 (750ml)
Bottle Size: 25.4OZ (750ml)

1美制液体盎司 = 29.57ml
ABV = 酒精体积 (Alcohol By Volume)
1kcal=4184l

	轻酒精甜白 Light Alcohol Sweet White	高酒精甜白 High Alcohol Sweet White	轻酒精干白 Light Alcohol Dry White	高酒精干白 High Alcohol Dry White	轻酒精干红 Light Alcohol Dry Red	高酒精干红 High Alcohol Dry Red	起泡酒 Sparkling Wines	甜酒和强化酒 Sweet & Dessert Wine
酒液量	6盎司 (177ml)	6盎司 (177ml)	6盎司 (177ml)	6盎司 (177ml)	6盎司 (177ml)	6盎司 (177ml)	6盎司 (177ml)	6盎司 (177ml)
酒精体积	6%~9% ABV	9%~12% ABV	9%~12% ABV	12%~14% ABV	11%~13.5% ABV	13.5%~16% ABV	12.5% ABV	14%~21% ABV
卡路里 CALORIES	111~147	177~213	107~143	153~173	135~165	165~195	158	189~275
葡萄酒例举 EXAMPLES	德国晚收 German Spatlese 雷司令 Riesling 麝香 Moscato 阿斯蒂 d'Asti 白诗南 Chenin Blanc 麝香 Muscadet	琼瑶浆 Gewurztraminer 雷司令 Riesling 麝香 Moscato 串选雷司令 Auslese Riesling 托卡伊 Tokaji 西万尼 Silvaner 朱朗颂 Jurancon 天然甜白 Vin Doux Naturel	灰皮诺 Pinot Grigio 阿尔巴里诺 Albarino 绿酒 Vinho Verde 穆勒图尔高 Muller Thurgau 特雷比亚诺 Trebbiano 麝香 Muscadet 白皮诺 Pinot Blanc 欧赛瓦 Auxerrois	霞多丽 Chrdonnay 维奥涅尔 Viognier 玛珊 Marsanne 胡珊 Roussanne 白酥瓦浓 Sauvignon Blanc 萨瓦涅 Savagnin 罗莫朗坦 Romorantin 白皮克宝 Piquepoul Blanc	从黑皮诺到赤霞珠和西拉，包括任何低于13.5%vol的干红。事实上，此类酒大多来自一些气候较寒冷的地区，例如：法国北部和德国等，以及其他国家的一些凉爽地区。	从黑皮诺到赤霞珠和西拉，包括任何高于13.5%vol的干红。通常此类酒来自一些气候炎热的地区，例如：法国南部、西班牙和南非等，以及其他一些亚热带地区。	香槟 Brut Champagne 微起泡 Cremant Brut 传统起泡 Mousseux Brut 卡瓦 Brut Cava 塞克 Sekt Brut 普洛赛克 Prosecco Brut 艾斯普玛 Espumate Brut 以上比为极干型口味	波特 Port 茶色波特 Tawny Port 雪利 Sherry 奶油雪利 Cream Sherry 索帝恩 Sauternes
糖分卡路里 Sugar Calories	40kcal	70kcal	0~20kcal	0~13kcal	0~4kcal	0~4kcal	8.5kcal	106~150kcal

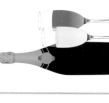

葡萄酒与健康

Wine and Health

有研究资料表明："适量有规律性的饮用酿造酒有利于健康"，如：葡萄酒、啤酒或黄酒等，其中红葡萄酒最具代表性。

饮用葡萄酒有益于健康众所周知，但这仅仅是表现好的一面，负面影响却少有人知。事实上，大部分葡萄酒均添加有微量的二氧化硫、山梨酸钾或香精等，这些成分含量过高时，长期过量饮用反而有害健康。

早在中世纪的旧世界国家，二氧化硫（SO_2）就已应用于葡萄酒酿造过程。二氧化硫可起到杀菌、澄清、抗氧化、增酸和溶解等作用。如果在葡萄压榨过程中加入能有效杀灭杂菌及抗氧化。目前，普遍被葡萄酒生产者所采用。1981年巴克（Baker）等人注意到SO_2会使一些哮喘病人诱发哮喘，严重时危及生命。此外，还可能会引起荨麻疹和腹泻等症状，一些饮用者易引发头痛。于是，上个世纪80年代，国际葡萄与葡萄酒组织（OIV）对葡萄酒中的SO_2残留量作出了明文规定：每升红葡萄酒的残留糖分小于4g时，允许在灌瓶包装阶段的SO_2残留量<175mg/L，桃红和白葡萄酒<225mg/L。当每升葡萄酒的残留糖分大于4g时，允许红、白和桃红葡萄酒的SO_2残留量<400 mg/L。此外，世界卫生组织（WHO）公布：每公斤体重最大二氧化硫日摄入量为0.7mg，因此，在饮用葡萄酒时，可按标签上面的提示，适量饮用，以免造成身体不适。目前，每个国家对葡萄酒的二氧化硫SO_2残留总量都制定了严格的规定，并且必须注明在酒标上面，供消费者参考。

其实，SO_2在包装阶段的残留量随着葡萄酒储藏、流通及年龄的增长，到消费者饮用时已被氧化的所剩无几。此外，在饮用前的醒酒及摇杯时，基本消失殆尽。有专家或学者指出，少量的摄入SO_2不会对身体造成损害，对其敏感程度因人而异。总之，葡萄酒的有益成分远远大于有害成分，适量的饮用葡萄酒可起到一些保健作用。

葡萄酒的营养价值
NUTRITIONAL VALUES OF WINE

上个世纪 80 年代初，有科学研究发现，适量的饮用葡萄酒有益人体健康，特别是对心脏血管疾病有良好的预防作用。1992 年美国流行病学家艾利森博士（Ellison）提出，在法国，人们经常食用大量富含脂肪类食物，人均胆固醇含量远高于其他国家，但法国人因心脏病死亡的比例在各工业国家中却最低，仅为美国的 60%，而且平均寿命比美国人高 2.5 岁，他认为法国人的这种健康状况得益于经常饮用葡萄酒和日常饮食习惯。因此，在葡萄酒界有"法兰西悖论（French paradox）"一说。

之后有多个国家的学者也作了相关的实验和研究，结果表明葡萄酒的确有良好的保健作用，特别是红葡萄酒中的多酚物质（Polyphenol），如：白藜芦醇、单宁、儿茶素、槲皮素和皂苷等。这些成分有良好的抗氧化活

性，能够清除体内过多的自由基和保护细胞组织等作用，同时还可抑制心脏疾病和防治退化性疾病，如：老化、白内障、免疫功能障碍或癌症等。此外，用葡萄酒佐餐还能促进人体对食物中的钙、镁和锌等矿物质吸收，但应适量饮用，过量饮用则适得其反。如今，在商业利益驱使下，一些酒商将"葡萄酒有于益健康"作为营销手段，大肆渲染，从而误导了许多消费者盲目追求葡萄酒。事实上，食疗需要一定的周期性，保持一种良好的心态，合理的饮用葡萄酒才是最大的健康。

葡萄酒的营养成分
WINE NUTRITION FACTS

葡萄酒由自然成熟的葡萄汁酿制而成，从营养学角度来说，属于拥有丰富内涵的酒精饮料。

葡萄酒不仅仅是酒精、色素、水、单宁和香味物质的混合体，还含有丰富的矿物质（如：钙、镁或磷等）、氨基酸、蛋白质、维生素和有机酸等。这些成分大多来自葡萄果实。如今，经科学鉴定出来的物质有 1000 多种，其中大部分都是对人体有益的营养成分。最突出的当属多酚物质，例如：白藜芦醇（Resveratrol）、单宁（Tannic）、儿茶素（Catechin）、槲皮素（Guercetin）

和皂苷（Saponins）等。此外，还有氨基酸（Amino acid）、维生素（Vitamin）及矿物质（Minerals）。葡萄酒与其他酒类不同，有三高三低之特征：高氨基酸、高维生素、高矿物质；低酒度、低糖分、低热量，属于一种比较健康的日常饮料。

1992 年在葡萄酒中首次发现白藜芦醇。1995 年日本山梨大学的科研人员进一步研究确认该成分主要存在于葡萄果实的表皮内。白藜芦醇属于植物抗毒素（Phytoalexin），是一种天然植物性抗生素。当植物受到环境压力、真菌和细菌感染时，会产生抗生素来对抗外界的侵袭。经研究证实，白藜芦醇对人身有许多益处，如保护血管，清除自由基，抗氧化，促进胶原蛋白合成，有助于恢复皮肤弹性等。

单宁，主要来自葡萄表皮细胞内的一种酚类物质，有抗氧化作用。

儿茶素也是一种酚类物质，具有抗氧化、清除自由基、预防心血管疾病等多重功效。

槲皮素具有调节免疫力等作用。

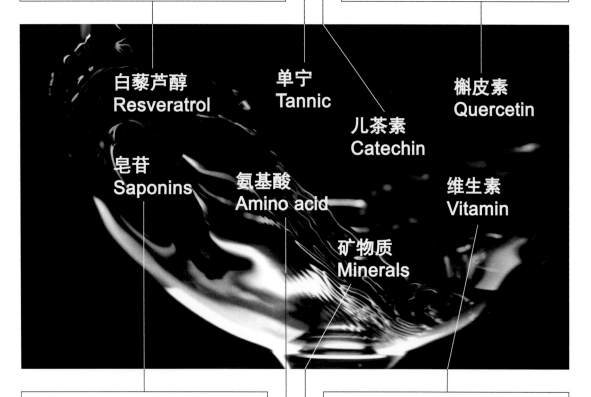

白藜芦醇
Resveratrol

单宁
Tannic

槲皮素
Quercetin

儿茶素
Catechin

皂苷
Saponins

氨基酸
Amino acid

维生素
Vitamin

矿物质
Minerals

皂苷又称皂素，属于糖的衍生物，有调节免疫力、抗疲劳等作用。

葡萄酒中含有 12 种维生素，其中有 B 族维生素、维生素 C、E、P 等人体所需要的多种营养成分。

葡萄酒中含有 24 种氨基酸，其中有 8 种是人体无法合成的，被称之为人体"必需氨基酸"，属于较稀有的营养成分。

葡萄酒中还含有人体需要的多种矿物质，如：钙、镁、磷、钠、铁、钾、锰、铜、氯、锌、硒、碘和钴等。

171

喝红葡萄酒的健康益处
HEALTH BENEFITS OF DRINKING RED WINE

酚类物质
Phenolic
Components

红葡萄酒
Red Wine

酒精成分
Alcohol
Components

CH_3CH_2OH

⬆ = 提高　　⬇ = 降低

内皮细胞维护
Endothelium
Maintenance

⬆ 血管内皮功能 (Endothelial function)
⬆ 舒缓血管 (NO)
⬇ 内皮素-1 (ET-1)

斑块形成损伤
Impairment
of Plaque
Formation

⬇ 低密度脂蛋白氧化 (LDL Oxidation)
⬇ 血管细胞黏附分子-1 (VCAM-1)
⬇ 单核细胞趋化蛋白-1 (MCP-1)
⬇ 巨噬细胞的轮回 (Macrophage Transmigration)
⬇ 核内转录因子 (NF-kB)

斑块进展损伤
Impairment
of Plaque
Progression

⬇ 低密度脂蛋白氧化 (LDL Oxidation)
⬇ 平滑肌细胞迁移 (SMC Migration)
⬇ 平滑肌细胞增殖 (SMC Proliferation)

减少血栓形成
Reduction of
Thrombosis

⬇ 凝血 (Coagulation)
⬇ 血小板聚集 (Platelet Aggregation)
⬇ 血栓形成 (Thrombosis)
⬇ 组织因子 (TF)
⬇ 血管性假血友病因子 (vWF)
⬇ 凝血第七因子 (Factor VII)
⬇ 纤维蛋白原 (Fibrinogen)
⬇ 血浆纤溶酶原激活物抑制物-1 (PAI-1)
⬆ 组织型纤溶酶原激活物 (tPA)
⬇ 炎症 (Inflammation)

内皮细胞维护
Endothelium
Maintenance

⬇ C-反应蛋白 (CRP)
⬆ 高密度脂蛋白 (HDL)

降低 ⬇ 动脉粥样硬化的风险
RISK OF
ATHEROSCLEROSIS

人体衰老的本质

　　大自然风调雨顺，万物方能生长茂盛，同理，人体是"小自然"，小自然气调血顺，各个脏器才能够正常运行，从而保证了身体健康和延缓衰老。

　　人与其他生物一样，随着年龄增长逐渐被大自然"氧化"。经现代科技研究表明：人体衰老的致命杀手是体内的"自由基（Free Radical）"，换言之，自由基就是催人衰老的重要危险因子。自由基化学别称"游离基"，属于机体氧化反应过程中产生的一种有害化合物，具有强氧化性，它通过氧化来催化细胞代谢，破坏器官组织，使人体衰老、致病。严重时会导致基因突变，诱发癌症。

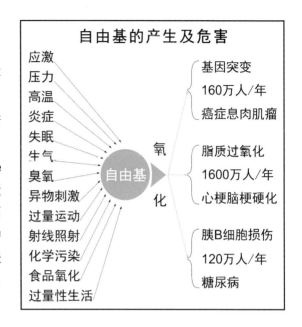

自由基的产生及危害

应激
压力
高温
炎症
失眠
生气
臭氧
异物刺激
过量运动
射线照射
化学污染
食品氧化
过量性生活

氧化 ← 自由基

基因突变
160万人/年
癌症息肉肌瘤

脂质过氧化
1600万人/年
心梗脑梗硬化

胰B细胞损伤
120万人/年
糖尿病

预防心血管疾病

　　红葡萄酒可预防心血管疾病。据一项研究结果表明：有日常饮用红酒习惯的人，癌症发病率比不饮红酒的人低 20%。这是因为酒中的"多酚物质"发挥了预防作用。

　　红葡萄酒当中含有的酚类物质对身体健康有一定的保健作用，可起到内皮细胞维护、降低斑块形成损伤及减少血栓形成等疗效。此外，酒精还有活血化淤、缓解炎症和提高反应蛋白（CRP）等特质。因此，长期饮用干红葡萄酒有降低肿瘤、糖尿病、中风、风湿病、白内障、免疫功能障碍及老年痴呆症的发生几率，对于辐射也有一定的防御作用。

对皮肤组织的影响

　　不论男女，最担心的容颜问题是随着年龄增长带来的皮肤松弛、色素沉着、斑点、皱纹和皮肤失去弹性等。

　　适量的饮用红葡萄酒，可加速肝脏、肾脏的造血功能，促进血液循环，加强新陈代谢，起到排毒和防衰老的作用。此外，红葡萄酒中的多种氨基酸、矿物质和维生素还补充了人体所需营养，平衡了机能。

　　红葡萄酒对肌肤的保健作用：促进新陈代谢、清除体内过多的自由基、促进胶原蛋白合成及保护细胞组织的活跃性等。因此，适量的饮用红葡萄酒对延缓皮肤细胞衰老，提高皮肤弹性有一定的作用，使皮肤更加饱满、娇嫩。

法律允许的葡萄酒添加剂
APPROVED WINE ADDITIVES

传统上，葡萄酒在生产过程中有数十种物质都属于官方允许添加的，看到这么多的添加物可能会令人十分惊讶！但是，对于这些物质不必有过多的担心，因为大多数物质对人体无害，况且多数葡萄酒都不会添加过多的其他物质，既使添加也会控制在安全标准范围内，尤其是一些旧世界葡萄酒生产国，对于葡萄酒的添加物控制十分严格，并且在市场流通及出口环节都有严格的检测和相应的标准。

官方允许的添加物

柠檬酸 / 酒石酸 / 抗坏血酸 / 苹果酸D / 苹果酸 / 乳酸 / 酒石酸 / 蛋白粉 / 乳酸菌 / 二氧化硫 / 膨润土 / 碳酸氢钠 / 亚硫酸氢钾 / 亚硫酸氢铵 / 碳酸钙 / 羧甲基纤维素 / 纤维素胶 / 酪蛋白钾 / 酪蛋白 / 蛋清 / 木炭 / 甲壳素和葡聚糖 / 壳聚糖 / 柠檬酸铜 / 鱼胶 / 盐酸硫胺素 / 硅胶 / 蜜饯酵母 / 葡聚糖酶 / 明胶 / 阿拉伯树胶 / 溶菌酶 / 磷酸二铵 / 酒石酸氢钾 / 活性干酵母 / 酵母甘露 / 植物源性蛋白 / 焦亚硫酸钾 / 橡木件 / 浓缩葡萄汁 / 葡萄渣浓缩液 / 聚乙烯基吡咯烷酮 / 果胶酶 / 蔗糖 / 硫酸铜 / 硫酸铵 / 酿酒单宁 / 酒石酸钾

法定二氧化硫(SO_2)残留总量

红葡萄酒 ≤ 150 mg/L
白葡萄酒 ≤ 200 mg/L

官方允许的生产工艺

酸化处理 / 自动蒸发 / 自动浓缩反渗透 / 电渗析 / 自然发酵 / 瞬时巴氏杀菌 / 切线微滤 / 阳离子交换树脂

传统葡萄酒
Vins Conventionnels
有机农业葡萄酒
Agriculture Biologique

官方允许的添加物

柠檬酸 / 酒石酸 / 抗坏血酸 / 乳酸 / 酒石酸 / 蛋清 / 乳酸菌 / 膨润土 / 亚硫酸氢钠 / 焦亚硫酸钾 / 碳酸氢钾 / 碳酸钙 / 酪蛋白钾 / 酪蛋白 / 木炭 / 柠檬酸铜 / 鱼胶 / 盐酸硫胺素 / 硅胶 / 蜜饯酵母 / 明胶 / 阿拉伯树胶 / 磷酸二铵 / 酒石酸氢钾 / 活性干酵母 / 植物源性蛋白 / 橡木件 / 浓缩葡萄汁 / 葡萄渣浓缩液 / 果胶酶 / 蔗糖 / 硫酸铜 / 酿酒单宁 / 酒石酸钾 / 二氧化硫

法定二氧化硫(SO_2)残留总量

红葡萄酒 ≤ 100 mg/L
白葡萄酒 ≤ 150 mg/L

官方允许的生产工艺

自动蒸发 / 自动浓缩反渗透 / 自然发酵 / 切线微滤

有机葡萄酒
Vins Bio

葡萄酒添加其他物质的目的有三种情况：一是为了提高质量，二是稳定质量，三是提升口感。这三种情况使用的物质不同，有添加剂（如：酸类、糖、酵母菌或橡木件等），防腐剂（如：亚硫酸氢钠或二氧化硫等）和澄清剂（如：蛋清、明胶、鱼胶、膨润土或聚乙稀聚吡咯烷酮等）等。其实，一些添加物属于天然物质，并且在罐瓶之前基本都会被去除，其中监管最严格的是葡萄酒中残留的抗氧化物："二氧化硫或亚硫酸盐"，在罐瓶时有严格的控制标准。此外，一些抗氧化物在葡萄酒上市后的流通环节、储存环节以及饮用环节，会随着时间的推移慢慢挥发或被分解，当我们饮用时已经消失殆尽。

官方允许的添加物

蛋清 / 二氧化硫 / 膨润土 / 木炭 / 蔗糖

法定二氧化硫（SO_2）残留总量

红葡萄酒 ≤ 70 mg/L
白葡萄酒 ≤ 90 mg/L

官方允许的生产工艺

自然发酵
Fermentation alcoolique spontanée
切线微滤
Microfiltration tangentielle

生物动力葡萄酒
Demeter

官方允许的添加物

二氧化硫 Anhydride sulfureux（SO_2）

法定二氧化硫（SO_2）残留总量

红葡萄酒 ≤ 30 mg/L
白葡萄酒 ≤ 40 mg/L

官方允许的生产工艺

自然发酵
Fermentation alcoolique spontanée

ENSEIGNEMENT AGRICOLE
100% nature
FORMATIONS AUX MÉTIERS DE L'AGRICULTURE, DE LA FORÊT, DE LA NATURE ET DES TERRITOIRES

天然葡萄酒
Vins Naturels

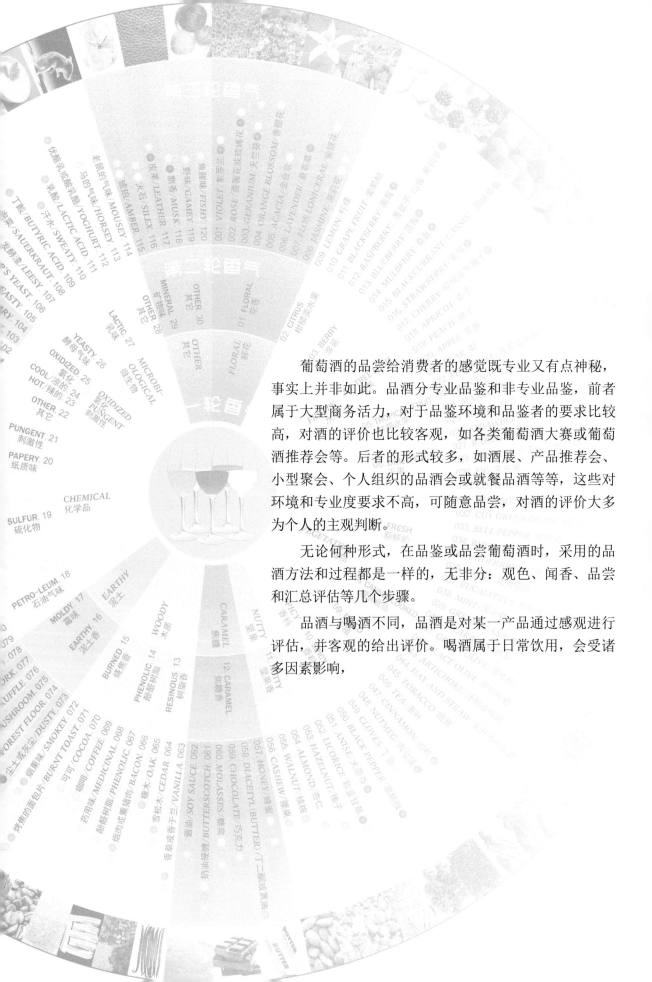

葡萄酒的品尝给消费者的感觉既专业又有点神秘，事实上并非如此。品酒分专业品鉴和非专业品鉴，前者属于大型商务活力，对于品鉴环境和品鉴者的要求比较高，对酒的评价也比较客观，如各类葡萄酒大赛或葡萄酒推荐会等。后者的形式较多，如酒展、产品推荐会、小型聚会、个人组织的品酒会或就餐品酒等等，这些对环境和专业度要求不高，可随意品尝，对酒的评价大多为个人的主观判断。

无论何种形式，在品鉴或品尝葡萄酒时，采用的品酒方法和过程都是一样的，无非分：观色、闻香、品尝和汇总评估等几个步骤。

品酒与喝酒不同，品酒是对某一产品通过感观进行评估，并客观的给出评价。喝酒属于日常饮用，会受诸多因素影响，

葡萄酒品尝

Wine Tasting

　　葡萄酒的品尝是利用眼、鼻、口、舌等器官去感知产品的风格特征及其优缺点，并最终评价产品质量优劣的一种科学方法。从专业角度来说属于感官分析。感观分析：利用视觉、嗅觉和味觉对产品进行观察和口味分析，之后对产品进行主观性的优劣描述或评价。品酒的感官分析分四个阶段：

　　(1) 利用感官（眼、鼻、口、舌）对酒进行观察及感知；

　　(2) 对获得的感觉进行描述；

　　(3) 与已知的标准进行比较；

　　(4) 进行归类总结，最终做出评价。

　　所有的酒类都含有丰富的芳香物质，但在众多酒类当中香气最复杂的唯有"葡萄酒（Wine）"。经科学研究发现，葡萄酒含有 1000 多种呈香物质，目前，已鉴定并确定名字的有 300 多种，其中人类感官可以辨别的仅 100 多种，在这一百多种气味当中主要划分十几大类，如：果香、花香或香料香等。这些呈香物质随着时间的推移及环境的变化会发展出不同的香气，其中有些气味还无法准确的描述，因此，人类对葡萄酒的香味成分了解甚微。

舌体味蕾分布
TONGUE TASTE BUDS

葡萄酒的品尝是通过眼、鼻、口、舌去感知酒的色、香、味等品质特征，然后通过这些感知器官辨别酒的口味、成分及质量，最终对酒的品质优劣进行总结，并加以评估。

舌头除了拥有发音功能外，另外一项重要功能是味觉品尝。而食物的主要味觉特征有酸、甜、苦、辣、咸，又称五味。其实，人类的味觉只能分辨酸、甜、苦、咸四种基本味道，其他味道由这四种味觉互相配合而感知。而"鲜味"是一种独立的味道，与酸、甜、苦、咸同属基本味。食物的各种味道由舌头上面的味蕾来分辨。味蕾分布在舌体乳头上。不同的乳头所含味蕾的数量不同。味蕾集中区就是味觉敏感区，主要集中在舌尖、

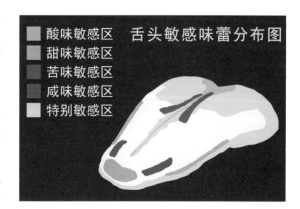

舌头敏感味蕾分布图

- 酸味敏感区
- 甜味敏感区
- 苦味敏感区
- 咸味敏感区
- 特别敏感区

舌两侧及舌根部，而舌体中部味蕾分布较少，味觉比较迟钝，称之为盲区。不同部位对不同刺激物的敏感程度不同。如：舌尖对甜味敏感，舌尖两侧对咸味敏感，舌体两侧边缘对酸味敏感，舌根对苦的感受性最强。

品酒环境
ENVIRONMENT FOR WINE TASTING

专业葡萄酒品鉴对环境要求较高，其目的是为了避免其他因素对品酒过程造成干扰。葡萄酒的品鉴环境主要包括场地、室内色调、环境卫生、室内光源、室内温度、设施布置及品尝器具等。

场地环境

品酒场地最好选择在无噪音、无异味、光线通透及清静幽雅的建筑物内，应避免在有工业污染的区域内。清静幽雅及明亮舒适的环境有助于集中精神，充分发挥品鉴技能。

室内色调

品酒时以选择白色调的场地为宜，墙体及台面以亚光为主，避免镜光。如果室内色调较深或较复杂，通过光线折射会影响葡萄酒的颜色，容易导致错误判断。

室内光源

不论自然光还是灯光都不宜太强，强烈的光线会影响眼睛的灵敏度。品酒时最好采用自然光。如果是灯光，还需注意灯具的类型，选择 LED 灯为宜，白炽灯和荧光灯会干扰酒液的颜色。

环境卫生

环境卫生对品酒来说十分重要，它不仅会影响感官，同时还会影响视觉。因此，品酒室应整洁、无杂物、无异味。此外，还应避免存放化工类产品，如：油漆或化装品等。

室内温度

室温会直接影响葡萄酒的温度，通常品尝红葡萄酒时，室温控制在 18~24℃ 之间为宜，白葡萄酒或起泡酒控制在 18~20℃ 之间。湿度在 65%~75% 之间。除此之外，室内的空气要流通。

品尝器具

品尝器具主要有酒杯、水杯、吐酒桶、一次性纸杯或醒酒器等。酒具的选择应符合品尝要求。在品尝前需高温清洗，用擦杯布擦拭干净，确保杯身无破损、水渍和异味。

设施布置

品酒桌椅以淡色调最佳，台面上铺有白色台布，如果没有台布，则需在品酒者台面上垫一张 A3 白纸或专用品酒纸。其他装饰物或宣传品尽量简单，摆放位置远离品酒区，以免带来干扰。

品酒者
WINE TASTER

品酒者乃葡萄酒品鉴活动中的主角，有可能是品酒师或侍酒师，也可能是葡萄酒经销商或社会人士。不论哪种身份，在参加葡萄酒品鉴会时都需要提前了解活动性质，在参加活动前做好充分准备。如果参加的是专业或商业葡萄酒品鉴会时，品评者应注意以下几点事项：

（1）着简单宽松的正装或休闲装，避免在身上喷啫喱水或香水。

（2）在品酒前不吸烟或吃气味浓烈的食物（大蒜或辣椒等），以免影响口腔味蕾的敏感度。

（3）品酒时应放松，保持愉快的心情，全身心投入。

（4）品酒前清洁鼻腔和口腔，做好品尝前的准备。

（5）品酒时注意自己的动作，不要影响其他品鉴者。

品酒杯
WINE TASTING GLASS

传统上，专业品鉴活动使用专业酒杯，但如今，消费者普遍喜欢大容量酒杯，通常在 360~600ml 之间。大容量酒杯能扩大葡萄酒与氧气接触面，便于品鉴者摇晃酒杯及品鉴。在选择酒杯时应注意以下几点：

材质：选用无铅水晶玻璃杯，此类杯子壁薄，透明度高，表面平滑无瑕疵。

透明度：无花纹，壁薄，透明度较高的杯子，便于观察颜色和清澈度。

杯脚：高度大于 10cm，腹部直径略大于杯口。高脚握起来感觉更自然，并且可避免手温对酒温的干扰。小杯口能凝聚酒香。

容量：大于 300ml，大容量酒杯便于摇晃和闻香，品尝起来比较顺手。

无缺口或瑕疵：缺口易刮伤嘴唇，划痕或瑕疵会影响酒液颜色及清澈度。

整洁：杯子干净、无水渍、无异味，清洗后的杯子须用纯净水冲洗，控干后再用干净的亚麻布或纤维餐巾擦拭干净。

杯型：根据葡萄酒的类型而定，尽量选择与酒品相应的杯子，如此才能充分体现品鉴的专业性。

红葡萄酒杯　白葡萄酒杯　贵腐酒杯　强化酒杯　直身香槟杯　盲品杯

侍酒温度
WINE SERVING TEMPERATURES

葡萄酒是一种非常复杂的饮品，不论类型，还是品质，应有尽有。葡萄酒的饮用温度对于酒的香气及味觉有较大的影响，因此，适当的调整酒温不但能够充分展现风格，还可修正酒的缺陷，提高风味及口感。

葡萄酒的饮用温度范围依酒的类型和质量而定，不同属性，有多种温度段，基本上控制在 4~18℃之间。同类型葡萄酒的饮用温度处于同一温度段内。如果更精确的把握每一种酒的适饮温度，可根据酒体的轻重、质量高低、干甜度、新老程度以及总酸度再适当的进行调整饮用温度，使之更好的展现出应有的风味。

理论上，饮用温度过低，酒香会被抑制在酒中，无法释放，甚至酸味太强。温度过高会加速酒体氧化，香气过度挥发，酒精味过重，可能会产生不协调的味道。

基本饮用温度控制原则：老酒、强单宁、香气复杂及佳酿的饮用温度相对略高一些；而酒体轻、甜度重、酒精高、新酒和酸味重的酒饮用温度较低。具体请参照"葡萄酒的理想饮用温度"一节。

品酒顺序
WINE SERVING STEPS

在品尝多种葡萄酒时，合理的安排品尝顺序，有利于质量鉴别，并避免酒与酒之间发生干扰情况。传统品尝顺序：先白后红；先干后甜；先新后老；先淡后浓（具体请参照前面"葡萄酒的品尝顺序"一节）。

传统品酒顺序看起来很简单，但在实际运用过程中却时常会出现混乱的情况。理论上，白葡萄酒、较清淡的红葡萄酒和低质酒安排在前面品尝，这样可减少对后面的酒造成干扰。但是，在实际品酒时多少仍会出现干扰的情况，原因是在品尝多个国家或多个产区的葡萄酒时，种类非常多，口味也比较杂，单纯的按品尝原则安排顺序并不科学。

比如在品尝波尔多大区域（AOP）红酒与布艮地的一级园（1er Crus）红酒时，顺序就不好安排了！前者的口味重，后者的口味淡，如果按传统原则去安排，可能会出现口味干扰。从质量来说，后者远远优于前者。因此，在遇到这种情况时应灵活安排，比如将两种酒的品尝时间拉开一定的距离，过片刻再进行品尝，如此更益于提高味蕾的灵敏度。

正常情况下，可按品尝原则安排酒的先后饮用顺序，如果遇到风格各异或质量参差不齐的酒时，除了按品尝顺序外，重要的是应将低质酒放在前面，浓郁复杂的陈年佳酿放在最后品尝。

解读标签
READ THE LABELS

葡萄酒的标签是酒的身份证，旧世界葡萄酒通过标签可了解到出产国、生产者、葡萄品种、采摘年份、原产地、酒庄或葡萄园等级、灌瓶类型、葡萄酒类型及酒精含量等。此外，背标的信息还有灌瓶日期、葡萄园概况、含糖量、二氧化硫含量以及最佳菜肴配搭及香气等。以上内容都是与质量有关的重要信息，通过这些信息能够分析出酒的出处、质量和风格，还能提供价值参考依据。但是，对于普通消费者来说，有了以上信息不一定能够鉴别质量和价值，前提是要掌握丰富的葡萄酒知识和世界各国葡萄酒产区概况，如此才能更加客观的评估酒质。

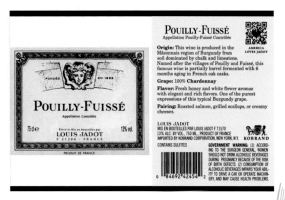

葡萄酒的成分与作用
THE COMPONENTS OF WINE

酒精由葡萄含有的自然糖分转化而成，特点：微甜，赋予葡萄酒香醇的味道。此外，对酒质、口感和生命周期也有影响。

甘油属于酒精发酵的副产物，为葡萄酒带来圆润感和肥硕感，带甜味。

多酚主要有单宁和色素。色素分花色素苷和黄酮。在红葡萄酒中，既含有花色素苷，又含有黄酮。而在白葡萄酒只含有黄酮。

单宁是红葡萄酒的筋骨，天然抗氧化剂，决定了葡萄酒的结构和成熟期。

醇、醛和脂类构成了葡萄酒的风味，为葡萄酒带来了复杂的香气和味道。

葡萄酒香气分果香、酒香和醇香。果香来自葡萄品种本身，主要是萜烯类衍生物。酒香形成于发酵过程，由高级醇和酯构成。醇香形成于陈酿过程，由原有的香气成分氧化或还原形成。

二氧化硫可抑制葡萄酒在陈年过程中的丹宁和花色素苷氧化、聚合，从而延长生命周期。

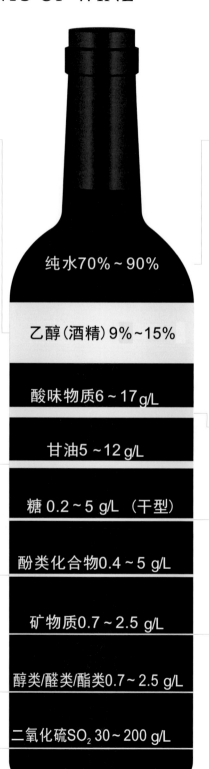

纯水70%～90%

乙醇(酒精)9%～15%

酸味物质6～17 g/L

甘油5～12 g/L

糖 0.2～5 g/L （干型）

酚类化合物0.4～5 g/L

矿物质0.7～2.5 g/L

醇类/醛类/酯类0.7～2.5 g/L

二氧化硫SO$_2$ 30～200 g/L

这里指生物学意义上的"纯水"，由葡萄藤根系从土壤中汲取，对酒质和口感有一定的影响。正如"一方水土养一方人"一样。

葡萄酒的酸味物质较多，如酒石酸、苹果酸或乳酸等，这些酸味是平衡酒体的重要成分，可赋予葡萄酒清新活泼的口感。

红葡萄酒的酸度越低酒体越柔和。反之，酒体越粗糙。对于白葡萄酒而言，酸度就是其筋骨，特别是以清新芳香著称的干白，如果没有酸度，肯定不是好酒。

糖属于葡萄酒发酵后的残留物质，是区别口味类型的重要指标。干型酒的残留糖分在 0.2~5g/L，甜酒在 50~180g/L。糖不但为酒带来甜味，还可提高酒的圆润感，延长酒的生命周期。

矿物质是葡萄酒中的重要营养成分，可带来复杂感和特殊的味道。

此外，葡萄酒中还含有许多营养成分和微量元素，如维生素或氨基酸等。

葡萄酒的品尝步骤
WINE TASTING STEPS

观色
SEE COLOR

葡萄酒的观色是通过视觉来辨别品质的一种方法，常用观色方法有以下几种：

（1）台面铺上白台布或白纸，将酒杯倾斜45°对着白色背景观看酒的颜色；

（2）将酒杯平放在台面上，眼睛从正上方垂直向下观看；

（3）手握杯脚倾斜45°举起酒杯，杯身与眼睛平行，平视观察酒液。

观色：看酒液的色调、光亮度、色泽强度、清澈度、黏稠度、气泡、沉淀物或悬浮物等。通过以上观察了解一些有参考价值的信息，然后再将信息汇总，为辨别酒的葡萄品种、陈酿方式、酒精强度、酒龄、成熟期和质量等情况提供依据。

在白色背景下鉴赏

倾斜度45°

看什么？

颜色　看色调和光亮度，找与葡萄品种、酒龄和成熟期有关的线索。

净度　看清澈度和悬浮物，找与酒龄、和储藏情况有关的线索。

粘度　看黏度、挂杯程度及流速，找与酒精、甘油和糖分有关的线索。

气泡　看气泡大小、密度、细腻度及持久性，找与质量有关的线索。

葡萄酒的颜色 Wine of Color

年轻的干白呈苍白色、禾黄色或淡黄色，用橡木桶培养的干白则呈金黄色，颜色越深酒体越重。随着陈年时间颜色会发展成稻草黄或金黄色，普通干白达到这种程度，表明酒质开始衰退，如果是耐久存的优质干白则正处于适饮期，若继续储藏下去，颜色会发展成琥珀色或茶色，品质逐渐衰退。

干白葡萄酒从淡黄、禾黄到金黄色都有

干白葡萄酒随着陈年时间颜色会越来越深，从淡黄到金黄色再到琥珀色

甜白葡萄酒年轻时呈金黄色，经陈年后会发展成老金黄色至琥珀色，表明正值适饮期，过了适饮期则成暗茶红色，且失去光泽。

甜白葡萄酒随着陈年时间颜色会越来越深，从金黄到橙红再到茶色

干红葡萄酒的颜色受产区和葡萄品种等因素影响，变化比较复杂。年轻的干红葡萄酒呈草莓红、樱桃红、宝石红或紫红色，色泽强度及光泽度较高。干红葡萄酒随着储藏时间的推移，颜色逐渐变淡，并且会出现偏黄色调，光泽度慢慢消失。正处于适饮期的陈年干红葡萄酒颜色呈深红色、宝石红色、石榴红或紫红色。如果呈砖红色、棕红色或茶色，则表明已步入衰退期。

丰富多彩的干红葡萄酒，从草莓红、宝石红到深紫红色

干红葡萄酒随着陈年时间颜色会越来越淡，从深紫红色到棕褐色或砖红色

色调 Hue

酒液色调指葡萄酒的颜色，如：红、白或桃红等。每一类葡萄酒都有丰富多样的颜色，这些颜色随着陈年时间会产生变化，因此，在观看时，可通过中心色调、次要色调和边缘变化去辨别葡萄品种、酒龄、产地和质量等情况。

中心色调指酒液中心的主体颜色，主要看颜色的深浅、透明度和光泽度。正常情况下，优质葡萄酒的中心颜色饱满，有较强的光泽度。

次要色调指在酒杯倾斜的情况下，中心色调向外延伸的渐变颜色，又称"弯月面"。年轻的葡萄酒次要色调清晰鲜艳，经过陈年的酒则表面泛着黄褐色。

边缘又称光晕（Rim）或水边，指酒液外围边缘，主要观察边缘水色的宽度及色调。酒龄越长水边越窄，并且带有橘黄色调。而酒龄越短则水边越宽，且呈现明亮的水色，或泛着青色、紫色或蓝色调，红葡萄酒带有蓝色调，可能酸度较高。

黏稠度 Viscosity

黏稠度指"挂杯"程度。挂杯的酒液厚薄不一，形状有长条状和泪状，前者称"酒腿（Legs），后者为泪滴（Tears）"。酒液挂杯程度受液体表面张力所控制。表面张力是指酒液分子间的相互吸引的作用力。理论上，挂杯越厚、泪滴越大，表明酒精含量越高。此外，甘油或糖分同样会影响挂杯程度，这两种成分含量越高，酒液越黏稠，形成的泪滴越大。酒腿（Legs）越长，泪滴（Tears）多，表明酒体更饱满、口感更加丰富。但挂杯仅供辨别酒精、甘油和糖分含量，不代表品质优劣。当遇到同一国家、同一地区、同一等级、同一葡萄品种和同一类型的葡萄酒时，酒精含量越高，暗示着质量相对越好。不同的产区和葡萄品种不具可比性。

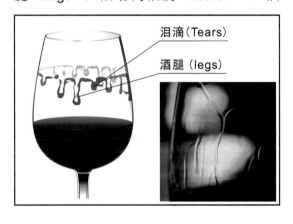

泪滴（Tears）

酒腿（legs）

透明度 Opacity

透明度和清澈度主要取决于葡萄品种、酿造工艺和陈年时间。通常强壮浑厚的酒很清澈，但透明度较低，这主要是大量色素阻挡了视线。反之，酒体轻盈的酒透明度较高。此外，透明度低有可能未经过滤。不论重酒体还是轻酒体，随着陈年时间的推移，在未变质的情况下，透明度会越来越高。一瓶优质葡萄酒应清澈明亮，晶莹有光泽。如果酒液变得暗淡或混浊，表明酒体过度氧化，或已衰退变质。

气泡 Bubbles

气泡是起泡葡萄酒独有的特征，气泡的大小、密度、细腻程度和持久性是辨别酒质的重要指标之一。优质起泡葡萄酒的气泡较小且均匀，密度大，细腻持久。如果静态干白或干红出现微量气泡有两种情况：一是来自温暖地区的浅龄酒，酒中缺乏酸味成分，这意味着酒体较新鲜，属于即饮型酒品；二是有一定酒龄的佳酿干红或干白出现这种状况，表明瓶内发生了二次发酵，可能已变质，不易饮用。

亮度 Brightness

葡萄酒的亮度由其酸味成分和质量构成，一瓶正常的葡萄酒颜色纯正，具有明显的亮度。如果亮度不足，则象征着品质一般，或者过度氧化。

净度 Clarity

净度指酒体的纯净程度，正常情况下，大多数葡萄酒的酒体纯净自然，且有光泽。但少数陈年葡萄酒会有沉淀物或悬浮物。其中沉淀物有酒泥或酒石酸盐结晶。酒泥是陈年红葡萄酒不可避免的垃圾成分，由酒中的单宁与红色素聚合后沉淀而成，对酒的质量没有影响。出现酒石酸盐结晶同样属于正常现象，这与葡萄酒产区及储存温度有关，葡萄酒在储存过程中如果遇到低温就有可能会形成酒石酸盐结晶，这种结晶体对酒的质量没有影响，但结晶颗粒会影响视觉。由于酒液颜色的差别，不同的葡萄酒产生的结晶体颜色不一。通常白葡萄酒产生的酒石酸盐结晶类似白砂糖，而红葡萄酒产生的酒石酸盐结晶呈深红色或紫色，此外，大小也不一致。有酒石酸盐结晶的葡萄酒，说明在酿造过程

中没有经过冷却稳定处理。

如果葡萄酒中有絮状或烟雾状的漂浮物，说明已经变质，不宜于饮用。

葡萄酒色盘
Wine Color Wheel

葡萄酒的类型丰富，颜色各异。不同类型有不同色调，如干白葡萄酒从绿黄色到琥珀色共有十几种。干红葡萄酒从牡丹红到紫红再到砖红色。色调的深浅与气候、葡萄品种、酿造工艺和成熟时间有关。不同色调代表不同葡萄品种或陈年时间。因此，在品鉴葡萄酒时首先观色，并对颜色进行描述。在描述颜色时可用自己熟悉的颜色对比，也可用色盘上面相应的颜色术语进行描述。

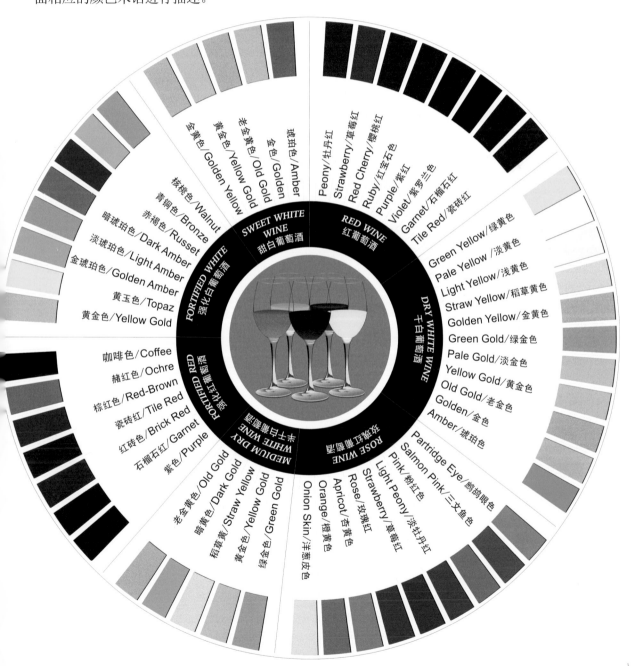

注：由于印刷原因，可能与酒液的真实颜色有偏差。

闻香
SNIFF FOR SMELL

闻香是葡萄酒品尝的第二大步骤，在此过程中主要是通过嗅觉感知去辨别酒中散发出来的各种气味，然后再根据气味来评估葡萄酒的类型和质量的一种方法。其实，嗅觉对于葡萄酒来说，不仅仅是闻气味，还有助于味觉品尝。

葡萄酒的香气由数百种挥发性成分组成，含量从每升几十毫克到几纳克不等。这些香味成分来自葡萄品种、生产工艺和陈年转化，根据其来源分三大类：

（1）品种香：又称"一类香气"。此类香味成分来源于酿酒葡萄本身，如：花香、果香、植物香和矿物香等，主要特征是清新愉悦、丰富复杂。

（2）发酵香：又称"二类香气"。此类香味成分来源于葡萄汁的发酵过程和后期的处理过程，如：发酵香、化学气味、刺激性气味或微生物味等，这些成分有优有劣。

（3）陈年香：又称"三类香气或醇香"。此类香气来自橡木桶培养过程和灌瓶后的陈年过程，由一类香气和二类香气转化或还原后形成的特殊酒香（Bouquet），这才是真正的陈年酒香，如：坚果香、香料香、泥土香、矿物香、皮革味或野味等。

在以上三类香气中，前两类最易感知，为闻香的第一印象，属于表香。陈年香出现较慢，但更加馥郁持久，是体现顶级葡萄酒价值的重要成分之一。

除了以上香气外，有些葡萄酒在开瓶后闻不到明显的香气，行业内称之为沉睡（Dumb）或闭合（Closed），意思是仍在沉睡的酒。这有可能是酒龄浅、温度太低或者一直沉睡。多数酒通过摇杯或透气会慢慢出现香气，但也有唤不醒的酒，成为死酒。

闻香步骤

静止闻香

摇杯

摇后闻香

首先闻到的是易挥发性气味，大多为不稳定气味，如：长期封闭产生的怪味、氧化味、潮湿气味或刺鼻的硫化物气味等。此外，浅龄酒的葡萄品种香也较明显。

静止闻香时可将酒杯放在台面上，也可端起来闻。

摇晃酒杯能够促进易挥发性香气释放，以便于真正的闻香和辨别。

旋转酒杯要领：用手腕带动酒杯逆时针旋转（依习惯也可顺时针旋转），让酒液在杯内打转，而不是摆动手臂！

摇杯后立刻闻到的香气比较丰富、浓烈且复杂。如果只有花香和果香，可能是年轻的酒。如果有明显的香料、木材或皮革等香气，多数情况下属于陈年佳酿。

如何闻香

闻香是品酒最关键的一步，动作因人而异。闻香时可低头用鼻子去闻，也可用手举起酒杯送到鼻孔下面进行闻香，以鼻子不沾酒液为准。多数消费者在闻完香气后只知道大概属于哪一类香气，却说不出具体形容词，那是因为根本不知道是什么气味。有人能闻出蓝莓香，是因为他对这种香气有印象。因此，品酒师敏锐的嗅觉是通过专业训练或生活中刻意积累练就的。平时多注意一些东西的气味，会自然锻炼出敏锐的嗅觉。闻香时不一定要用专业术语描述，能够尽量找自己印象中相似的气味来形容最好。

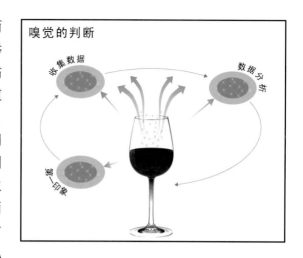

嗅觉的判断

收集数据　　数据分析

第一印象

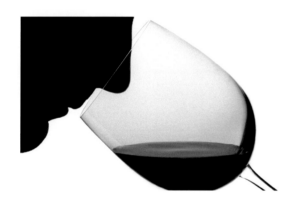

闻香时长

每个人的习惯和嗅觉敏感程度不同，应善于在实践中发现自己的最佳闻香方法。通常，闻香有以下几种方式：①短暂而利落的吸气，此时闻到的气味多为易挥发成分。②长时间吸气（2~3秒），这时闻到的气味较强烈。③平和的吸气，这时闻到的气味消失较快，但很舒服。④长时间且平和的吸气，是享受葡萄酒微妙气息的最佳方式。

葡萄酒的气味

葡萄酒的气味非常复杂，有数百种，人类嗅觉能够辨别的在一百种左右。在这数百种气味当中，不但有令人愉悦的果香和酒香，还有许多令人讨厌的气味，如：霉味或橡胶味等。优质葡萄酒的香气有：果香、花香、植物香、坚果香、香料香、烘焙香、木质香、泥土味、矿物味、皮革味或野味等。而劣质气味主要有：化学味、霉味、氧化味（强化葡萄酒除外）和微生物味等，这些气味都属于葡萄酒质量破败的典型特征。

葡萄酒的气味与酒的类型				
鲜果香和花香	木材和烧烤香	菌类和灌木香	糖渍水果成熟果实	醋、霉味或硫化物
↓	↓	↓	↓	↓
年轻的酒或普通酒	经橡木桶培养的酒	有陈年且成熟的酒	陈年的酒或者温暖地区的酒	有缺陷的酒或变质的酒

葡萄酒的香气轮盘
The Wine Aroma Wheel

葡萄酒香气轮盘（The Wine Aroma Wheel）由加州大学戴维斯分校葡萄酒酿造学系的安诺贝尔（Ann C. Noble）博士发明绘制，中文称之为"品酒轮"。此轮盘发明目的是为了便于描述葡萄酒的香气，统一香气术语词汇，利于葡萄酒的品评与描述，并在品评过程中起到一定的辅助性作用。该轮盘一经问世，便被全球葡萄酒爱好者们广泛采用。此前一直存在不统一的香气描述术语有了新的规范，更重要的是为众多的葡萄酒品鉴爱好者们提供了一种鉴别香气的工具。

品酒轮由三个同心圆所组成，每个圆圈内的香气代表不同的层次，由内向外延伸。第一圈为香气大类第二圈为大类下面的子分类；第三圈是香气术语。

葡萄酒有数百种香味成分，人类在品尝时仅能够辨别出一百多种，为此，品酒轮上面罗列的是其中最具代表性的香气，在90~100种之间。

常见的品酒轮是一种综合性香气轮盘，可用于所有类型葡萄酒的参考。事实上，葡萄酒的香气十分复杂，不同的葡萄品种、不同产区和不同类型的酒散发着不同的香气，专业的讲，都应该有各自的香气轮盘。例如：黑皮诺轮盘、白葡萄酒轮盘或冰酒轮盘等等。

品酒轮并不是所有葡萄酒的香气清单，仅能作为初学者的起点必备或学习参考，在实际品鉴过程中重点应放在葡萄酒的分析上面。当我们初次遇到品酒轮时，会发现它非常有用，能有助于集中精神品鉴葡萄酒，并且还能够精确的找出具体香气。但是，随着品鉴经验的积累，还会发现，品酒轮的作用会越来越小，甚至还会受到限制或影响，最后，更愿意使用自己的描述性语言。

品酒轮并非标准性品鉴工具，它的前身是欧美葡萄酒品鉴家的香气分类，这种分类方法来自于民间。品酒轮从问世至今，复制效仿的比较多，轮盘上面的类别不断的在发生变化，尤其是在向外延伸的香气种类。总的来说，品酒轮分：12~15大类，25~30亚类，90~120种典型香气术语（详见右图）。

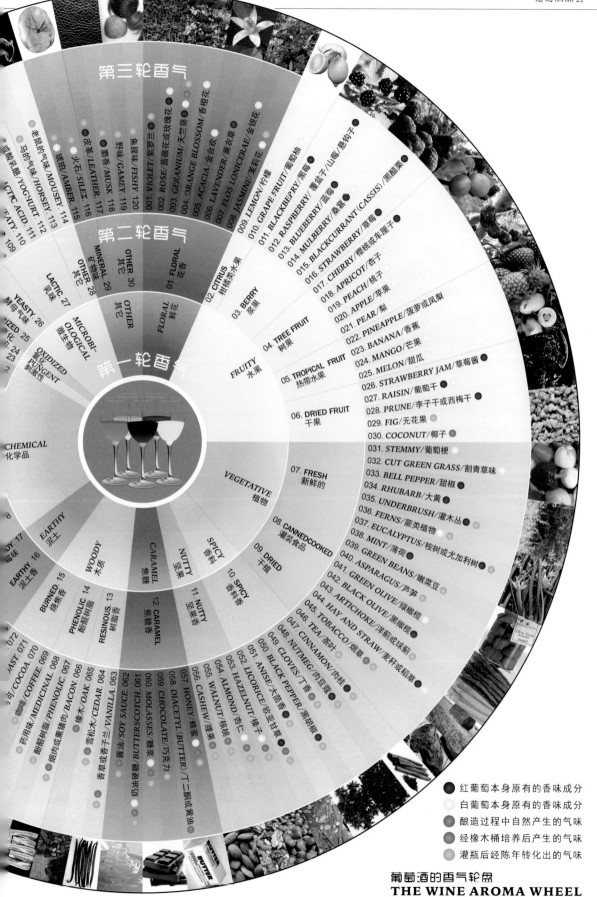

第三轮香气

第二轮香气

第一轮香气

100. VIOLET/紫罗兰
101. ROSE/蔷薇花或玫瑰花
102. GERANIUM/天竺葵
103. ORANGE BLOSSOM/香橙花
104. ACACIA/金合欢
105. LAVENDER/薰衣草
106. FLOS LONICERAE/金银花
107. JASMINE/茉莉花
008.
009. LEMON/柠檬
010. GRAPE FRUIT/葡萄柚
011. BLACKBERRY/黑莓
012. RASPBERRY/覆盆子/山莓/悬钩子
013. BLUEBERRY/蓝莓
014. MULBERRY/桑葚
015. BLACKCURRANT (CASSIS)/黑醋果
016. STRAWBERRY/草莓
017. CHERRY/樱桃或车厘子
018. APRICOT/杏子
019. PEACH/桃子
020. APPLE/苹果
021. PEAR/梨
022. PINEAPPLE/菠萝或凤梨
023. BANANA/香蕉
024. MANGO/芒果
025. MELON/甜瓜
026. STRAWBERRY JAM/草莓酱
027. RAISIN/葡萄干
028. PRUNE/李子干或西梅干
029. FIG/无花果
030. COCONUT/椰子
031. STEMMY/葡萄梗
032. CUT GREEN GRASS/割青草味
033. BELL PEPPER/甜椒
034. RHUBARB/大黄
035. UNDERBRUSH/灌木丛
036. FERNS/蕨类植物
037. EUCALYPTUS/桉树或尤加利树
038. MINT/薄荷
039. GREEN BEANS/嫩菜豆
040. ASPARAGUS/芦笋
041. GREEN OLIVE/绿橄榄
042. BLACK OLIVE/黑橄榄
043. ARTICHOKE/洋蓟或球蓟
044. HAY AND STRAW/麦秆或稻草
045. TOBACCO/烟草
046. TEA/茶叶
047. CINNAMON/肉桂
048. NUTMEG/肉豆蔻
049. CLOVES/丁香
050. BLACK PEPPER/黑椒
051. ANISE/大茴香
052. LICORICE/欧亚甘草
053. HAZELNUT/榛子
054. ALMOND/杏仁
055. CASHEW/腰果
056. WALNUT/核桃
057. HONEY/蜂蜜
058. DIACETYL (BUTTER)/二酮或黄油
059. CHOCOLATE/巧克力
060. MOLASSES/糖浆
061. BUTTERSCOTCH/奶油硬糖
062. MOLASSES/糖浆
063. VANILLA/香草兰豆或香兰
064. CEDAR./雪松木
065. BACON./烟肉或熏猪肉
066. OAK/橡木
067. PHENOLIC/酚醛树脂
068. MEDICINAL./药用味
070. COFFEE./咖啡
071.
072.

第一轮香气

06. DRIED FRUIT
干果

05. TROPICAL FRUIT
热带水果

04. TREE FRUIT
树果

03. BERRY
浆果

02. CITRUS
柑橘类水果

01. FLORAL
花香

FLORAL
鲜花

OTHER
其它

FRUITY
水果

VEGETATIVE
植物

07. FRESH
新鲜的

08. CANNED·COOKED
罐装食品

09. DRIED
干燥

10. SPICY
香料香

SPICY
香料

11. NUTTY
坚果香

NUTTY
坚果

12. CARAMEL
焦糖香

CARAMEL
焦糖

WOODY
木质

13. RESINOUS.
树脂香

14. PHENOLIC.
酚醛树脂

15. BURNED.
烧焦香

EARTHY
泥土香

16. EARTHY.
泥土香

17. MOLDY.
霉味

EARTHY
泥土

CHEMICAL
化学品

PUNGENT
刺激性

OXIDIZED
氧化

MICROBI-OLOGICAL
微生物

MINERAL. 29
矿物味

OTHER 30
其它

OTHER 28
其它

LACTIC. 27
乳味

YEASTY. 26
酵母气味

OXIDIZED. 25

PUNGENT

108.
109.
ACETIC ACID. 111
乙酸味
YOG·HURT. 112
酸奶味
MOUSEY. 113
老鼠的气味
HORSEY. 114
马的气味
AMBER. 115
琥珀
SILEX. 116
火石
LEATHER. 117
皮革
MUSK. 118
麝香
GAMEY. 119
野味
FISHY. 120
鱼腥味

● 红葡萄本身原有的香味成分
○ 白葡萄本身原有的香味成分
● 酿造过程中自然产生的气味
● 经橡木桶培养后产生的气味
○ 灌瓶后经陈年转化出的气味

葡萄酒的香气轮盘
THE WINE AROMA WHEEL

品酒轮的应用

品酒轮的应用比较简单，就是由内向外逐圈延伸联想，最终找出自己闻到的香气，并用术语记录或表达。例如品鉴红葡萄酒：

第一步：当品鉴者闻完香气后，试想第一印象香气属于哪一类？如果不确定，可从品酒轮的第一轮香气中辨别，并确定类别。

第二步：接着再从确定的香气类别向外延伸找到香气所属种类（第二圈的过渡香）。

第三步：在确定香气种类后，再向外延伸找到精确的香气术语即可。

举例：假如闻到的是果香，那么就应该从果香类别当中向外延伸，找出所属种类。如果是浆果类，再从浆果类别当中分出是哪几种浆果，例如：黑醋栗、草莓、蓝莓或覆盆子，最后做好笔记或进行表达。一种香气辨别完后，接下来再进行其他香气的辨别。事实上，在品鉴葡萄酒时辨别每一种香气仅需几秒到几十秒的时间，因此，以上三个步骤的思考都是连贯的。

桑椹　覆盆子　草莓　黑莓
玫瑰　薰衣草　樱桃　黑醋栗
紫罗兰　蓝莓

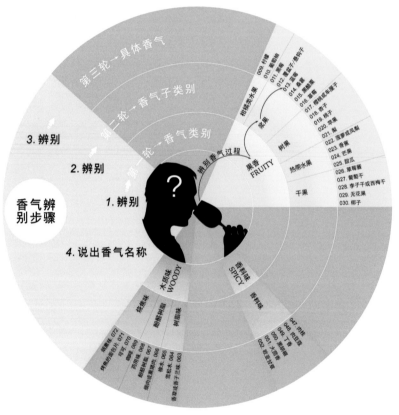

品尝
TASTE

味觉品尝是葡萄酒品鉴过程中最重要的一个环节，在此环节是通过口腔味蕾分布来感知葡萄酒中各种成分优劣，从而分析葡萄酒的结构及酒体厚薄的一种方法。为此，了解味蕾分布和运用口腔各区域的感知，才能挖掘出酒中的内涵。品鉴葡萄酒除了运用舌体味雷外，脸颊、鼻腔、上颚、颊层和牙龈也能起到一定的辅助作用。

品尝方法

在品酒时与平时喝酒基本一样，只是在酒液入口后，随之需要吸入一些空气，然后利用舌头和面部肌肉搅动酒液，使之在口腔内的舌头、上颚、下颚、脸颊内侧及牙龈等各部位产生均匀的刺激。酒咽下或吐出后，利用舌头和口腔的味雷感知葡萄酒的酸、甜、苦、涩、鲜、浓淡、香味和刺激性等，然后

再去体会口感的均衡度、协调性和余韵。如果是起泡葡萄酒，还要感受一下二氧化碳气体在口腔内的刺激性、强度及细腻度。

最后再感觉一下尾韵如何？尾韵指酒液的余香，味道的持续存留时间长短。余韵的持续时间越长酒质越好，反之，越差。

在品尝葡萄酒时，酒液的吸入量不宜过多或太少，量太多，不利于品鉴。反之，吸入量太少，不能充分体会葡萄酒的特征。因此，在品尝不同的葡萄酒时，吸入量应保持一致，否则，在品评时会出现一些误差。

入口感觉示意图

(1)举杯仰头吸入酒液，入口量在 15~30mL 之间；
(2)利用舌头及面颊动酒液，并吸入一些空气，像咀嚼一样；
(3)当酒液在口腔内停留 10~15s 后，吐出或咽下；
(4)利用口腔各区域及味蕾去感觉甜、酸及苦涩等味觉质量；
(5)再感觉一下酒体的厚、薄、酒精和余香持续时间；
(6)最后，评估酒体的平衡感、协调性、浓郁度和整体印象。

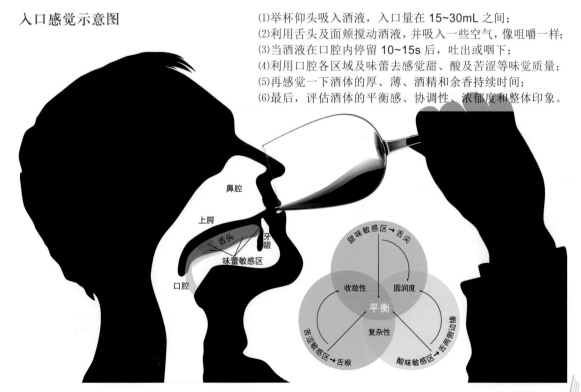

味觉品尝的描述

葡萄酒的口感由数百种成分构成，在这些成分当中比较重要的有："单宁、酸类、酒精、糖分、甘油及呈香物质"，其中单宁是红葡萄酒的筋骨；酸类带来清新感；酒精能增强酒体，赋予厚实感及甘甜感；而糖分和甘油不仅为酒带来甜味，还可提高浓稠度和柔滑感。其实，味觉品尝目的是通过口腔味蕾对以上各种成分进行感知分析，再进行信息汇总，总结出葡萄酒的结构、均衡度及酒体的厚重感，最终做出自己的评价。通常在进行味觉品尝时，品酒者需要对各种成分做出专业性的描述，具体描述如下：

单宁

单宁是红葡萄酒的筋骨，它的含量及质量直接影响酒的结构。单宁入口有轻微的苦涩感，劣质单宁粗糙酸涩，优质单宁细腻柔顺。常用描述语有：紧密的、强劲的、柔顺的、粗硬的、粗糙的、涩的或苦涩的，也就是"收敛性"的感觉。

酒精、糖和甘油

这三种成分共同构筑了葡萄酒的甜味和圆润度。正常情况下，优质葡萄酒不会有明显的酒精味，反而与残留糖分和甘油共同赋予了酒体甘甜味，在品尝时能够感知，只是明显与不明显而已。针对以上三种成分的常用描述语有：熔化的、浓厚的、油质的、柔若无骨的、低度的、浓稠的、甜腻的或寡淡的。

酸味

酸味来自葡萄果实或生产过程，如柠檬酸、酒石酸、琥珀酸或乳酸等物质，这些属于葡萄酒必不可少的重要成分，尤其是白葡萄酒，酸味能调解酒的清新度，并带来清新愉悦的口感。常用描述语有：圆润的、新鲜的、活泼的、微酸的、未熟的或非常生的。

气泡

气泡指起泡葡萄酒中的二氧化碳气体，入口后口腔有明显的刺激感，常用描述语有：细腻、细致或粗糙等。

酒体

红葡萄酒的酒体由单宁（白葡萄酒为糖分和酸味成分）、酒精、酸味成分和甘油含量所决定，指酒液入口的整体感觉，常用描述语有：丰满的、厚实的、厚的、柔软的、瘦弱的、轻盈的，非常薄的或破败的。

结构

结构指单宁、酒精、酸度和甜度等成分的平衡感或协调性，又称质感，常用描述语有：平衡完美、相对平衡、失衡或平庸的。

成熟度

成熟度指葡萄酒的成长状况。通常普通型葡萄酒从出生到成熟在2~5年间；而一些大年份佳酿葡萄酒的成熟期需10~20年，或更长。关于成熟度的描述语有：年轻、成熟、巅峰期、衰老期或破败等。

果味

此果味并非散发出来的果香，而是口腔中可以感受到的果实味道，常用描述语有：清新、浓郁或生的等。

余味

指酒液离开口腔后的余香、单宁和其他味道的持续性，这是辨别酒质的重要依据之一。常用描述语有：悠长、中等、短暂或微弱。

整体口感

指葡萄酒入口的整体感觉，常用描述语有：清淡、浓郁、柔顺、圆润、细腻、丝滑或粗糙等。

层次感

在品鉴葡萄酒时，对酒的质量描述时，多数人会用"有层次感或没有层次感"来形容酒的质感。那么什么是层次感？许多消费者对此迷惑不解！

葡萄酒的层次感有两个方面，分别是香气和味道，前者指嗅觉，后者是味觉。因此，这种层次感是指香气和口感的不同变化，体现的是深度，这种深度由多层香气或味道组成。例如香气的层次感，以成熟的红葡萄酒为例：初闻时有明显的果香；第二次闻时，会出现花香或植物香；第三次闻时，又出现了香料或烧烤香；再闻时又有菌类、烟草或肉的香气。在不同的时刻品尝会有不同的表现，这就是香气的层次感。

味道的层次感：刚喝时感觉果味明显，并且顺口；第二次喝时，发现果味很丰富，并且还有其他的味道，单宁也很细腻；再喝时果味就不那么明显了，但其他的味道更复杂，不但有香料味、烧烤味，还有松露的味道，感觉非常微妙。过后再喝时，还会有不同的变化，这就是味道的层次感。

复杂性与层次感一样，只是两种不同的描述语而已。美国著名酒评家和葡萄酒作家马特 – 克雷默（Matt Kramer）认为"复杂性是指一款酒在不同的时刻总有不同的香气和风味呈现出来，并且是出乎您意料的新香气和风味。"

品尝结论

当葡萄酒的味觉品尝完成后，通过品尝记录表或大脑的记忆信息将视觉、嗅觉和味觉的感知加以汇总，并对葡萄酒做出评价。最终将自己的评价以文字的方式记录或以语言的形式进行阐述。

品酒分场合和形式，不同形式，最终获得的结果截然不同。比如品酒师或酒评家都属于商业性品评。而对于普通消费者来说却有所不同，出发点是个人的感受如何？寻找适合自己口味的葡萄酒，这与葡萄酒的价格无关。因此，昂贵的酒不一定是自己喜欢的，而廉价的酒可能更适合自己。也就是说结构平衡的酒有可能价廉，但粗糙失衡的并不一定是廉价酒，这就是葡萄酒的神奇魅力。

红葡萄酒味觉品尝示意图

红葡萄酒的酒体结构主要由单宁、各种酸和酒精等成分构成，在味觉品尝时，优质酒的单宁（收敛性）、酸度和酒精（圆润和甜）等成分能够完美结合，且平衡协调，否则酒质一般或有缺陷。

单宁（收敛性）、酸度和酒精（圆润和甜）的口感术语全部在下图中央的"平衡完美区"内，表明该酒的酒质完美，属于非常少见的佳酿。

单宁（收敛性）、酸度和酒精（圆润和甜）的口感术语全部在下图的"相对平衡区"内，表明该酒的整体结构饱满，相对平衡，为品质不错的酒，值得推荐。

单宁（收敛性）、酸度和酒精（圆润和甜）的口感术语全部在下图中的"失衡区"内，表明该酒有缺陷或已衰退。

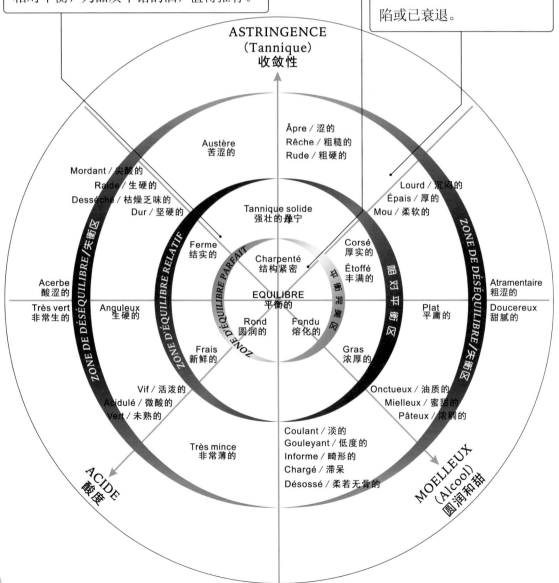

白葡萄酒味觉品尝示意图

白葡萄酒不同于红葡萄酒，其风格体现在清新、酸甜平衡和圆润芳香等方面。因此，酒体结构主要由各种酸、糖和酒精等成分构成，在味觉品尝时，当酸度、甜度和酒精等成分平衡协调，表明属于品质较完美的酒，否则可能未成熟、质量一般或有缺陷。

酸度、糖分和酒精的口感术语全部在下图的"相对平衡区"内，表明该酒的整体结构相对平衡，为品质不错的酒，值得推荐。

酸度、糖分和酒精的口感术语全部在下图中央的"平衡完美区"内，表明该酒的酒质完美，属于非常少见的佳酿。

酸度、糖分和酒精的口感术语全部在下图中的"失衡区"内，表明该酒有缺陷，不建议饮用。

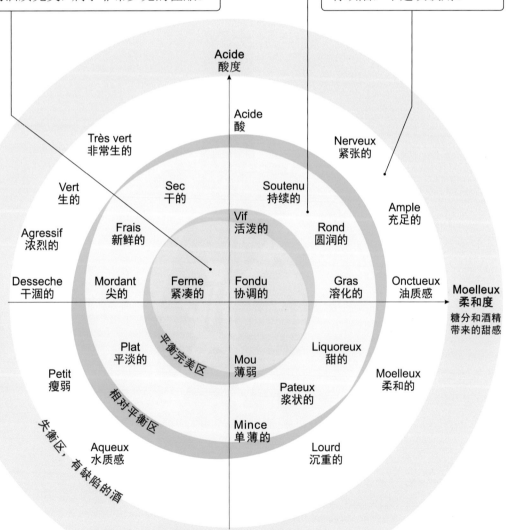

什么是好酒
WHAT'S A GOOD WINE

好酒首先有自然健康的酒体,颜色纯正、香气丰富复杂、口感平衡协调,饮用后余味长,整体有层次感和质感,最后还应该有明显的葡萄品种特征及原产地风土特征。

好葡萄酒不一定昂贵,但廉价的酒基本上不会是好酒。以法国为例,原产地＞5欧元的酒中就能够找到适合自己的好酒。如果一瓶万元佳酿在未成熟时饮用,从感观上讲,绝对不是好酒,因为没有成熟的酒,难以入口。就好比吃生的水果一样,再贵它不

好吃,能说是好酒吗?但从价格角度来说,应该属于好酒范畴,只是还没成熟。

个人认为,给酒的好与坏下结论的应该是消费者,而不是酒评家或专家,因为酒评家和专家基本上不会自己花钱买酒,真正花钱的消费者才有权评论酒质的优劣,虽然这是主观判断,起码知道这钱花的值不值!如果说一瓶酒给十个人同时品尝,结果7人说好,3人说不好,那么就可以说是好酒,反之,就不是好酒,这比酒评家更有说服力。

二十年以上的葡萄树龄 品种特色明显 干红醇厚 因地制宜的葡萄品种 干白优雅 健康成熟的酒体 生长状况佳 有相应的颜色 余味悠长 有丰富的香气 出色的原产地 酒体平衡 有层次感 良好的自然风土

好酒具备的条件

葡萄酒的价值
Value of Wines

葡萄酒的价值不同于价格，价值指具体事物的属性，与葡萄酒自身品质有关；而价格与市场需求及成本有关。

葡萄酒的自身价值 = 实物成本 + 附加值；葡萄酒的价格 = 实物成本 + 流通费用 + 各层利润 + 市场需求值。

如今，国内葡萄酒行业鱼龙混杂，以进口廉价酒充当高档酒销售的现象众所周知。作为消费者掌握葡萄酒的价格构成，有助于辨别葡萄酒的品质。

事实上，在欧洲一瓶普通餐酒仅需几欧元便可喝到，一些普通名庄酒也不过几十欧元。当然，一级名庄或名园的佳酿另当别论。

通过原产地售价可以看出，进口葡萄酒的实际价格并不贵，在国内卖300元人民币的葡萄酒，在原产地仅需10欧元就够了。国内售价偏高的主要原因是各种费用叠加的成本较高。假设一瓶进口葡萄酒的到岸价为5欧元，折合人民币约40元，加上进口税收及各种费用折合约63元，此外，还有破损、营销、仓储及不可预见的费用，成本可能会超过70元，另外再加上进口商、代理商、经销商等各层利润的叠加，在国内市场卖200元也就不足为奇了。通常成本越低的葡萄酒利润空间越大，相反，成本越高的酒则利润越低，因此，性价比高的酒在国内较少见。

葡萄酒的价值

VALUE OF WINES

葡萄酒的价值不同于价格，价值指具体事物的属性，与葡萄酒自身品质有关；而价格与市场需求及成本有关。

葡萄酒的价值主要分两部分：

一、实物成本：如土地、原材料和生产各环节产生的成本等等。这些成本是实际发生的费用，属于酒的真实成本。通常普通酒类的售价大多以实物成本加生产者利润和市场需求值制定的，因此，售价比较客观，为市场主流产品。

二、附加值：如品牌效应、生产者声望、历史背景文化或独特的品质风格等等。但此项成本并未发生实际费用，属于虚拟成本，定价时还要取决于市场的需求值。需求值越高，售价越贵。例如常见的拉菲庄、享利雅耶或康帝庄等，都附着着附加值，并且需求值也高，因此，售价十分昂贵。

葡萄酒的价值

葡萄酒实际价值
- 葡萄园土地成本
- 原材料成本
- 酿造成本
- 陈年培养成本
- 包装成本
- 隐性成本
- 销售税
- 生产者利润

葡萄酒的附加值
- 酒商的品牌效应
- 生产者的声望
- 葡萄园或酒庄历史背景
- 酿酒师声望
- 名人效应
- 独有的葡萄园
- 独特的风格
- 市场需求值

进口葡萄酒成本与售价

到岸价	进口税	其他费用	进口商	批发商	终端
土地成本 原材料成本 酿造成本 陈年成本 包装成本 隐性成本 销售税 生产者利润	关税14% 增值税17% 消费税10% 其他8%	物流2% 仓储2% 搬运1% 损耗2%	利润>30% 税3%~17%	利润>50% 税3%~17%	利润>1倍
40元	19.6元	2.8元	>18.8元	>22.8元	>40元

市场销售价：**121元** 或 **144元**以上

葡萄酒的价值体现
REFLECT THE VALUE OF WINES

葡萄酒的饮用价值体现是指消费者一系列的复杂心理变化，而消费者的心理变化实际上就是价值认可的一种具体表现。葡萄酒的消费价值主要体现在感官享受、文化内涵和社交场合三个方面。普通葡萄酒以体现质量和口感为主，文化成分较少。而高级佳酿相对比较复杂，尤其是价值万元以上的葡萄酒，不仅能带来优越的感官享受，还具备丰富的文化内涵。因此，天价葡萄酒卖的是：高昂的成本、优越的品质、复杂的口感、丰富的文化内涵和稀有的产量，至于质量及口感如何？见仁见智！

感官享受

葡萄酒的感官享受主要体现在视觉、嗅觉和味觉上。理论上，价值越高，酒的感观质量越高。饮用者正是通过这些特征来辨别酒质的。最简单的方法是主观意识判断：好酒＝整体感觉好；差酒＝整体感觉不好。在饮酒时不论质量优劣，都会带来不同的感受，这就是葡萄酒的感官价值体现，又称生理味觉价值。

文化内涵

文化内涵是昂贵葡萄酒所具备的虚拟价值之一，也是最难体现的价值。葡萄酒文化包括酒的历史、名人典故、产区、分级、酒庄文化及品尝等等。在饮酒时，要想充分体现其文化内涵，饮酒者必须具备丰富的葡萄酒文化知识。有了知识基础，在品尝时，大脑会进行信息交换，从感官到文化，再从文化到感官，在此过程中会产生一种非常特别而微妙的享受，这就是葡萄酒的文化价值体现，也是一种涵养和品位的象征价值体现。

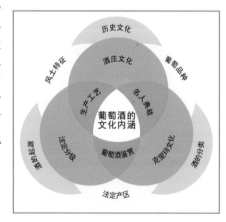

社交场合

社交场合有层次之分，普通消费者的消费能力在几十到几百元间，讲究的是实惠，价值也易于体现。而一些高端酒会或土豪宴会上，往往都是价格不菲的顶级佳酿，在这种场合上，葡萄酒体现的不是真正的感官价值和文化价值，而是面子。面子对于普通消费者来说并不重要，但对一些高层人士来说，远远胜过葡萄酒的价值，这正是葡萄酒的社交价值体现，也可以说是身份的象征价值体现。

不同价位葡萄酒之间的区别
THE DIFFERENCE BETWEEN WINES

市场上面的葡萄酒琳琅满目，每瓶酒的价格从几十元到几万元不等，有些酒的市场售价比较客观，而有些酒的价格可能虚高，这就有可能会使一些消费买到价格虚高的酒，花了不必要的冤枉钱。客观的讲，一瓶酒的售价主要取决于实际成本和市场需求，那么一瓶 100 元的葡萄酒与 5000 元的葡萄酒区别在哪儿？这是许多消费者比较关注的话题！事实上，不同价位的葡萄酒综合成本不同，主要体现在以下几个方面：实际成本、其他指标及附加价值。下图为普通酒与佳酿葡萄酒的各项内容对照，区别显而易见。

普通酒通常采用廉价新橡木桶或淘汰的旧桶木桶进行培养。而佳酿通常都是优质昂贵的新橡木桶结合旧橡木桶进行培养的。这一项成本差距非常大。

低价格普通葡萄酒 ¥100			昂贵的佳酿葡萄酒 ¥5000	
低 ←	实际成本		实际成本	→ 高
	土地成本		土地成本	
	原料成本		原料成本	
	酿造成本		酿造成本	
	包装成本		包装成本	
	宣传成本		宣传成本	
	人工成本		人工成本	
	隐性成本		隐性成本	
	其他指标		其他指标	
流行品种 ←	葡萄品种		葡萄品种	→ 因地制宜
树龄不一 ←	葡萄树龄		葡萄树龄	→ 20年以上
传统或现代 ←	栽培方法		栽培方法	→ 传统有机
手工或机械 ←	采收方法		采收方法	→ 手工
规模生产 ←	酿造工艺		酿造工艺	→ 世代传承
大型流水线 ←	酿造设备		酿造设备	→ 传统手工
3~12个月 ←	培养周期		培养周期	→ 12~24个月
良莠不齐 ←	产品质量		产品质量	→ 高
无 ←	增值空间		增值空间	→ 有
高 ←	平均产量		平均产量	→ 低
低 ←	市场需求		市场需求	→ 高
	附加价值		附加价值	
个别有 ←	品牌效应		品牌效应	→ 多数有
无 ←	生产者声望		生产者声望	→ 高
无 ←	历史背景		历史背景	→ 多数有
无 ←	酿酒师声望		酿酒师声望	→ 高
无 ←	名人效应		名人效应	→ 多数有
无 ←	独有葡萄园		独有葡萄园	→ 个别有
个别有 ←	独特的风格		独特的风格	→ 有

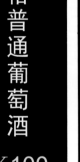

可收藏或投资级葡萄酒
INVESTMENT GRADE WINES

葡萄酒收藏与投资在欧美国家已经有300多年的历史,其稳定的投资回报率,以及集投资与爱好为一体的特性越来越受投资者们追捧。随着全球经济的快速发展和消费者生活品味的提高,这种收藏投资方式已被许多葡萄酒收藏者和投资者所推崇。

葡萄酒的收藏是一种隐藏的尊贵,本身就是一种赏玩乐趣。

相信在国内许多家庭或多或少都存放有一些葡萄酒、白兰地或威士忌等,但对这些酒的存放条件、是否可长期存放等知识了解甚少。尤其葡萄酒,多数都已变质,但主人仍自得其乐!说实话,目前,在国内葡萄酒的收藏还没有市场。再说家庭收藏大多是几瓶,即使是顶级佳酿,增了值,最后卖给谁?谁又会相信酒是真的呢?酒有没变质?如果有人买,价格也远远低于预期。

个人收藏葡萄酒首先应具备以下条件:

◎ 有良好的储藏环境和条件,并且熟知陈放期间可能发生的变化。

◎ 以整箱为单位收藏,此外,1.5升以上的大瓶酒或垂直年份酒也是不错的选择。

◎ 必须了解所收藏产品的陈年潜质、适饮期和出手时机。

真正具备投资价值的葡萄酒在业界被称之为"可投资级葡萄酒(Investment Grade Wine)",并且没有行业规范和标准。通常推崇的对象往往以旧世界国家的名庄大年份酒为主。这些葡萄酒拥有卓越的品质、崇高的声望、稀有的产量以及耐长期陈年的潜质,因此,在收藏期间随着酒液的成熟及存量的降低,会不断的增值。当成熟期过后,慢慢步入衰退期,其售价也会随之贬值,这是收藏投资者最大的风险。

可收藏投资级葡萄酒的基本条件是必须有增值潜力。原则非常简单,如果不具备增值的葡萄酒,显然不是收藏投资的对象。因此,在选购投资级葡萄酒之前,还需综合考察其生产者或葡萄园的发展史、历史价格(期酒价、新酒上市价和拍卖价等)和主要购买对象等,最后再评估增值幅度。

其实,从葡萄酒的品质、声望、产量、历史文化及价格指标等综合因素来说,旧世界葡萄酒生产国的可收藏投资级葡萄酒非常多,单法国就有数百种,除了波尔多、布艮地、罗讷和香槟之外,汝拉黄酒(Vin Jaune)、阿尔萨斯一些特级园、卢瓦尔河谷一些甜白、朗格多克及西南大区的个别名庄大年份酒都是不错的选择对象。但目前受追捧的投资级葡萄酒为什么全球仅有百种呢?原因是市场需求、炒作和跟风。一些未被追捧的酒大多来自知名度不高的产区,往往消费者对其并不了解。

可收藏级葡萄酒的特点

葡萄酒收藏与投资目的是让酒增值，从中获得更大的经济利益。因此，投资对象必须经得起长期陈年，并且有较大的升值空间。从目前市场上的投资情况来看，值得投资的葡萄酒仅几百种，而受追捧的葡萄酒不过百种。传统的可投资级葡萄酒基本上都来自法国的波尔多（Bordeaux）、布艮地（Bourgogne）、罗讷河谷（Vallée du Rhône）和香槟（Champagne）等产区内。此外，意大利、德国、葡萄牙、匈牙利和西班牙等国出产的顶级干红、甜酒和强化葡萄酒也是值得收藏的品种。上个世纪80年代，新世界的美国和澳大利亚等国出产的优质干红葡萄酒也已成为消费者投资追捧对象。

从葡萄酒的质量方面来看，可投资的葡萄酒并不一定是顶级佳酿，而具有陈年潜质的酒也不一定是可投资级葡萄酒，基本上都像股票一样的概念炒作。以往可投资级葡萄酒基本都具备以下两个方面的部分条件：

一、提高葡萄酒质量和知名度的特殊条件

★ 拥有独特的葡萄园风土；

★ 来自产区最高法定等级的生产者；

★ 葡萄园及生产者有一定的历史背景；

★ 世界级大品牌，知名度和声望较高；

★ 拥有极高的质量或独特的风格；

★ 具备可长期陈年的潜质。

二、可提高价值的辅助条件

◆ 产量少，物以稀为贵；

◆ 在世界级酒评中获得高分的葡萄酒；

◆ 世界顶级品酒大师极力吹捧的对象；

◆ 大年份或特殊年份葡萄酒；

◆ 拥有纪念意义的葡萄酒；

◆ 市场需求较大，供不应求的葡萄酒。

总之，投资级葡萄酒具备的基本条件有：等级高、产量低、声望高、可陈年和供不应求。例如在顶级葡萄酒拍卖会上面常见的：拉罗马涅园（La Romanée）、罗马涅康帝园（Romanée Conti）、蒙拉榭（Montrachet）、拉菲酒庄（Château Lafite Rothschild）、依坤酒庄（Château d'Yquem）、伯图斯（Petrus）、艾米塔吉（Hermitage）、西施佳雅（Sassicaia）、啸鹰（Screaming Eagle）、奔富卡琳娜系列（Kalimna）、托卡伊（Tokaj）、马德拉（Madeira）或波特（Port）等等，这些酒的条件显而易见。

可收藏级葡萄酒

法国 FRANCE

法国可收藏级葡萄酒有数百种之多，酒的类型丰富，酒庄之多不胜枚举。

波尔多 Bordeaux

1855~1973 年梅多克列级庄（Medoc），分五级，有 61 家酒庄，全部是干红，大年份酒均可收藏。

1855 年索帝恩列级庄（Sauternes），分三级，有 27 家酒庄，全部是贵腐甜白，大年份酒基本都具备收藏价值。

1932 年中级酒庄（Cru Bourgeois），当中的 9 家特殊中级酒庄（Cru Bourgeois Exceptionnel），全部是干红，大年份酒也可适当的收藏。

1953~1987 年格拉夫特级庄（Graves），无等级之分，有 16 家酒庄，分干红和干白葡萄酒，多数大年份酒也可收藏。

1954~2012 年圣爱美隆列级庄（Saint Emillion），分三级，有 82 家酒庄，全部是干红，多数大年份酒可收藏。

世界最昂贵且从不参加酒庄分级的葡萄酒产区：波美候（Pomerol）有 130 多家酒庄，其中半数以上可媲美或超越列级酒庄，出产的全部是干红，多数大年份酒均可收藏。波尔多酒王伯图斯（Petrus）就产自这里。

布艮地 Bourgogne

布艮地是世界顶级黑皮诺干红和霞多丽干白的摇篮，名庄佳酿的数量远远超过波尔多，但产量非常低，售价十分昂贵。其中特级园有 32 块，分别属于 1500 多家园主，一级园有 664 块，包括数千家园主，此外，还有 42 个村镇（AOP）。一些来自大名鼎鼎生产者的特级园、一级园或村镇园干红和干白大年份酒均可收藏。布艮地生产者不同于波尔多，一些大生产者在各产区都有自己的葡萄园，也就是说一家生产者同时出产数十或上百个法定产区命名的红或白葡萄酒。

闻名世界的生产者

罗马涅康帝庄 Domaine de la Romanée Conti
享利雅耶 Henri Jayer
丽花 Leroy
阿曼卢索庄 Domaine Armand Rousseau
奥维内庄 Domaine d'Auvenay
利弗雷庄 Domaine Leflaive
拉枫伯爵庄 Comtes Lafon
科雪都丽 J.–F. Coche~Dury
乔治卢米尔庄 Domaine Georges Roumier
木尼尔庄 Domaine J.F. Mugnier
彭索庄 Domaine Ponsot

闻名世界的葡萄园

罗马涅康帝园 La Romanée Conti
大师园 La Tâche
贝日园圃 Clos de Bèze
罗马涅园 La Romanée,
大埃雪索园 Grand Echézeaux
香贝坦园 Chambertin
玛西尼园 Musigny
蒙拉榭园 Montrachet
哥尔通查理曼园 Corton–Charlemagne
大帕朗图园 Cros Parantoux
情侣园 Les Amoureuses
默尔索佩里耶园 Meursault Les Perrieres

罗讷河谷 Vallée du Rhône

南罗讷可收藏级葡萄酒主要来自教皇新堡产区（Châteauneuf~du~Pape），这里有近二百家生产者，但只有博卡斯特尔庄（Château de Beaucastel）、亨利邦诺（Henri Bonneau）和拉雅庄（Chateau Rayas）的大年份珍藏酒可收藏。

北罗讷有艾米塔吉（Hermitage）、罗地山坡（Cote Rotie）和格丽叶堡（Chateau Grillet）等产区，著名生产者如：吉佳乐世家（E. Guigal）、保罗嘉伯乐教堂（Paul Jaboulet Aine）、米歇尔－查普提尔（Michel Chapoutier）、让－吕克－科伦坡（Jean~Luc Colombo）和让路易夏芙庄（Domaine Jean~Louis Chave）等，以上产区当中这些生产者的大年份珍藏酒基本都可收藏。

阿尔萨斯 Alsace

阿尔萨斯一些特级园（Grand Crus）名庄的粒选贵腐甜酒（Sélections de Grains Nobles）、迟摘甜酒（Vendanges Tardives）和雷司令白（Riesling）属于可收藏类葡萄酒，著名生产者如：婷芭克（Trimbach）、云鹤庄（Domaine Weinbach）、雨果父子（Hugel et Fils）或辛德鸿布列什庄（Domaine Zind Humbrecht）等。

汝拉 Jura

汝拉黄酒（Vin Jaune）是法国独树一帜的葡萄酒，属于一种具备超级抗氧化能力的干白葡萄酒，可储藏数十年或百年以上。因此，一些优质黄酒非常适合收藏，但从投资角度来说又不太适合，因为黄酒的售价相对比较低廉，市场需求不高，增值空间不大。但此类酒慢慢已被市场接受。2011 年 2 月在阿布瓦斯（Arbois）的十五届汝拉葡萄酒拍卖会上，一瓶 1774 年的汝拉黄葡萄酒以 57000 欧元成交，这标志着汝拉"Vin Jaune"已步入顶级葡萄酒行列，并重塑了历史辉煌。此外，汝拉出产的麦秆甜酒（Vin de Paille）也适合收藏。

香槟区 Champagne

香槟是具有独特风格的起泡葡萄酒，以清新活泼著称，大多数酒适合年轻时饮用。但年份香槟可适当陈年，尤其是特级园（Grand Crus）超级年份"白的白（Blanc de Blanc）"香槟，如 1985、1988、1990 或 1996 年等，这些香槟可陈数十年，并且属于可收藏投资类型葡萄酒。传统上，法国人喜欢年轻的香槟，很少将年份香槟长期陈年。而英国人比较喜欢陈年成熟后有饼干味的香槟。因此，香槟的陈年因人而异。

卢瓦尔河谷 Vallée de la Loire

卢瓦尔以出产白诗南（Chenin Blanc）甜白和长相思（Sauvignon Blanc）干白葡萄酒著称。如著名产区：莱永山坡（Coteaux du Layon）、肖姆（Chaume）、邦纳佐（Bonnezeaux）、萨维涅尔（Savennières）和孚富莱（Vouvray）等。干白产区有：桑塞尔（Sancerre）和普依芙美（Pouilly-Fumé）。这些产区的一些名庄大年份酒也可收藏。如著名生产者：特莱伯恩庄（Domaine de Terrebrune）、休特庄（Domaine Huet）或迪迪埃达格诺（Didier Dagueneau）等。

普罗旺斯 Provence

普罗旺斯是全球最大桃红葡萄酒产地。虽然桃红适宜年轻饮用，但仍有极少数可收藏的佳酿桃红。此外，还有少量珍藏干红，如普罗旺斯山坡（Cotes de Provence）、贝莱（Bellet）、帕莱（Palette）和邦多勒（Bandol）等产区，这些产区的大年份名庄佳酿也值得收藏。著名生产者如：艾丝黛拉庄（Domaine de l'Estello）、西蒙庄（Chateau Simone）、皮巴农庄（Château Pibarnon）或普拉多庄（Château Pradeaux）等。

西南产区 Sud-Ouest

西南产区毗邻波尔多，但葡萄园较分散，出产的葡萄酒风格各异，品质良莠不齐。但同样存在个别可陈年佳酿，如：卡奥尔（Cahors）和马迪朗（Madiran）干红，或蒙巴兹雅克（Monbazillac）和朱朗颂（Jurançon）甜白等。著名生产者如：蒙图庄（Chateau Montus）、拉格泽特庄（Chateau Lagrezette）、蒙布斯卡斯庄（Château Bouscassé）、古哈贝庄（Domaine Cauhape）或迪迪埃达格诺（Didier Dagueneau）等。

鲁西荣 Roussillon

鲁西荣以出产独一无二的天然甜酒（VDN）闻名。其中歌海娜天然甜酒抗氧化能力较强，一些名庄出产的年份（Vintage）、陈年（Rancio）和超龄（Hors d'âge）都属于可收藏类型。如著名产区：巴纽尔斯（Banyuls）、莫利（Maury）和里维萨尔特（Rivesaltes）等。著名生产者：普格帕拉庄（Domaine Puig-Parahy）、杰拉德-贝特朗（Gerard Bertrand）、白马斯庄（Domaine du Mas Blanc）或马斯埃米尔（Mas Amiel）等。

意大利 Italy

意大利葡萄酒产区较多且葡萄品种丰富多样，但可收藏的佳酿葡萄酒不多。北部产区以皮埃蒙特（Piedmont）的巴鲁洛（Barolo DOCG）和巴巴莱斯考（Barbaresco DOCG）闻名。中部以托斯卡纳（Tuscany）的古典基安蒂（Chianti Classico DOCG）和超级托斯卡纳（Super Tuscan）为代表。此外，还有弗留利–威尼斯–朱利亚（Friuli~Venezia Giulia DOCG）、西西里岛（Sicily DOC）或其他一些 DOCG 产区的部分名庄佳酿等，一些大年份珍藏酒也可收藏。如著名生产者：西施佳雅（Sassicaia）、加亚（Gaja）、美赛托（Masseto）、佳科莫孔特诺（Giacomo Conterno）、奥纳亚（Tenuta dell'Ornellaia）、巴托罗（Bartolo）或布鲁诺嘉科萨（Bruno Giacosa）等。

德国 Germany

德国是全球最佳雷司令（Riesling）干白和甜白葡萄酒产地，其中以出产风格多样且可陈年的甜酒闻名。佳酿葡萄酒主要来自莫泽尔区（Mosel）、莱茵高地（Rheingau）和普法尔茨（Pfalz）等产区，这些产区出产的名庄大年份干浆果粒选贵腐（Trockenbeerenauslese）、粒选贵腐甜酒（Beerenauslese）、串选贵腐（Auslese）和冰酒（Eiswein）都属于收藏类别。例如著名生产者：伊贡米勒（Egon Muller）、约乔斯普鲁姆（Joh. Jos. Prum）、哥海玛酒厂（Weingut Geheimer Rat Dr）、约翰山城堡（Schloss Johannisberg）或塔尼诗（Wwe. Dr. H. Thanisch）等。

西班牙 Spain

西班牙以雪利酒（Sherry）闻名世界，除了奥鲁罗索类（Oloroso）具备陈年潜质外，其他雪利酒都不宜陈年。此外，个别优质 DOC 名庄佳酿干红也适合收藏，如：杜罗河（Ribera del Duero DO）、里奥哈（Rioja DOCa）和普里奥拉（Priorat DOCa）等产区。表现较出色的生产者有：维加西西里（Vega Sicilia）、金爱斯普鲁根庄（Castell d'Or Esplugen）、平古斯庄（Dominio de Pingus）、巴塞罗庄（Bodega Matador Barcelo）或维亚里卡（Senorio de Villarrica）等。

葡萄牙 Portual

葡萄牙以出产波特酒闻名世界，此类酒属于十分耐久存的强化葡萄酒，其中一些名庄年份波特（Vintage Port）和珍藏波特酒（Garrafeira）适合收藏。此外，还有更耐陈年的马德拉（Madeira），其中年份马德拉（Vintage / Frasqueira）可存放百年以上，一些珍藏酒具备良好的投资价值。如著名生产者：格雷厄姆（W. & J. Graham's）、拉莫斯平托（Ramos Pinto）、马德拉葡萄酒公司（Companhia Vinicola da Madeira）、巴贝托（Barbeito）或博尔赫斯（H.M Borges）等。

美国 United States

美国以出产赤霞珠干红和霞多丽干白闻名，是新世界最具代表性的葡萄酒生产国，佳酿葡萄酒主要来自纳帕山谷（Napa Valley）、奥利维尔（Oakville）、中央海岸（Central Coast）和艾德纳谷（Edna Valley）等产区，个别名庄大年份干红和干白具备良好的收藏价值，如名庄：啸鹰（Screaming Eagle）、哈兰庄（Harlan Estate）、赛奎农庄（Sine Qua Non）或多米奴斯（Dominus）等。

匈牙利 Hungary

以出产托卡伊（Tokaji）贵腐甜酒闻名，该酒来自著名产区托卡伊山麓（Tokaj–Hegyalja），其中以阿苏（Aszu）和阿苏艾森西亚（Aszu Essencia）最为高贵，可储存数十年或百年以上，并且具备收藏价值。如著名生产者：贝瑞兄弟与陆德贝里斯（Berry Brothers & Rudd Berrys'）或皇家托卡伊（Royal Tokaji）等。

澳大利亚 Australia

澳大利亚有非常优越的自然条件，目前是全球酿酒葡萄品种和葡萄酒种类最丰富的新世界国家，其中以出产一流设拉子（Shiraz）干红闻名世界，此外，还出产一些优质霞多丽（Chardonnay）干白和波特酒（Port）。著名产区有巴罗萨谷（Barossa Valley）、南澳大利亚（South Australia）、库纳瓦拉（Coonawarra）和猎人谷（Hunter Valley）等，例如名酒：奔富卡琳娜（Penfolds Kalimna）系列、奔富格兰奇（Penfolds Grange）和亨施克格雷斯山（Henschke Hill of Grace）等，大年份酒也适合收藏。

关于葡萄酒的选购图书或网络文章有很多，内容大同小异，但许多读者看过后，在选购葡萄酒时仍然手足无措。有专业调查发现，消费者在购买葡萄酒时，99%以上的人选择属于个人喜好，仅不足1%为科学选购。出现这种情况的主要原因是大多数消费者不清楚如何选购，基本都是依个人喜好或凭感觉购买。如今购买葡萄酒十分方便，渠道有：专营店、商超、代理商或网络等。但葡萄酒不同于其他商品，其产地、品牌和风格数以万计，同时，质量也良莠不齐，尤其是贴标酒（OEM）随处可见。因此，选购葡萄酒并非简单的买卖过程，往往都有各自的购买目的，不论出于什么情况，在选购前都要清楚以下几点：

定位：是初次饮用？还是有一定的品尝经验或专业人士？

选购目的：约会、招待、聚会，还是宴请或馈赠？

明确预算：先明确预算，才能够确定葡萄酒的价格区间。

购买渠道：专营店、商超、代理商还是网络。

选择范围：价格区间、葡萄品种、原产地或搭配食物等。

标签解读：通过信息，查找与酒质有关的一些重要线索。

其他参考：评分、酒瓶及瓶封、成熟期或名人效应等。

寻求帮助：各种卖场都配有专业导购，可向专业人士咨询。

综合分析：将以上各环节获得的信息进行汇总分析，再结合自己的需要找出产地、类型、葡萄品种和口味都适合自己的产品类型，最后再从中确定想要购买的产品即可。

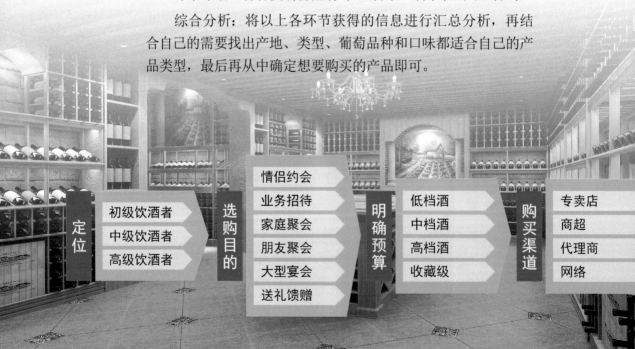

如何选择葡萄酒
How to Choose Wine

- 葡萄酒价格
- 葡萄品种
- 原产地
- 搭配食物

→ 解读标签

- 生产者（品牌）
- 国家法定级别
- 地方分级
- 葡萄采摘年份
- 标签术语
- 罐瓶及其它
- 酒精含量
- 条形码
- 保质期
- 大赛奖项

→ 其他参考

- 专家评分
- 酒瓶及瓶封
- 成熟期
- 名人效应
- 包装

→ 寻求帮助 → 综合分析 → 确定产品

自身定位

葡萄酒行业内根据个人的品尝经验将消费者分为三类：初级饮酒者、中级饮酒者和高级饮酒者。

初级饮酒者

初级饮酒者指初次饮用葡萄酒或对葡萄酒文化不太了解的消费者。

中级饮酒者

中级饮酒者指经常饮用葡萄酒，对葡萄酒文化有一定了解的消费者。

高级饮酒者

高级饮酒者指经常饮用葡萄酒，并且对葡萄酒文化十分痴迷，比较专业的消费者，或者是葡萄酒行业内的专业人士。

针对以上三类消费者推荐的葡萄酒不同，因此有"入门级葡萄酒、中级葡萄酒和高级葡萄酒"一说。那么为什么不同的饮用者建议饮用的葡萄酒不同呢？其实，初级饮酒者从简单型葡萄酒开始品尝，循序渐进，有助于提高品鉴能力。此外，昂贵复杂的葡萄酒不易于初级者品鉴，也无法体现其价值，因此，从经济角度来说不必要。

入门级葡萄酒

入门级葡萄酒基本都是一些简单易于饮用的红、白或起泡葡萄酒等。这样说可能太笼统，不过从以下三点可区分：①指价格不贵的酒；②指中低档酒；③指结构、香气和口感都比较简单的葡萄酒。如：常见的旧世界日常餐酒、地区餐酒（IGP）、大区 AOP 或新世界普通酒等。通常此类酒大多不适合陈年，属于即买即饮型葡萄酒，特征是果香丰富、口感清新、红酒的单宁含量低、入口

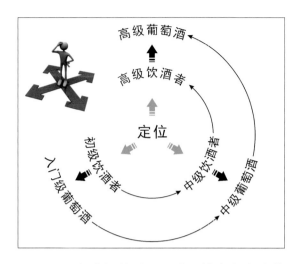

柔顺；干白清新芳香。因此，符合大众消费者的饮用习惯，味觉价值容易体现。

中级葡萄酒

中级葡萄酒简单说就是中档葡萄酒，如：一些比较好的旧世界大区 AOP 和地区餐酒（IGP），村庄级葡萄酒、低列级的葡萄园或一些低列级酒庄酒等等。此类酒的酒体结构中等或饱满，香气比较丰富，不仅有果香和花香，一些酒还有陈年香，口感相对比较复杂，成熟期在 5~10 年间，此类酒适合大多数有品尝经验的消费者饮用。

高级葡萄酒

高级葡萄酒指高级佳酿，如：法国波尔多的列级酒庄、布艮地的列级园、年份香槟、意大利的顶级 DOCG、德国的顶级干浆果粒选甜白、匈牙利的顶级托卡伊或美国纳帕山谷的赤霞珠佳酿等等。这些都属于可陈年佳酿，一些葡萄酒还具备收藏价值。所以，此类酒的自然质量高，有良好的陈年潜力。感官上，香气更加丰富多变，口感和谐完美，经陈年后会转化出经典的陈年酒香。此外，还附着丰富的文化价值。因此，普通饮酒者无法体现其内在的文化价值，而对于有丰富品鉴经验的专业人士来说，无疑是最高的味觉享受。

选购目的

通常购买葡萄酒的目的主要有：约会、招待、聚会、宴请或馈赠等几种情况，由于出发点不同，在选购葡萄酒时应根据实际情况来定。

情侣约会

饮用葡萄酒是为了营造浪漫的氛围，因此，在选购时应以二人的喜好、菜肴和季节而定。建议选购与浪漫主题有关的酒，例如：佳酿干红、香槟或桃红等。如果是夏季，可选低温饮用的酒，那么冬季应避免低温饮用的酒。比如两者都比较喜好葡萄酒，并且对葡萄酒文化有一定的了解，可选择一些具有历史文化的葡萄酒，如：法国或意大利葡萄酒，在喝酒的过程中聊些酒文化或与酒有关的趣事，以此来增进情感。

业务招待

招待前，首先要了解宾客的饮食习惯和用餐形式，然后再确定招待主题，以酒为主，还是以餐为主。如果以酒为主，应先确定酒的类型，再去配餐。如里以餐为主，应先确定菜肴类型，再选择葡萄酒。例如：传统的食物搭配：红酒配红肉，白酒配白肉，甜酒配甜点等。比如吃海鲜，选择酸度略高的霞多丽浅龄酒，用餐效果会更好。又如吃辛辣的菜肴，选择桃红或甜型葡萄酒为宜。如果吃冷餐，选起泡酒或清新型干白最佳。

朋友聚会

以餐配酒，再结合大家的喜好选酒，酒的档次视聚会形式而定。在选择时可从健康角度出发，选择性价比高的葡萄酒，无需太注重外观和包装，尽量避免一些搞宣传噱头的酒或满大街都能找到的廉价酒。

大型宴会

宴请的形式有多种，通常有长辈、领导或朋友。此外，宴会的形式也各有不同，比如：婚宴、生日宴或庆功宴等。如果是宴请长辈或领导的的小型宴会，在选择葡萄酒前应先了解宴请对象的喜好，确定菜肴后，再根据菜肴选酒。如果是大型宴会，用酒量比较大，在选购时根据预算标准进行选酒。最好选一些与宴会主题协调的酒，如标签的设计或酒的名字等，但不应盲目追求协调性，从而忽略了质量，购买到劣质酒。此外，还要避免一些忌讳的数字、名字或颜色等。

馈赠

在国内，逢年过节用葡萄酒送礼，已成为趋势，也是一种品味的体现。因此，在选购葡萄酒时不仅要选性价比高的酒，还要注重外观的整体感觉，以及包装。如果送普通酒，尽量找一些品质较好，而且价格不透明的酒。如果送顶级佳酿，尽量选择一些市场认知度比较高的酒。比如同是佳酿的波尔多大拉菲和布艮地亨利雅耶名园酒，收到的效果完全是两回事，但后者的价格更高。

约会

招待　　　　聚会

选购目的

宴会　　　　馈赠

明确预算

预算应在购酒前先明确，这样才能确定葡萄酒的价格区间，为后面的挑选缩小范围，提高选购效率。当然在考虑预算时，还要结合自己的社会地位、经济能力以及购买葡萄酒的出发点等因素去衡量。名人、企业家、白领和普通百姓所需产品档次不同。自饮、宴请或送礼等形式选择的产品类型也不同。通常，在国内就普通消费者而言，市场零售价在50~300元为低档酒，300~1000元为中档酒，1000元以上为高档酒，5000元以上为顶级佳酿，大多属于收藏级葡萄酒，在日常消费中较少见。如果是自饮，应选择性价比高，并且适合自己口味的酒，无需太注重外观和包装。如果是宴请，应选择一些著名产区的品牌酒，并且是大众喜欢的葡萄品种，外观尽量让人有赏心悦目的感觉。此外，价格也是考虑的因素，因为宴请的用量较大。如果是馈赠，可根据礼节的轻重选择，选品牌酒或有亮点的酒，如：列级酒庄、有机产品或罕见的酒，尽量避免市场随处可见的劣质酒，这样的酒不适合馈赠。

购买渠道

如今，买酒的渠道非常多，并且十分方便，不但有传统的商超或葡萄酒专卖店，还有新兴的团购、网络商城或微店等等。同样的葡萄酒在不同的渠道销售，价格悬殊较大，这取决于运营成本，但不同的渠道各有优劣。

葡萄酒专卖店

认知度高，以销售品牌葡萄酒为主，种类丰富，并且配有专业服务人员。但是营业场所分布较少，不便于购买，并且运营成本较高，葡萄酒的售价相对比较贵。

商场或超市

大型商场或超市，此类销售场所销售的葡萄酒大多为不同品牌的同价位酒，种类各异，可选择性不大，酒的质量良莠不齐，多数都是低端酒，但性价比还可以。商场通常不会配备专业服务人员，需要消费者具备一定的选购经验。

代理商

代理的品牌和种类有限，大多为某一品牌的代理，顺便经营一些其他类型葡萄酒，适合习惯性消费者。通常在代理商处购买葡萄酒，质量相对比较可靠，价格也比较实惠，但选择性不大。

网络

网络是目前发展最快的销售渠道，销售模式基本成熟。网络商城的优势是葡萄酒的种类丰富，选择性大，可满足不同消费者的需求，价格也比较实惠。劣势是经营者良莠不齐，甚至存在许多浑水摸鱼的商家。在购买前对酒的品质难以辨别，存在宣传与实物不符的可能性，容易买到假酒或贴标酒，这需要消费者具备一定的专业知识和经验，在购买前通过与商家沟通和网络酒标的观察，大致能辨别酒的出处和质量。在网络购买葡萄酒时尽量选择信誉较高的商家。

选择范围

葡萄酒的选择范围包括酒的价格区间、葡萄品种、原产地和搭配食物等。这几点需结合购买目的、预算及个人喜好来定。

销售价格

价格是衡量酒质的重要指标之一，俗话讲"一分钱一分货"。理论上，价格越贵的葡萄酒自然质量就越高，但前提是售价要客观，往往消费者并不了解葡萄酒的价格是否客观。因此，在国内选购葡萄酒时应避免以价格衡量酒质。此外，贵的酒口感不一定好，也不一定适合自己；便宜的酒口感不一定会差，可能更适合自己。

市场上面流行的天价酒都是世界级大品牌，它的价值有一大部分属于文化附加值，作为不太了解葡萄酒文化的消费者来说，买这些高价酒，也无法体现其价值所在。

如果说在原产地，以价格去衡量酒质，可能会有不错的效果，例如在法国，花 15 欧元买一瓶酒，基本能令大部分消费者满意，如果在国内花 300 元买一瓶酒，有可能会遇到价值几十元的假酒或贴标酒。一瓶优质的、并且适合自己的酒，价格并不一定昂贵。所以，在国内选购葡萄酒时，不要盲目的以价格衡量酒质，性价比高，同时适合自己的酒才是理想的选择。

葡萄品种

葡萄品种是衡量葡萄酒质量和口味的重要依据之一，但同一种葡萄生长在不同的地区，赋予葡萄酒的风格不同。如法国布艮地的黑皮诺与美国加州黑皮诺，法国北罗讷的西拉与澳洲的设拉子，质量和风格有着明显的差异，一些酒的售价也有天壤之别。此外，同一品种采用不同的酿造工艺，也会有不同的表现，例如：霞多丽白葡萄品种，用不锈钢桶培养的酒呈禾黄色，并且有丰富的果香和花香。如果是用橡木桶培养的酒则呈金黄色，不但有果香和花香，还有其他复杂的香气，如：黄油、蕨类植物、干果或香料等。理论上，前者的售价比较低，而后者的售价相对较高。因此，在选择葡萄品种时，建议选择因地制宜的品种，如：波尔多的赤霞珠、布艮地的黑皮诺、阿尔萨斯的雷司令或澳大利亚的设拉子等，说白了就是各产区表现最出色、并且最具代表性的品种。举个例子，比如喜欢雷司令干白，那么选择法国阿尔萨斯或德国莱茵区的雷司令效果会更好，因为这两个地方的雷司令表现最出色。之后，再依据自己的经济承受能力及喜好选择法定产区、级别、生产者、年份和价格等。

原产地

葡萄酒属于大自然给予，产地决定了酒的质量和口味，这是不争的事实。纵观全球，北纬30°~52°，南纬20°~43°的温带地区是全球葡萄酒主要生产国的分布区域，这两条纬度带有"酿酒葡萄黄金生长带"之称。如旧世界的法国、意大利、德国或西班牙等；新世界的美国、澳大利亚、南非或智利等。这些国家都处于酿酒葡萄黄金生长带范围内，出产的葡萄酒各具特色。事实上，产地与葡萄品种属对应关系，是影响葡萄质量最重要的两个条件。因此，不同国家或地区出产的单一品种葡萄酒的风格不同，各具代表性。在选择产地时，应以个人喜好来选择因地制宜的产品。而不是盲目的追求著名国家、著名产区或著名品牌，如某个产区特别出名，大家就趋之若鹜。其实，再出名的产区，都一样存在低质廉价酒，甚至一些不良酒商借此大量收购原酒，以次充好，搞出许多宣传噱头，如果是一位没有辨别能力的消费者，很容易被蒙蔽。如今是个大流通和网络时代，在国内可选择的葡萄酒非常多，有一些欧洲小国家出产的葡萄酒同样具有高贵的品质和独特的风格。

食物搭配

葡萄酒与食物完美搭配是相互烘托，相互提升，从两者间找到平衡极致的味觉享受，并提高就餐雅兴。理论上，每一种葡萄酒都能搭配各种食物，但前提是两者间不能相互抹杀特有的味道。如吃麻辣火锅配伯图斯（Petrus），算是一种浪费，因为这种搭配无法体现葡萄酒的价值。因此，在购买葡萄酒前，首先要确定用餐形式和菜肴的口味，是午餐还是晚餐？是中餐还是西餐？菜肴以海鲜为主，还是肉类或辛辣食物为主？不同的菜肴适合搭配的酒类不同。具体请参照前面的"葡萄酒与食物搭配"一节。

解读标签

酒标内容有原料与配料、生产（灌装）日期、酒精含量及原产国等。进口葡萄酒的容量单位有厘升（cL）、毫升（mL）和升（L），这几种计量单位与国家、产区和生产者的习惯有关，并没有严格的管制规定。传统上，大部分葡萄酒惯用"cL"，这一点与真假及质量无关。2009年之后，大多数旧世界国家的葡萄酒标签都发生了变化，前标上面的一些重要信息移至背标，因此，在选购葡萄酒时应该仔细阅读背标内容，并与中文背标对比，查看一些与质量有关的信息。

选择生产者（品牌）

品牌凝聚着企业的风格、精神和信誉，是产品质量的保证。品牌效应为商业价值的延续，也是提高消费者认知度的一种手段。传统上，品牌葡萄酒的质量相对较可靠。但是，在国内往往有许多品牌酒属于打擦边球的假品牌。既便是真的大品牌，同样有多种不同档次的酒，如果遇到不良商家，有可能会花高价买到廉价酒。例如法国波尔多的拉菲，带五箭头标志的有20多种，从百元的普通酒到万元的正牌酒都有。又如木桐的大区酒，国内市场售价不到百元。此外，品牌酒通常价格偏高，如果花高价买大品牌的低级酒，不如买性价比更高的普通酒。品牌只是信誉的承诺，并不代表质量一定高。因此，不必过分依赖品牌。又如国内消费者疯狂推崇的某新世界品牌系列，最普通的酒也需几百元，酒质如何？见仁见智！

国家法定级别

国家法定级别指各国的葡萄酒法定分级系统，如法国的AOP、意大利的DOCG、德国的QMP或西班牙的DOC等。所有的佳酿几乎都来自最高等级内，但最高等级并不代表全部是好酒。法定等级是国家级管制体系，通常划分几种等级，理论上，等级越高葡萄酒的质量相对越可靠。如法国AOP，不仅有上万欧元一瓶的稀世佳酿，同样存在2欧元一瓶的普通酒。而一些普通地区餐酒（IGP）能卖到20欧元以上的比比皆是，单从价格

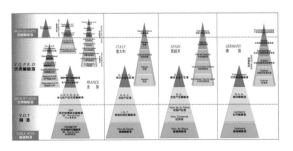

上就可看出一些地区餐酒的质量远远高于一些普通AOP。因此，国家分级并非质量保证，不能一概而论。从法定级别选酒，首先要明确自己的预算，然后再从某一等级内选酒。例如确定为法国AOP，再从此类酒中分析地方性分级，如酒庄分级、村庄分级或葡萄园分级等等。最后再结合其他条件综合评估。但是，这需要消费者具备一定的辨别能力，不仅熟悉各国的分级系统、产区、等级划分和生产者等相关知识，还应掌握相互之间的关系，有了丰富的知识基础，才能得心应手。

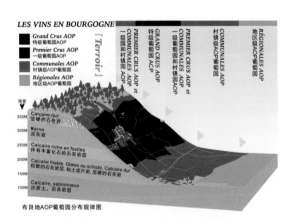

布艮地AOP葡萄园分布规律图

地方分级

地方分级如酒庄或葡萄园分级等。在传统的旧世界国家，基本都有自己的分级系统，其中最早且最完善的分级系统当属法国，其他国家的分级系统大多是在法国的分级基础上建立的。法国葡萄酒分级制度比较完善，不但有国家法定分级，各地区还有地方性的官方或非官方分级，如国家级的AOP和IGP制度，地区性的波尔多1855酒庄分级，布艮地的克里玛（Climats）分级或香槟的村庄分级等。这些地方性分级，对酒质控制更加严格，因此，单从官方分级无法客观的辨别酒质，还需结合地方性分级、生产者声望及其他指标进行评估，才能更客观的辨别质量。

葡萄采收年份

指葡萄生长当年的天气状况，大年份的意思是指当年风调雨顺，葡萄生长状况十分令人满意。反之，天气不理想，葡萄的生长状况不佳。不论天气好坏，都会直接影响葡萄的生长，间接的影响了葡萄酒的质量。大年份生长的葡萄果实结构平衡、饱满，为葡萄酒提供了优质原料，从而提高了葡萄酒的质量。事实上，葡萄园的气候状况可按国家分、地区分、葡萄园分，或某一小地块来分。同一地区，不同的葡萄园，小气候情况不尽相同，出产的葡萄酒质量和风味有明显的差别。个人认为，年份对于旧世界的佳酿来说十分重要，但对于普通红、白和桃红葡萄酒而言，意义并不大，尤其是新世界的普通酒。但是，年份对于香槟酒是十分重要的标志，决定了酒的质量，所以，年份香槟与无年份香槟的质量差距较大。综上所述，选购葡萄酒时不必盲目的以年份来衡量葡萄酒的质量，首先要了解酒的产地、类型和潜质，之后再参考年份。看年份时更重要的一点是酒龄。在选择收藏级佳酿时，应选择年轻的大年份酒。如果在选择即买即饮的葡萄酒时，可根据实际情况去选择成熟的酒，新酒和清淡型干白，普通酒越年轻越好。

标签术语

酒标上面常见有一些专业术语，感觉与酒质有关，如：伟大的葡萄酒（Grand Vin）、酒庄（Chateau）、珍藏（Reserve）、特级珍藏（Grand Reserve）、超级（Superior）或老藤（Vieille Vigne）等等。这些词在一些有法定管制标准的国家或地区才有参考价值，在没有限定制度的国家或地区，没有任何意义。比如"Chateau"一词，目前，在法国波尔多有相关法律标准，同时也制定的一些管制制度，如果出现在其他国家的酒标上面，属于没有任何意义的词。又如"Grand Reserve"在法国并没有相关使用规定，但在西班牙却有严格的法律规定，因此，出现在西班牙法定产区酒标上面，具有一定的参考价值。为此，在选购时，应该分清这些术语是概念，还是有价值的信息。此外，有些术语是指颜色、口味或类型，如：Rouge, White, Rose, Sec, Dry, Brut, Vendange Tardive, Blanc de Blancs 等，这些词语在选购时可做为参考依据。一些术语的确与酒的质量有关，如香槟酒的白中白（Blanc de Blancs），阿尔萨斯的粒选贵腐（Selection de Grains Nobles）或德国的干浆果粒选贵腐（Trockenbeerenauslese）等。

酒瓶

酒瓶是葡萄酒最重要的包装之一，传统形状主要有两大类：有肩瓶和流肩瓶。其中有肩瓶以法国波尔多瓶为代表，流肩瓶以布艮地瓶为典型。如旧世界的法国、意大利和德国，对葡萄酒瓶的形状和颜色都有讲究，不同的瓶型和颜色代表着不同的地理标志及类型。如德国的琥珀色酒瓶代表莱茵区（Rhein），而绿色酒瓶代表莫泽尔区（Mosel）。但是，上个世纪，新世界葡萄酒的崛起，却改变了这一传统形制。由于新世界国家的酿酒历史较短，大多以法国、意大利或德国为效仿对象，酒瓶的形状也不例外。如今，世界各地均以这两种瓶形为主，用于盛载相类似的产品。所以，单从酒瓶形状和颜色去辨别产地并不客观。但是，旧世界的传统仍在延续，不同产区均有不同风格的酒瓶。关于酒瓶的形状、颜色、凹底、瓶封、浮雕及其他，请参照前面的"酒瓶的类型及作用"一节。

条形码

条形码是葡萄酒流通识别码，来自不同的国家，条形码的首位数字不同，例如前两个数字是00~13，代表美国和加拿大；30~37 代表法国产品，690~695 代表产自中国。但是，根据国际编码组织管理准则，商品条形码可以在原产国申请，也可在销售国申请，同时还可以在销售国用原产国的条码。因此，条形码并不能说明该商品是进口的，还是国产的。

酒精含量

酒精乃酒的灵魂，是辨别酒质的重要指标之一。例如在欧洲各国的葡萄酒法规当中，酒精为最重要的管制条件之一，在生产过程中对葡萄的自然糖分含量和葡萄酒的最低自然酒精含量都有严格的限制规定，这与酒质息息相关。但是，并非酒精含量高，酒的质量就高。例如法国波尔多的一级名庄正牌酒的酒精含量大多在 12.5%~13% 之间；而法国南罗讷河谷的红葡萄酒大多在 14.5%~15.5% 之间，质量优劣显而易见。事实上，葡萄酒的酒精含量高低与原产地的气候和光照强度及时长有关。通常出自高纬度地区的葡萄酒酒精含量相对较低，反之，纬度越低酒精含量越高。酒精含量过高，会使酒体失衡，酒精含量过低，酒体过于瘦弱。酒精含量适中，与其他成分协调，并且达到一种平衡状态，才是佳酿的特征。那么如何才能根据酒精含量去鉴别酒质呢？首先应根据葡萄酒的类型确定选购的目标范围，通常，温带地区的红葡萄酒的酒精含量在 12.5%~13.5% 之间为宜，干白在 12%~13% 之间最佳，起泡葡萄酒相对略低，甜白葡萄酒相对略高。来自不同温度带、不同国家、不同地区和不同葡萄品种的酒，酒精含量没有可比性。但是，如果来自同一产区、等级、葡萄品种及生产者水平相同的情况下，酒精含量越高，酒质相对就越高。

保质期

市场上面流通的国产葡萄酒和进口葡萄酒中文背标上面都印有 10 年或 15 年的保质期，而一些进口葡萄酒的原产地标签上面却没有注明，因此，使得一些消费者很是迷惑！葡萄酒到底有没有保质期？ 肯定有！事实上，任何饮品和食品都是有保质期，不过，葡萄酒的保质期无法硬性规定。原因是葡萄酒的生命周期主要取决于酒的类型、质量、储存和运输各环节的环境条件，如果硬性规定保质期，在流通环节无法保证酒的质量及可靠性。比如一瓶保质期 10 年的干红葡萄酒，在市场流通环节如果遇到环境不当，可能一个月就已变质，从法定保质期而言属于仍可销售的商品，这就损害了消费者的利益。反之，如果一瓶顶级干红注明 15 年保质期，说明 15 年之后就过期了！这显得有点可惜！其实，顶级干红葡萄酒在良好的环境下成熟期可达 20~50 年，如果按注明的保质期计算岂不已过期！这是一种很矛盾的界定。因此，欧美国家出产的葡萄酒对于保质期没有硬性规定，靠消费者自己辨别。关于葡萄酒的保质期请参照前面"葡萄酒的保质期"一节。

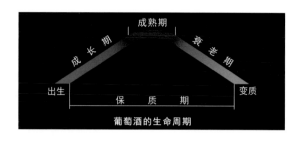

葡萄酒的生命周期

大赛奖项

举办葡萄酒赛事除了为消费者筛选优秀的葡萄酒外，其重要目的是为生产者和酒商提供交流平台，从而促进葡萄酒行业发展。目前，国际上各种各样的葡萄酒大赛比比皆是，每一种赛事都有自己的特色和相应的参赛群体，比赛内容大同小异，声誉也良莠不齐。但大多数赛事的共同点是奖项分：金、银、铜，部分赛事还有特别奖或嘉奖等。通常，每一项赛事都会定期举办，基本每年一次，参赛者自愿报名，并收取相应的费用，多数赛事的获奖比例在 30% 以上，因此，并非某一产区集体竞赛。不论何种赛事，最终胜利者都会获得实体奖牌和奖牌标识使用权。单从赛事角度来说，奖项标识是此项比赛对酒的质量肯定。其实，每一项比赛的形式都不同，有的是专门针对起泡酒或某一葡萄品种举办的，各自的参赛群体及影响力不同，这主要取决于主办方的实力（历史影响、品酒团队实力及客观性等）。其实，印有获奖标识的葡萄酒与无获奖标识的葡萄酒没有可比性，因为，参赛的只是少数生产者，而大多数生产者都不会参加，尤其是以盈利为目的赛事。客观的讲，印有获奖标识的葡萄酒质量比未参加比赛或未获奖的葡萄酒更加可靠而已！因此，对辨别葡萄酒质量或许有一定的参考价值，但不必过于依赖这些华而不实的标识。关于葡萄酒赛事请参照后面"国际主要葡萄酒大奖赛"一节。

其他参考

专家评分

　　如今，葡萄酒的评分非常多，不仅有国际品酒大师的评分，还有国内一些专家的评分，甚至一些媒体或某一酒商的评分，并且许多消费者都以此衡量酒质的优劣，尤其是帕克评分，其实，这并不可靠。评分高就一定是好酒吗？评分高一定适合自己？这是不可能的！每个人的喜好及口感不同，因此，酒评家推荐的酒并不一定适合自己。酒评家是葡萄酒专业人士无可厚非，但毕竟无法代表所有消费者的喜好。况且酒评家打分会受到个人的主观因素影响。简单的说，几位世界级酒评家给同一瓶酒打分时，时常会出现分歧情况，从这一点可以看出，酒评家给出的分数并不客观，不排除有些商业成分。因此，酒的质量好坏，不是评分所决定的，尤其是大众消费类葡萄酒。此外，有很多葡萄酒从来不参加比赛或评分，这样就有可能会错过一些伟大的葡萄酒。

有机标识

　　有机标识、酿酒师联盟标识、特级园或酒庄联盟标识等标识当中，有些是法定的，有些属于民间组织授权，不论哪一种，对鉴别酒的质量均有一定的参考价值。

　　绿色有机种植由奥地利哲学家兼教育家鲁道夫斯坦纳在 1924 年提出的自然动力法，强调完全使用天然肥料，并配合天体运行规律，让土地回归原始活力。这种生产方式能够保持和改善土地的营养成分，有利于生物多样性和保护水与空气的质量。绿色有机葡萄种植者使用绿色有机混合肥料来培育葡萄。为了预防病虫害或其他破坏者，采取纯天然的物质或自然斗争法提前预防。

　　目前，全球已经兴起绿色有机葡萄酒营销概念，各国均有各自的管制标准，并且有官方发放的有机标识认证。但是，由于各国的监管体系不同，有机葡萄酒的实质不得而知。就法国而言，有机葡萄酒认证有多种，如：有机农业（Agriculture Biologique）、有机葡萄酒（Vins Bio）或天然葡萄酒（Vins Naturels）等。

　　有机农业（Agriculture Biologique）简称 AB 认证。由法国工商部针对食品和饮料统一制定并颁发的有机规范，是有机食品最具公信力的标识。取得有机标识的产品，其原料成分必须 100% 来自受控制的有机葡萄园内，并且生产、包装到运输等环节必须符合严格的环保及安全规范。由于 AB 认证的严格要求和监控，欧盟及世界各国从 2003 年开始正式接受此认证，成为全球通行的有机食品身份标识。

　　印有 AB 标识的葡萄酒意味着其葡萄园至少连续 3 年采用天然有机肥料，并且没有使用化学肥料和农药。此外，葡萄酒在酿造过程中用自然法进行发酵、过滤和澄清。

　　事实上，从健康角度来说，有机葡萄酒是日常消费不错的选择，但是，受种植条件和生产工艺等约束，大多数有机葡萄酒的质量一般，在口感上并没有什么突出的表现。

酿酒师联盟标识

法国独立酿酒师联盟（The Vignerons indépen dants de France），简称 VIF，总部设在巴黎，是国际知名度最高的葡萄酒专业机构，在世界葡萄酒行业享有崇高的地位。该联盟类似于英国的独立酿酒协会（SIBA），加盟成员可在葡萄酒标签上面印有统一的联盟标识，这个标识是一种质量的承诺。

按规定，所有加盟成员必须是小型独立生产者，通常都是一些拥有葡萄园的传统酿酒世家和经验丰富的小酒农。此外，还必须接受 VIF 的监督和约束，每个成员只能使用自己葡萄园出产的葡萄酿酒。从葡萄栽培、管理、采收、酿造、灌瓶到品尝分析等一系列环节必须在庄园内按传统方法完成，相当于波尔多的酒庄酒。最后，再经联盟分析确认，发放标识。因此，限制条件较严格，葡萄酒的品质也较可靠，但获得此标识的酒，质量和价格高低不一，既有几欧元的普通餐酒，也存在不错的佳酿。

完税标识

一些法国进口酒的瓶封顶部会贴有一片戴着自由帽的女人头像圆形标识，头像周围印有 D.G.D.D.I 和法兰西共和国（République Francaise）等字样，外围由数字 + 大写字母 + 数字组成。

图案头像女子叫玛丽安（Marianne），她象征理性、自由和公众思想，为法兰西共

和国的象征，被广泛用于各领域。

D.G.D.D.I. 是法国海关总局（Direction Générale des Douanes et Droits Indirects）的缩写。有这个标识代表该酒在法国境内已完税，允许在本国自由贸易流通。因此，这只是个完税标识，与酒质没有任何关联。

标识上面的内容：

75cl ＝厘升容量。

前面数字＝所在省编号

R 或 **Récoltant** ＝种植者灌瓶

E ＝ **Eleveur** 酿造商灌瓶

N ＝ **Négociant** 酒商灌瓶

后面数字＝管理许可号码

标识颜色有多种，大多数 AOP 是绿色，地区餐酒是蓝色。

按规定，在法国境内流通的葡萄酒必须贴有此标识，出口的不必。因此，正常情况下，大批量原装进口法国葡萄酒不会带有此类标识。由于近几年小批量或拼柜进口酒的数量剧增，供应商在货源不足时，偶尔会用本地流通的酒来补充。所以，在国内带有此标识的酒并不多。当然有此标识可以确定为原瓶进口酒，但无此标识的进口酒才是主流产品，不能说没有这个标识就不是原瓶进口酒。

名人效应

所有的奢侈品几乎都具有名人效应，顶级葡萄酒也不例外。既然是奢侈品，价格自然不菲，不过其中的大部分钱花在名字上了，并非完全是酒质。作为普通消费者在选购葡萄酒时，应避开有名人效应的酒，不必花昂贵的价钱去买这些华而不实的商品。尤其是大牌明星代言或广告满天飞的葡萄酒，此类酒的自然质量并不高，多数成本来自宣传费用，最终由消费者买单。

成熟期

葡萄酒的成熟期指葡萄酒在灌瓶之后发生的一系列物理变化。葡萄酒在瓶中的成长就是陈年过程，陈年的的目的是为了促进酒液成熟，提升味觉质量，宜于饮用，并能够充分体现其自然价值。葡萄酒的成长过程像人一样，除了需要特殊的环境外，自身还要具备一定的潜质，这种潜质只有极少数葡萄酒拥有，大多数葡萄酒不具备长期陈年潜质。因此，大部分葡萄酒的成熟期非常短，甚至不需要成熟就可直接饮用。通常新酿造的红葡萄酒单宁较粗糙，酸涩，难以入口，为此，在完成发酵后需要经过一段时间的氧化培养才能销售。上市后的成品酒 95% 以上不适合存放，仅 5% 左右的葡萄酒可适当陈年。普通红葡萄酒基本上都属于即买即饮型商品酒，成熟期在 3~10 年间，干白葡萄酒在 1~5 年间，成熟的葡萄酒入口更加丰富、柔顺。有些干红或干白越新越好，如新酒、灰皮诺或白诗南干白等，时间越长，口感质量越低。葡萄酒的成熟期不仅取决于酒的体质，还受储存环境及人为照顾等其他因素影响。所以不能完全以体质衡量成熟期，需要消费者从多方面综合评估，如酒液的损耗、颜色、清澈度或光亮度等等。

葡萄酒包装

通常进口葡萄酒的整箱以 12 瓶和 6 瓶装为主，当然也存在 3 瓶装或 2 瓶装的，但非常少见。进口葡萄酒的原包装箱基本都比较简单，主要是纸箱和木箱，上面有生产者的标识（Logo）。目前，在国内会见到许多葡萄酒的包装是精致的礼盒、木箱或皮箱，这些均由国内酒商根据国内消费者的需求自行定制的，甚至有些奢华的包装比酒的成本还高，当然，个别酒也有国外原包装。因此，酒的包装与酒的质量无关，关键还是要看酒质，切勿"以貌取酒"。在购买自饮酒时，尽量避开礼盒酒，这样不仅避免了花冤枉钱，还为环保做出了一点贡献。

寻求帮助

看了前面的葡萄酒选购程序，许多消费者可能还是一头雾水，因为当中涉及到许多葡萄酒专业知识，有些消费者可能说不出几个葡萄品种，也说不出几个产区来，就更谈不上等级和年份的含意了！也不可能在购买葡萄酒时，事先学习这些专业知识，况且在短时间内很难掌握。其实，这些对于消费者来说并不重要，重要的是应该清楚怎样选购，有哪几项需要把握的指标，只要掌握了选购程序和知识点就足够了。现在，各种销售场合都有相关的专业服务人员，在购买时可寻求帮助，如此同样能达到事半功倍的效果。

以葡萄品种选酒

首先询问销售人员最佳葡萄品种有哪些？这时服务人员会根据自己的产品推荐几个著名品种。接下来问这些品种的主要感观特征，从中找出适合自己的品种。再问该品种最具代表性的产区有那些国家？那些地区？得到所有的答复后，通过综合分析，便可确定想购买的品种了！

以酒选酒

以酒选酒需要消费者具备丰富的葡萄酒文化知识和鉴赏能力，其参考依据涉及气候、地质、葡萄品种、生产工艺、年份、等级、生产者声望、优劣质酒的特征、成熟期及专业术语等。这些专业知识对于普通消费者来说，十分困难，需要化大量的学习时间和经验积累。最简单的办法是寻求帮助，首先找值得信赖且声誉度比较高的代理商或专业酒窖。如此可降低买到劣质酒的机率，还能学到一些专业知识，为日后的选购积累经验。

以国家或产地选酒

首先询问旧世界与新世界的区别和特点，再从这两个世界中选出自己倾向的一方。如果旧世界更适合自己，接着再问旧世界主要生产国有那些？从中找出自己倾向的生产国，如选择法国，再问法国主要产区、代表性产地、等级和代表性葡萄品种等等，最后从中找到适合自己的葡萄酒。

以生产者（品牌）选酒

首先确定生产国和产区，再找比较受欢迎的品牌和葡萄品种酒。然后从服务人员推荐的品牌中找到适合自己的酒即可。

以风味选酒

风味选酒是根据自己的喜好选酒，不同产地、不同葡萄品种和不同类型葡萄酒，口感各异。因此，在选购前首先要清楚自己的喜好，是干白、甜酒、干红、桃红、起泡，还是强化葡萄酒？是酒体轻盈还是酒体丰满的？理论上，酒精含量与酒体轻重成正比，酒精含量在 12% 以下代表酒体可能轻盈，12% 以上代表酒体相对丰满。

干白葡萄酒

体现的风格有清新、芳香和酸度，其中酸度是衡量酒质的重要指标之一。在选择时，要清新活泼的，还是浓郁复杂的？要酸度高的，还是低的？什么葡萄品种更适合自己？例如最具代表性的葡萄品种：霞多丽（Chardonnay）、长相思（Sauvignon Blanc）、雷司令（Riesling）或维奥涅尔（Viognier）等。大部分干白葡萄酒不适合用橡木桶培养，只有少数霞多丽、长相思和维奥涅尔等品种适合用橡木桶培养。用橡木桶培养的干白颜色呈金黄色，酒体饱满，香气丰富复杂，但不够清新。

甜型葡萄酒

体现的风格有清新、芳香、甜度和浓郁度等，其中最重要的质量指标是香气和口感。在选择时，首先应确定是什么类型？传统甜白、迟摘甜白、贵腐甜白、天然甜白，还是强化甜白或冰酒。要低甜、适中，还是高甜度？要清新简单的，还是浓郁复杂的？什么产区或葡萄品种更适合自己？代表性甜酒有：法国波尔多的索帝恩（Sauternes）贵腐甜白、阿尔萨斯的粒选贵腐甜白（Selection de Grains Nobles）和晚收甜白（Vendanges Tardives）或鲁西荣的天然甜酒（Vin Doux Naturel）等。此外，还有德国的冰酒（Eiswein）或干浆果粒选（Trockenbeerenauslese），匈牙利的托卡伊（Tokaj）、葡萄牙的波特酒（Port）或马德拉（Madeira）等。

干红葡萄酒

体现的风格有香气、单宁和酸度，其中单宁是衡量酒质的重要指标之一。在选择时，喜好低单宁还是高单宁？酒体轻盈还是饱满的？是果香突出的，还是香气复杂的？什么产地和葡萄品种？代表性产地和葡萄品种有：法国布艮地的黑皮诺（Pinot Noir）、波尔多的赤霞珠（Cabernet Sauvignon）或梅洛（Merlot）、北罗讷西拉（Syrah）、意大利内比奥罗（Nebbiolo）、西班牙的坦普拉尼罗（Tempranillo）或奥大利亚的设拉子（Shiraz）等等。

桃红葡萄酒

介于红与白葡萄酒之间，体现的风格有颜色、芳香、酸度和清新度等。在选购时，要什么产地的？干型，还是半甜型？什么葡萄品种？是红葡萄品种桃红？还是混合葡萄品种桃红？其实，全球优质桃红葡萄酒的产地屈指可数，如：法国的普罗旺斯（Provence）、安茹（Anjou）、南罗讷（Southern Rhône）和意大利托斯卡纳（Tuscany）等。此外，还有新世界的美国或智利等等。

起泡葡萄酒

最重要的成分是酒中的二氧化碳气体。二氧化碳的含量与起泡葡萄酒的类型和工艺有关，而二氧化碳的质量与酒质有关。因此，在选购时，先确定是香槟酒，还是其他起泡酒？需高压起泡酒，还是低压起泡酒？什么口味？原酒（Brut Zero）、极干（Brut）、特干（Extra Sec），还是甜（Doux）的？此外，是年份酒还是非年份酒？什么产地和葡萄品种？表现较出色的起泡酒有：法国香槟（Champagne）或起泡酒（Cremant），意大利汽酒（Spumante），德国塞克（Sekt），或西班牙的卡瓦（Cava）等。

强化葡萄酒

典型的特征是酒体强壮，结构饱满，口感强劲，酒精含量高，大多数酒耐久存。目前，此类酒的生产国较少，如：西班牙、葡萄牙、法国或澳大利亚等，口味有干（Dry）和甜（Sweet）之分。因此，在选购时，先确定是什么国家的？要白酒还是红酒？年份酒，还是非年份酒？是甜型，还是干型？要氧化培养期长的，还是短的？不同类型强化葡萄酒，针对口味有不同的专业术语，例如西班牙的雪利酒（Sherry），葡萄牙的波特酒（Port）和马德拉（Madeira），以及法国鲁西荣的红天然甜酒（VDN）等。

检查您的酒

在选购葡萄酒时，通过咨询一些专业问题，不仅能够缩小选择范围，还能找到一些与酒质和风格有关的线索，为下一步的选购提供参考依据。当选购结束后，还需通过检验酒体的外观，鉴别酒质是否可靠，如外包装、瓶封、酒液损耗、沉淀物和气泡等。通过这些外观特征，有助于了解这批酒的储存状况，如包装的新旧、污染或变形情况等。

瓶封和损耗

检查瓶封时，需特别注意瓶封是否原装，是塑料材质，还是锡金属。传统上，前者多用于廉价酒，后者用于中高端酒，但如今并不能以些区分质量。此外，还要看有没有发霉或漏酒的痕迹，如果有这种情况，说明酒的存放有问题，酒质很难保证。

检查酒液损耗可直接判断储存情况和酒质。如果是一瓶不到 2 年的浅龄酒，酒液损耗超过 2 厘米，说明此酒储存不当、有渗漏或蒸发的可能。如果是一瓶 20 年的老酒酒

液几乎无损耗，说明此酒有可能是新罐瓶的假酒，或者是重新换过瓶的老酒，具体请参照前面的"葡萄酒的损耗"一节。最后，通过与销售人员沟通，就可做出自己的选择了。

沉淀物

沉淀物出现在葡萄酒当中属于正常现象，但是还要看酒龄和沉淀物的类型。通常干白的沉淀物是一种颗粒状的酒石酸盐（浅龄干红也会出现），这与酒的生产工艺有关，未经低温处理的酒，在灌瓶后遇到低温可能会出现酒石酸盐，但不会影响质量，酒石酸

盐的出现与酒龄无关。正常情况下优质干红的沉淀物是酒泥，酒泥的形成与酒龄有关。红葡萄酒随着陈年时间的加长，酒中的单宁和色素会氧化聚合，沉入瓶底，从而形成酒泥。酒泥的出现不会影响酒质，但是，如果是浅龄酒出现大量酒泥属非正常现象，有可能酒质低，或者在储存过程中过度氧化造成的。如果是超过 15 年的老酒，没有酒泥同样不正常。除了酒泥之外，有时还会出现絮状或烟雾状的漂浮物，任何葡萄酒只要有这种情况，说明已经变质，不宜于饮用。

气泡

葡萄酒中几乎都含有二氧化碳气体，只是气体的多少不一，按国际标准：静态葡萄酒在 20℃的情况下，二氧化碳气体小于 0.5 个大气压，大于 0.5 个大气压的葡萄酒统称为起泡葡萄酒，如阿斯蒂麝香、香槟或其他国家的汽酒等。正常情况下，静态葡萄酒通过外观看不到气泡，如果出现大量气泡，说明酒中有微生物活动，有再次发酵的可能，或已变质。起泡葡萄酒的气压在 0.5~6 个大气压之间，传统微起泡酒在 0.5~3.5 个大气压之间，传统起泡酒和香槟酒在 3.5~6 个大气压之间。通过气泡的压力无法鉴别酒质，但是根据气泡的细腻度、密度和持续时间，可辨别酒质的优劣。

综合分析

在葡萄酒销售场所参照样酒选购时，可询问销售人员一些相关的知识或问题，然后再进行综合分析，找出适合自己的产品。

综合分析葡萄酒的质量和风味时，主要是通过对标签的解读，找出一些与质量和风味有关的线索，如：产地、法定等级、葡萄品种、年份、酒精含量、酒龄及相关术语等。这些内容基本都能在酒标上面找到。

葡萄酒属于大自然给予，原产地的气候和地质决定了葡萄酒的风味和质量。

法定等级是人为约束种植者和生产者的工具，对于质量的鉴别有一定的参考价值，但并非绝对。

葡萄品种是决定酒质和风味的重要因素之一，因此，有"七分原料，三分工艺"之说。但"七分原料"的说法有多重含义，其中包括葡萄品种生长的地质和气候，所以说，在选购葡萄酒时，因地制宜的葡萄品种为最佳。

采收年份的好坏，对于传统佳酿来说，间接的影响了酒质，但是，对普通酒的影响并不大，主要参考依据是以年份来辨别酒龄，从而为鉴别质量提供依据。

酒精是辨别酒质的重要指标之一，但是，并非酒精含量越高越好。理论上，来自同一国家、产地、等级、品种和工艺的情况下，酒高精含量越高，酒质相对就越好，如果来自不同产地、等级和品种，没有可比性。

酒龄是辨别葡萄酒成熟期的重要依据，不同的葡萄酒成熟期不同，因此，在选购即饮型葡萄酒时，一定要参考酒龄，尽量选择处于适饮期的酒。

一些标签术语直接反应出该酒的类型和风味，如红葡萄酒的 Reserve，香槟的 Blanc de Blancs 或甜酒的 Beerenauslese 等。

葡萄酒官方分类
Wine Classifications

世界最早的葡萄酒分级制度

葡萄酒分级不但规范了葡萄栽培及葡萄酒行业生产，还保护了生产者的声誉和质量，维护了消费者的利益，为推动葡萄酒行业发展打下了坚实基础。世界上最早的葡萄酒分级系统源于中世纪欧洲的皇室贵族。据记载，14 世纪中期，法国南部的贝阿恩王子（Princes of Béarn）率先推出了"朱朗颂葡萄园（Jurançon Crus）"概念，这使得一些表现较出色的单一葡萄园有了体现自身价值的机会。1644 年，德国"维尔茨堡（Würzburg）"推出了葡萄园排名制度。1700 年，匈牙利倍受欧洲皇室喜爱的"托卡伊山麓（Tokaj–Hegyalja）"建立了欧洲最早的葡萄园分级系统。

1855 年，法国波尔多（Bordeaux）借助巴黎举办世界博览会的机会向全球推广葡萄酒，并对当时的梅多克（Médoc）地区表现最出色的酒庄进行了第一次等级评定，称之为列级酒庄（Grand Cru Classés），这是法国最早的官方酒庄分级制度。

1919 年，法国官方第一次通过了葡萄酒原产地保护法，并做出了详细的管制规定。1935 年，法国原产地控制命名管理局 INAO 成立，同年通过了大量关于控制葡萄酒质量的法律条款，在此基础上建立了原产地控制命名 AOC 系统，这是世界上最早并且最完善的葡萄酒原产地命名系统。

20 世纪 60 年代，欧洲各主要葡萄酒出产国陆续在法国葡萄酒分级基础上建立了自己的分级系统，基本划分为 2~4 类。如：意大利的 DOC、西班牙的 DO 和德国的 QmP 等。1979 年，欧盟对"Vin de Table"和"VQPRD（Vin de qualité produit dans des régions déterminées）"市场进行了规范。之后，各主要成员国又重新对葡萄酒法规及分类进行修订。2000 年之后，欧盟各小成员国也先后建立了葡萄酒分级系统。目前，旧世界葡萄酒分级基本控制在 4~6 类间，归属欧盟的"特定地区酒 VQPRD"和"普通餐酒 Vin De Table"2 大类的范畴内。

欧盟地理标志立法

欧盟对葡萄酒市场进行统一分类管理的核心是为了提高和保证成员国的葡萄酒质量，加强各成员国在国际市场上面的竞争力，促进行业快速发展。1979 年 2 月 5 日的 337/79 号条例 [13] 对葡萄酒市场进行了统一规范，在同日颁布的 340/79 号条例 [14] 又对普通餐酒（Vin De Table）的类型进行了认定。1987 年 3 月 16 日颁布的 882/87 号条例 [15] 和 823/87 号条例 [16] 分别对普通餐酒市场及产于特定地区的优质酒（Vin de Qualité Produit dans des Régions Déterminées）市场进行了规范。之后，于 1999 年 5 月 17 日的 1493/99 号条例 [17] 确立了目前的葡萄及葡萄酒市场框架。该条例于 2000 年 8 月 1 日生效，历经多次修改后，结合其他数十份与葡萄酒有关的法律文件重新组成了一个复杂的制度体系，当中涉及葡萄产业实践、原产地命名制度及标签使用规则等。其中规定 VQPRD 葡萄酒应满足以下基本条件：确定原产地、葡萄品种、栽培方法、酿造工艺、最低自然酒精含量、每公顷葡萄园的最大葡萄产量、每公顷葡萄园的最大葡萄酒产量以及感观分析与评估等等。该制度之所以复杂是因其指导原则是："凡非法律没有明确允许的即是禁止的"，这就需要无底限的补充规定以适应不同成员国的实际情况，因此，法律定义并不明确，尤其是与相关成员国的立法有较大的差异。以上条例最终实现的是一种成员国相互之间承认的 VQPRD 制度，事实上，对各成员国的葡萄酒分级规范没有太大的意义。

法国葡萄酒分类
FRENCH WINE CLASSIFICATION

法国葡萄酒的质量拥有很高的声望，这不仅仅是大自然的恩惠，还要归功于法国酒农的执着精神和官方完善的管制体系。

法国最早的葡萄酒管制法令出现于 15 世纪初。1416 年，查理六世（Charles VI）颁布法令规范了布艮地葡萄酒产区（Vin de Bourgogne）界线。1855 年拿破仑三世（Napoleon III）借助巴黎博览会委托客商为波尔多地区的酒庄进行排名，这是闻名世界的 1855 年波尔多列级酒庄分级制度。1861 年博纳市农业委员会（Comité d'agriculture de Beaune）第一次对科多尔省（Côte d'Or）葡萄园进行分类（Classification）。第一次世界大战结束后，葡萄酒业面临着新的挑战，法国政府为了稳定葡萄酒的质量，促进葡萄酒行业快速发展，于 1911 年开始起草"原产地保护法令"，并做出了详细的管制规定，1919 年正式通过。16 年后的 1935 年 7 月 30 日，法国国家原产地命名管理局 INAO 正式成立，该机构隶属于法国国家农业部，主要职责是向政府机构提议 AOC 的认可，并在法国本土对其实施监督管制和国际上的知识产权保护等。法国原产地控制命名 AOC 为法国传统食品的原产地地理标志，是欧盟原产地命名保护 AOP 标志的一部分。实施这种标志保护了生产者和消费者的利益，为识别产品出处和质量提供了依据。

1936 年，法国原产地控制命名 AOC 管制系统正式实施，同年 5 月 15 日推出了第一批法定 AOC 产区名号，如：罗讷河谷的教皇新堡（Châteauneuf–du–Pape）。

1941 年 4 月 12 日，半官方机构香槟专业委员会 CIVC 正式成立，其主要职责是保护香槟名称专利和改进葡萄种植及酿酒技术等。1949 年，官方建立了"AOVDQS"法定产区，全称"准法定产区优质葡萄酒"，是 VDP 向 AOC 升级中间的过度级别。

1973 年，制定了"Vin de pays"法定产区，1979 年正式通过实施。同年，国家原产地命名管理局 INAO 将"Vin de pays"和"Vin de Table"的监督管理权移交给了国家葡萄酒行业管理办公室 ONIVINS。至此，法国葡萄酒分 4 大类，从上至下依次为：《AOC》，《VDQS》，《Vin de Pays》和《Vin de Table》。2009 年 8 月，国家原产地命名管理局 INAO 对原产地命名系统进行了一次改革，目的是与欧盟标准统一，简化葡萄酒标签，并与新世界葡萄酒相抗衡。为此，将原先的"AOC"改成了"AOP"；"VDP"改为"IGP"；"VDT"改为"VDF"，之前的"VDQS"于 2011 年 12 月 31 日废止。同时，大部分 VDQS 法定产区被提升为 AOP 产区，只有个别未达标的产区被降为 IGP 产区或划归周边的 AOP 产区内。2012 年之后，法国葡萄酒产区等级从之前的四级降为三级：《AOP》，《IGP》和《VDF》。

保护原产地葡萄酒
AOP = Appellation d'Origine Protégée

准法定产区优质葡萄酒
AOVDQS = Appellation d'Origine Vin Délimité de Qualité Supérieure

保护地理标志葡萄酒
IGP = Indication Géographique Protégée

无地理标志葡萄酒或法国葡萄酒
VSIG = Vin Sans Indication Géographique
VDF = Vin de France

法国葡萄酒分级系统图解
French Wine Classification System Diagrams

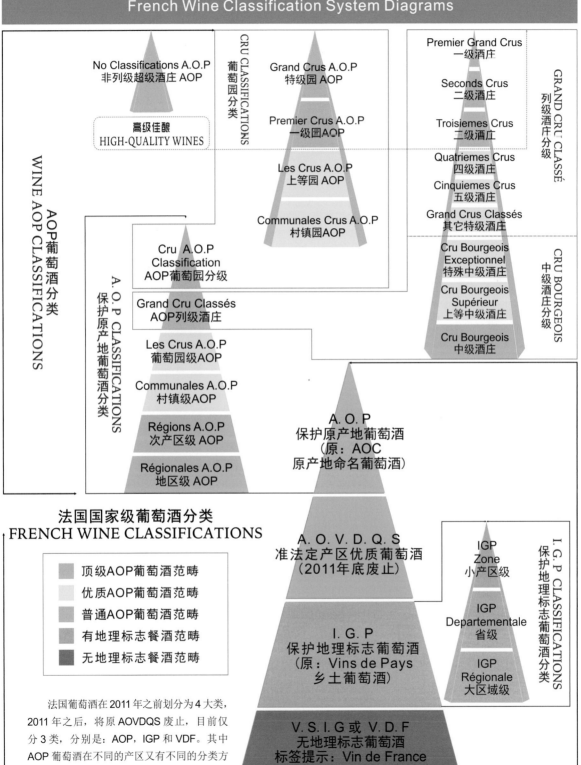

AOP葡萄酒分类 / WINE AOP CLASSIFICATIONS

CRU CLASSIFICATIONS 葡萄园分类

No Classifications A.O.P 非列级超级酒庄 AOP

高级佳酿 HIGH-QUALITY WINES

Grand Crus A.O.P 特级园 AOP
Premier Crus A.O.P 一级园 AOP
Les Crus A.O.P 上等园 AOP
Communales Crus A.O.P 村镇园 AOP

GRAND CRU CLASSÉ 列级酒庄分级

Premier Grand Crus 一级酒庄
Seconds Crus 二级酒庄
Troisiemes Crus 三级酒庄
Quatriemes Crus 四级酒庄
Cinquiemes Crus 五级酒庄
Grand Crus Classés 其它特级酒庄

CRU BOURGEOIS 中级酒庄分级

Cru Bourgeois Exceptionnel 特殊中级酒庄
Cru Bourgeois Supérieur 上等中级酒庄
Cru Bourgeois 中级酒庄

A.O.P CLASSIFICATIONS 保护原产地葡萄酒分类

Cru A.O.P Classification AOP葡萄园分级
Grand Cru Classés AOP列级酒庄
Les Crus A.O.P 葡萄园级 AOP
Communales A.O.P 村镇级 AOP
Régions A.O.P 次产区级 AOP
Régionales A.O.P 地区级 AOP

A.O.P 保护原产地葡萄酒 （原：AOC 原产地命名葡萄酒）

法国国家级葡萄酒分类
FRENCH WINE CLASSIFICATIONS

- 顶级AOP葡萄酒范畴
- 优质AOP葡萄酒范畴
- 普通AOP葡萄酒范畴
- 有地理标志餐酒范畴
- 无地理标志餐酒范畴

A.O.V.D.Q.S 准法定产区优质葡萄酒 （2011年底废止）

I.G.P CLASSIFICATIONS 保护地理标志葡萄酒分类

IGP Zone 小产区级
IGP Departementale 省级
IGP Régionale 大区域级

I.G.P 保护地理标志葡萄酒 （原：Vins de Pays 乡土葡萄酒）

V.S.I.G 或 V.D.F 无地理标志葡萄酒 标签提示：Vin de France （原：Vins de Table 普通葡萄酒）

　　法国葡萄酒在 2011 年之前划分为 4 大类，2011 年之后，将原 AOVDQS 废止，目前仅分 3 类，分别是：AOP，IGP 和 VDF。其中 AOP 葡萄酒在不同的产区又有不同的分类方法，大多为官方或半官方分级，这才是辨别葡萄酒品质的重要依据，详见分类图解。

法国葡萄酒分类与标签管制语

POUILLY-LOCHÉ 2012
CLOS DES ROCS MONOPOLE
Vin signature du domaine,
il est issu d'un terroir argilo-
calcaire à la terre rougissante.
Véritable perle minérale
soutenue par un jus massif
mais élancé, le Clos des Rocs
séduit par ses accents salins
et sa finale cristalline. Grand
vin. Santé !

www.closdesrocs.fr

MONOPOLE

Clos des Rocs
Olivier Giroux
VIGNERON

GRAND VIN DE BOURGOGNE

POUILLY-LOCHÉ
APPELLATION POUILLY-LOCHÉ PROTÉGÉE

CLOS DES ROCS MONOPOLE
2012

Mis en bouteille
au Domaine
Clos des Rocs
Loché · 71000
France

CONTAINS SULFITES
PRODUCT OF FRANCE

13,5% by vol.
750ml

Château
de Vaux
RÉCOLTE

Les Gryphées

MOSELLE
Appellation d'Origine
Vin délimité
de Qualité Supérieure

75 cl   12% vol.

Mis en bouteille par Marie-Geneviève et Norbert Molozay
Viticulteurs à Vaux - 57130 Vaux - PRODUIT DE FRANCE

Concours Général de Paris 2002   RÉCOLTE
MÉDAILLE DE BRONZE   2001

Grand Cru A.O.P
列级酒庄或葡萄园 A.O.P

Other Crus A.O.P
列级酒庄 A.O.P

Les Cru A.O.P
葡萄园级 A.O.P

Communales A.O.P
村镇级 A.O.P

Régions A.O.P
次产区级 A.O.P

Régionales A.O.P
地区级 A.O.P

AOP
保护原产地葡萄酒
（原：AOC
原产地命名葡萄酒）

AOP 区域性分级

AOVDQS
准法定产区优质酒

IGP
保护地理标志葡萄酒
（原：Vins de Pays
乡土葡萄酒）

VSIG 或 VDF
无地理标志葡萄酒
（原：Vins de Table
普通葡萄酒）

VINCENT BOUQUET
CÉPAGE

SÉLECTION DU VIGNERON

*Cette cuvée a été sélectionnée par Vincent Bouquet
Maître de Chai, selon la tradition des
grands vins français.*

SÉLECTION
GRAND
VIN

PAYS D'OC
INDICATION GEOGRAPHIQUE PROTEGEE
MIS EN BOUTEILLE PAR VINCENT BOUQUET, MAÎTRE VIGNERON, Lézignan AUDE À F11160
PRODUCT OF FRANCE

LES RIVAGES
VIN DE FRANCE

12296

CHARDONNAY

法国 AOP 葡萄酒分类解读

特级酒庄或葡萄园：法国葡萄酒除了国家法定标准的3个等级外（2012年之前分4级），其中AOP葡萄酒在各产区还有自己的分级系统，理论上，产区范围越小葡萄酒的品质越高。原因是产区范围越小，法律约束越严格，出产的葡萄酒品质更可靠。但是，在识别此类葡萄酒的品质时，还应结合酒庄或葡萄园风土、等级、声望及价格指数等条件做为参考依据。在法国AOP葡萄酒当中，等级最高的是"Grand Crus"，该词语的意思因产区而异，波尔多的"Grand Crus"在酒标上面提示为"Premier Grand Cru Classés"或"Grand Cru Classés"字样，意思指特级酒庄。布艮地和阿尔萨斯则直接注明"Grand Crus"字样，意思指特级葡萄园。香槟区也是直接注明"Grand Crus"字样，意思是指特级产酒村。目前，在法国除了波尔多、布艮地、香槟和阿尔萨斯之外，在其他6大产区内并不存在酒庄或葡萄园分级系统，但是，在卢瓦尔河谷和鲁西荣产产区各有一个"Grand Crus"葡萄园，这另当别论。

其他AOP：是指除了特级园（Grand Crus）之外的列级酒庄或葡萄园，例如：波尔多的2~5级酒庄（Grand Cru Classés）和中级酒庄（Cru Bourgeois）；布艮地的一级葡萄园（1er Crus / Premier Crus）或香槟区的一级产酒村（Premier Crus）等。以上各产区的列级葡萄酒仅次于特级酒庄或特级园，一些葡萄酒的品质及价格偶尔会超越特级庄或特级葡萄园，例如：波尔多的三级"帕尔玛庄（Chateau Palmer）"或布艮地香宝乐马西尼村的一级克理玛"情侣园（Les Amoureuses）"等，时常超越特级庄或特级葡萄园，并经常入围世界百大葡萄酒的行列。

葡萄园级AOP：指一些没有列级的上等葡萄园。这些葡萄园通常都来自没有地方分级系统的法定产区内，如：罗讷河谷或宝祖利的上等葡萄园。此类葡萄酒的划分大多来自民间组织，因此，在酒标上面很少会出现"Les Crus"字样。但是此类酒的品质悬殊较大，表现较出色的上等园可媲美其他产区的特级酒庄或特级园葡萄酒，例如：北罗讷的艾米塔吉（Hermitage）或罗地山坡（Côte Rôtie）等，名庄大年份酒能达到收藏级。但一些"Les Crus"廉价酒只能卖几欧，如宝祖利上等园。

村镇级AOP：以村庄或县镇命名的葡萄酒，酿酒葡萄来自一个独立的村庄或多个村庄内，如：Pauillac, Volnay, Fitou, Chinon, Arbois, Vosne–Romanee 或 Bandol等。理论上，此类酒的品质仅次于列级酒庄或葡萄园，为最具原产地风土特征的葡萄酒，性价比高，有些葡萄酒可媲美列级庄或列级园葡萄酒，例如：从不参加酒庄分级的波美候Pomerol AOP或布艮地一些顶级生产者或表现非常出色的村镇级克里玛（Climat）等。此外，在村镇级AOP当中还存在一些特定的小气候区，允许将原产地名印在酒标上面，可称之为"村中村"产区，例如：Coteaux du Layon~St Aubin, Cotes du Roussillon–Les Aspres或Cotes du Rhone Villages–Cairanne 等，此类酒代表着村镇级AOP最高水准，大多数葡萄酒的价格在几欧到几十欧之间，当然也存在少量的顶级佳酿，这主要取决于葡萄园风土和生产者。

次产区AOP：葡萄酒来自某一个范围相对较小的地区，例如：Graves, Haut–Medoc, Bergerac, Touraine, Mâcon–Villages 或 Costières de Nîmes等。通常此类酒出自数十个村庄或某一个特定的区域内，等级仅次于村镇级AOP，品质良莠不齐。此外，在次产区AOP当中也存在一些特定的小气候区，可称之为"区中村"法定产区，例如：Touraine–Amboise 或 Macon Charnay 等。理论上，此类酒的品质优于普通次产区级AOP，还是唯独有机会晋升独立村镇级AOP的法定产酒区。

地区级AOP：是以大产区命名的葡萄酒，酿酒葡萄允许来自全区所有的AOP葡萄园内，为法国最常见的葡萄酒之一，如：Bordeaux, Bourgogne或Languedoc等。地区级AOP并不是劣质酒，只不过产区范围大，品质良莠不齐而已。此外，在地区级AOP当中同样存在一些特定的小气候区，称之为"区中村"产区，如：Vin de Savoie–Apremont或Languedoc–Cabrieres等，此类酒更具地方特色，品质与普通地区级AOP无太大差别。此外，各别来自声望较高的生产者大区AOP酒品质可达到列级庄的水平，但非常少见。

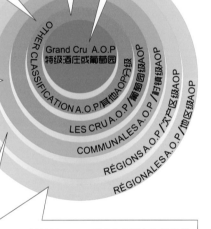

法国 AOP 葡萄酒辨别

目前，多数葡萄酒仍在使用 AOC 命名销售，原因是现在仍处于名号变更的过度阶段，而且多数生产者还担心新的 AOP 系统不被消费者接受。

保护原产地命名葡萄酒（Appellation d'Origine Protégée），简称"AOP"，2009 年之前，其法定名号是"AOC（Appellation D'origine Contrôlée）"。之后变更。

2009 年之前的法定命名　　　　　2009 年之后的法定命名

AOC 葡萄酒－标签解读

强制性标注项目

如何阅读标签？
How to read a label？

可选择标注项目

酒庄或葡萄园名称。法国葡萄酒习惯在生产者的名字前面加上 Château, Clos 或 Domaine 三种专业术语。Château 指酒庄；Clos 用在葡萄酒行业指用围墙围起来的葡萄园，又称之为"园圃"；Domaine 译为酒候或酒庄，是一种对葡萄种植与葡萄酒酿造者的特称，等同于波尔多的 Château。由于近年酒庄概念的炒作，致使法国许多没有城堡的葡萄园也注明"Château"字样，以此提升葡萄酒的认知度。

原产地控制命名葡萄酒法定标志，即 Appellation Origine Contrôlée，简称 AOC。中间的 Origine= 产地，放在酒标上面则由原产地名字替代，如：Appellation Pauillac Contrôlée，中间的原产地是波尔多的波亚克村（Pauillac）。原产地有可能是地区、省、县、村庄或葡萄园，理论上，产区越小法律约束越严格，酒的品质相对越可靠。原产地控制命名标志不仅是原产地的提示语，同时还是分别葡萄酒等级的重要依据。此外，有些葡萄酒会直接印上 Appellation Contrôlée 或将此证明省略掉，而原产地名则以大号字印在酒标上面。

法国葡萄酒注明的酒庄灌瓶提示语通常是"Mis en Bouteilles au"，后缀词有"Chateau"或"Domaine"，意思指酒庄或葡萄园，表示葡萄酒的一系列生产过程均在庄园内完成，品质较可靠。如果不是原产庄灌瓶的酒，则会注明灌瓶商的名称，常见的有：酒商、公司、生产者、合作社或酒窖等词汇。

酒精含量说明，以体积（Volume）的百分比来表示。
酒瓶容量，常见的表示方法有：mL（Ml）、厘升（cL）或升（L）。

AOC 全称 Appellation D'origine Contrôlée，是法国葡萄酒最高标准管制系统，由国家原产地命名管理局（INAO）管辖。原则上，AOC 葡萄酒必须在其标签上面注明"Appellation ××× Contrôlée 管制标识语，在 Appellation 与 Contrôlée 之间为原产地名，例如：Appellation Pauillac Protégée，中间词翻译成中文为"波亚克村"。中间这个词可能是地区名、省名、县名、村名或葡萄园绰号（Lieu–dit），代表产区范围，理论上，范围越小，法律约束越严格，酒的品质越高。

GRAND CRU CLASSÉ EN 1855

CHÂTEAU
PONTET-CANET
PAUILLAC
1998
APPELLATION PAUILLAC CONTRÔLÉE

STEANONYME DU CHÂTEAU PONTET-CANET
PROPRIÉTAIRE À PAUILLAC-GIRONDE-FRANCE
GUY TESSERON,ADMINISTRATEUR

13%vol.　MIS EN BOUTEILLES AU CHÂTEAU　750ml
BORDEAUX · PRODUIT DE FRANCE　L98 1

批号

法国波尔多产品，这是出口产品必须注明的。

波尔多 1855 年评定的酒庄等级：列级酒庄（Grand Cru Classe）；此外，常见的还有：1er Grand Cru Classe, Premier Grand Cru Classe, Cru Exceptional, Cru Classe 或 Cru Bourgeois 等，这都是酒庄级别提示语。另外，有时还会出现 Grand Vin 字样，意思是伟大的葡萄酒，其实这个词没有法律规定，出现在酒标上面也就没有任何实质性意义，所有的 AOC 都可以随便印上。

酒庄或葡萄园标识图案，主要体现酒庄或企业的风格。常见的还有标识（Logo）或其他艺术图案等。

酿酒葡萄采摘年份，也是酒的生产年份。有年份的葡萄酒表示此酒全部采用同一年收获的葡萄酿制。主要供消费者辨别葡萄酒的酒龄和质量。

酒庄名称及其所在地址。

可选择性提示性项目：
● 传统意义上的内容；
● 生产者的名称和地址及协议内容；
● 葡萄酒的区别术语，如 Vieilles Vigne 或 Monopole 等；
● 酒庄或葡萄园建立时间；
● 独立种植者联盟标识（Vigneron independants）；
● 赞美词、葡萄酒类型及风格介绍等。

其他强制性提示项目：
● 香槟酒的类型；
● 葡萄酒的地区识别号码；
● 原产地邮政编码；
● 名庄葡萄酒的身份号码等。

保护地理标志葡萄酒 IGP 辨别

保护地理标志（Indication Géographique Protégée）葡萄酒，简称"IGP"，前身是地区餐酒"Vins de Pays"，于2009年8月通过法案变更。Vins de Pays 的法语意思是"乡土葡萄酒"，为法国最具地方特征的葡萄酒，建立于1979年，为法国第三等级，简称"VDP"。按 VDP 管理规定：符合此等级的葡萄酒必须注明原产地，并且采用原产地法定单一葡萄品种酿造，要求与标签上面所注明的品种一致。标签上面除了要注明原产地外，必须注明葡萄收获年份。最后，在销售前还要通过味觉评审委员会的评定认可。如今，更名为 IGP 后，相关法规并未改变，葡萄酒标签上面的管制说明有：原产地名、地域简称或其他特殊词汇，这个名称可能是大区、省、县或某一个小气候区的全称或简称，理论上，范围越小品质相对越高。IGP 可以使用的酿酒葡萄有300多种。根据2009年条款规定，标签上面注明的葡萄品种含量应＞85％，允许添加＜15％其他辅助品种。

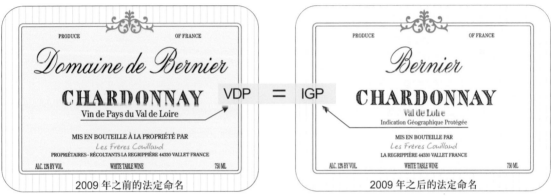

2009年之前的法定命名 = 2009年之后的法定命名

目前，多数葡萄酒仍在使用 VDP 命名销售，原因是现在仍处于名号变更的过度阶段，而且多数生产者还担心新的 IGP 系统不被消费者接受。

IGP 葡萄酒－标签解读

单一葡萄品种名称"维奥涅尔（Viognier）"，此项属于强制性规定，是此等级葡萄酒必须注明的，有些酒印在前标，有些在背标。

保护地理标志葡萄酒 IGP 法定管制标识语，是识别葡萄酒原产地及等级重要依据。上边的 Coteaux de l'Ardèche 为法定产区名称，这是小产区名号，此外，还有大区级或省级法定产区名号。

独立酿酒师联盟标识。

可选择性提示性项目：
● 传统意义上的内容；
● 酒商的名称和地址；
● 葡萄酒的区别术语；
● 生产者的成立时间；
● 代表生产者风格的标识图案；
● 赞美葡萄酒的词汇；
● 葡萄酒类型等。

如何阅读标签？
How to read a label ?

葡萄采摘年份，也是此酒的生产年份，表示用该年采摘的葡萄酿制的酒。此项是辨别酒龄和酒质的重要依据。

酒名（葡萄园名），大多数酒会用：Château、Domaine 或 Clos 等术语。

葡萄采摘及灌瓶商地址、邮编和电话号码，为了避免村镇名字相互混淆，必须注明邮编。此外，有些葡萄酒还会注明地段识别号码。

酒瓶容量，常见的表示方法有：ml（ml）、厘升（cL）或升（L）。

酒精含量说明，以体积（Volume）百分比表示。右侧为孕妇禁止饮酒健康提示标识。

法国产品和含有亚硫酸盐提示语。

强制性标注项目
可选择标注项目

法国葡萄酒标签重要术语

Blanc：白葡萄酒

Blancs de Blancs：表示用 100% 白葡萄品种酿造的白香槟或白起泡葡萄酒。

Blancs de Noirs：表示用 100% 黑葡萄品种（红葡萄）酿造的白香槟或白起泡葡萄酒。

Brut：极干型，入口感觉不到甜味，每升酒液的残留糖分含量不超过 12g，属于起泡酒术语。

Brut Natural \ Brut Zero：表示没有补充甜酒，是百分百纯天然原酒，属于起泡酒术语。

Caves Coopératives：酿酒合作社，由众多无能力自行酿造葡萄酒的小酒农组成的酿酒社团。

Château：城堡，在葡萄酒标签上面指"酒庄"。

Climats：音译"克里玛"，指一块限定范围且有独立名称的葡萄园地块，常见于布艮地葡萄酒。

Cremant：微起泡，相当于香槟气压的一半，约 3.5 个大气压，法国最常见的一种传统起泡葡萄酒。

Clos：法语译为"园圃"，是指用石墙围起来的葡萄园，大多为历史悠久的园地，如今石墙已不复存在。

Contain naturally~occurring sulfites：含有天然亚硫酸盐。

Crus：在葡萄酒标签上面指"上等葡萄园"。

Cru Classé：列级酒庄术语，通常前面会加 1er, Grand, Premier Grand, Premier, 1er Grand, 1er 等字样。

Demi~Sec：半干型，每升葡萄酒残留糖分在 4~12g 之间，入口感觉有微弱的甜味。

Domaine：指种植葡萄和酿造葡萄酒的一种产业特称，常出现在布艮地酒标上面，代表"酒庄"之意。

Doux：甜型，每升酒液的残留糖分含量超过 50g，入口有浓厚的甜味。

Edelzwicker：艾多兹维克，阿尔萨斯低质混合葡萄酒法定名称。

Extra Brut：表示未经补充甜酒的起泡葡萄酒，属于原酒，入口极干，品质相对较高。

Gris：灰葡萄酒，桃红葡萄酒（Rose）的另一种命名。

Gentil 占蒂尔，阿尔萨斯一种混合葡萄品种生产的葡萄酒法定名称，对葡萄品种的使用比例有严格的规定。

Grand Crus：特级葡萄园，指官方认可的最高等级葡萄酒的来源地。

Klevener de Heiligenstein，阿尔萨斯一种法定葡萄酒名称，代表纯萨瓦涅（Savagnin Rose）白葡萄酒。

Lieux~ dits：绰号，指一块特定范围的葡萄园，通常由多块"Climats"组成，面积相对比较大。

Méthode Champenoise：香槟工艺，受国际法保护的"香槟区法定瓶内二次发酵法"专用术语。

Monopole：独有的，属于一种提示语，意思是指出产此酒的葡萄园为该生产者所独有。

Mousseux：起泡葡萄酒，二氧化碳含量在 5~6 个大气压之间，属于品质较普通的起泡酒类。

Nouveau：新酒，指葡萄采收当年就出售的酒，以新鲜芳香著称，如宝祖利新酒或马康新酒等。

Premier Crus：一级葡萄园，法语简写"1er Cru"，以原产地村镇级法定产区命名的一种上等葡萄园。

Récolté, Vinifié, Élevé et Mis en bouteilles：采摘、酿造、培养、灌瓶等一系列运作都是由生产者完成的。

Rose：玫瑰红，又称桃红。

Rouge：红葡萄酒

Terroir：是"田地"之意，在葡萄酒界指葡萄园的地形特征、土壤结构、气候条件和历史背景等综合表现。

Sec：干型，每升酒液残留糖分不超过 4g，入口感觉不到甜味。

Sélection de Grains Nobles：粒选贵腐甜酒，简称 SGN，是阿尔萨斯最具代表性的甜酒之一。

Superieur：在同一法定名号内，带有 Superieur 的酒精含量略高于其他葡萄酒，通常高 0.5%。

Sur Lie：指发酵结束后酒渣与酒液同时陈酿，在上市前再去除酒渣的葡萄酒，属于卢瓦尔南特区特有的一种术语。

Sulfur Dioxide：二氧化硫；葡萄酒生产过程中添加的抗氧化剂，这是法律监管最严格的项目。

Mis en bouteille a la propriete：产地灌瓶，"propriete"指不动产，但不是"酒庄"灌瓶的。

Mis en bouteille au Chateau：在原酒庄内灌瓶。

Mis en bouteille au Domaine：在原酒庄内灌瓶。

Mis en bouteille au Domaine par... ：在原酒庄内交由 ××× 酒商灌瓶的。

mis en bouteille dans la région de production：在原法定产区内灌瓶，具体出处不详。

mis en bouteille dans nos caves：在生产者酒窖灌瓶。

mis en bouteille dans nos chais：在生产者酒库灌瓶。

Mis en bouteille par：葡萄酒灌瓶自……通常连接在词语后面的是灌瓶者的名字，基本上都是酒商。

Vendange Tardive：迟摘甜酒。

Vin de Paille：稻草甜酒，指葡萄放在稻草上面晾晒后再酿制的甜酒。

Vin Doux Naruerl：天然甜酒。

Vin jaune：黄葡萄酒，法国汝拉地区（Jura）用萨瓦涅（Savagnin）酿制的一种特有葡萄酒，属于干白葡萄酒类。

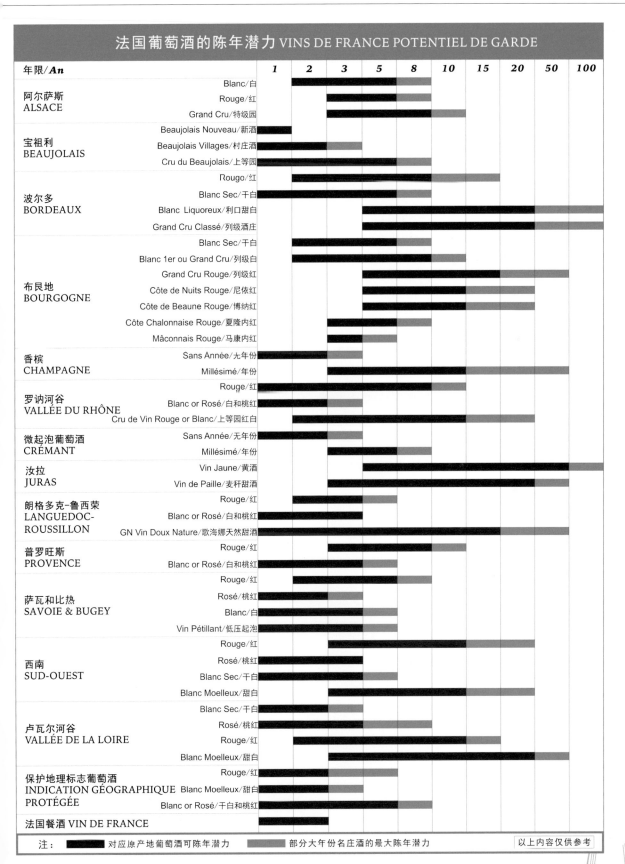

法国葡萄酒的陈年潜力 VINS DE FRANCE POTENTIEL DE GARDE

年限/An		1	2	3	5	8	10	15	20	50	100
阿尔萨斯 ALSACE	Blanc/白										
	Rouge/红										
	Grand Cru/特级园										
宝祖利 BEAUJOLAIS	Beaujolais Nouveau/新酒										
	Beaujolais Villages/村庄酒										
	Cru du Beaujolais/上等园										
波尔多 BORDEAUX	Rouge/红										
	Blanc Sec/干白										
	Blanc Liquoreux/利口甜白										
	Grand Cru Classé/列级酒庄										
布艮地 BOURGOGNE	Blanc Sec/干白										
	Blanc 1er ou Grand Cru/列级白										
	Grand Cru Rouge/列级红										
	Côte de Nuits Rouge/尼依红										
	Côte de Beaune Rouge/博纳红										
	Côte Chalonnaise Rouge/夏隆内红										
	Mâconnais Rouge/马康内红										
香槟 CHAMPAGNE	Sans Année/无年份										
	Millésimé/年份										
罗讷河谷 VALLÉE DU RHÔNE	Rouge/红										
	Blanc or Rosé/白和桃红										
	Cru de Vin Rouge or Blanc/上等园红白										
微起泡葡萄酒 CRÉMANT	Sans Année/无年份										
	Millésimé/年份										
汝拉 JURAS	Vin Jaune/黄酒										
	Vin de Paille/麦秆甜酒										
朗格多克-鲁西荣 LANGUEDOC-ROUSSILLON	Rouge/红										
	Blanc or Rosé/白和桃红										
	GN Vin Doux Nature/歌海娜天然甜酒										
普罗旺斯 PROVENCE	Rouge/红										
	Blanc or Rosé/白和桃红										
萨瓦和比热 SAVOIE & BUGEY	Rouge/红										
	Rosé/桃红										
	Blanc/白										
	Vin Pétillant/低压起泡										
西南 SUD-OUEST	Rouge/红										
	Rosé/桃红										
	Blanc Sec/干白										
	Blanc Moelleux/甜白										
卢瓦尔河谷 VALLÉE DE LA LOIRE	Blanc Sec/干白										
	Rosé/桃红										
	Rouge/红										
	Blanc Moelleux/甜白										
保护地理标志葡萄酒 INDICATION GÉOGRAPHIQUE PROTÉGÉE	Rouge/红										
	Blanc Moelleux/甜白										
	Blanc or Rosé/干白和桃红										
法国餐酒 VIN DE FRANCE											

注： ■ 对应原产地葡萄酒可陈年潜力 　■ 部分大年份名庄酒的最大陈年潜力 　　以上内容仅供参考

意大利葡萄酒分类
ITALIAN WINE CLASSIFICATIONS

意大利葡萄酒分级制度建立于1966年，当时划分为DOC和VDT两类。1980年新增了DOCG。之后又在1992年新增了IGT。至此，意大利葡萄酒分级由高到低依次是：DOCG，DOC，IGT和VDT。

目前，意大利有DOCG法定产区32个；DOC法定产区311个；IGT法定产区120个。

其中DOCG和DOC葡萄酒根据标签上面的术语又分5类（详见右图）。理论上，级别越高，葡萄酒的质量相对越好，事实上，并非如此，要想更准确的辨别质量，还应结合产区声望、生产者的知名度和年份等因素进行综合分析，才能较客观的评估酒质。

意大利个别酒会使用欧盟推出的农产品统一分级制度，如：DOP或IGP等。其中DOC／DOCG=DOP，IGT=IGP，这些制度适用于所有欧盟国家，现行制度允许生产者选择使用传统标示语或欧盟统一标识语。因此，在辨别时可参照下图的对应分级。

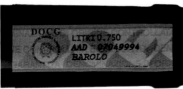

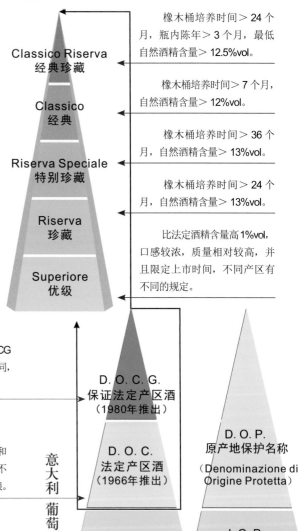

Classico Riserva 经典珍藏	橡木桶培养时间＞24个月，瓶内陈年＞3个月，最低自然酒精含量＞12.5%vol。
Classico 经典	橡木桶培养时间＞7个月，自然酒精含量＞12%vol。
Riserva Speciale 特别珍藏	橡木桶培养时间＞36个月，自然酒精含量＞13%vol。
Riserva 珍藏	橡木桶培养时间＞24个月，自然酒精含量＞13%vol。
Superiore 优级	比法定酒精含量高1%vol，口感较浓，质量相对较高，并且限定上市时间，不同产区有不同的规定。

保证法定产区酒
Denominazione di Origine Controllata a Garantita

保证法定产区酒简称DOCG，为国家最高法定等级，所有DOCG酒在瓶颈部都贴有与产区相对应的等级标识封条，不同类型颜色不同，说明此酒"保证"来自最高法定产区内，但并非此等级都是佳酿。

法定产区酒
Denominazione di Origine Controllata

法定产区酒简称DOC，所有的葡萄酒都有明确的产区界定和相应的法定葡萄品种，并且必须遵守当地传统酿酒规则，如果达不到规定标准，将禁止以DOC葡萄酒命名销售。此类酒中有不少佳酿。

典型的地区葡萄酒
Indicazione Geografica Tipica

典型地区葡萄酒简称IGT，按规定此类酒必须产自特定的区域内，但对于葡萄品种的使用没有严格限制，留给生产者较大的自由发挥空间，因此，在此等级内也停留着不少顶级佳酿。

普通葡萄酒
Vino da Tavola

普通葡萄酒简称VdT，最低法定管制标准，代表普通餐酒。酒标上面注明有Vino da Tavola提示语，说明是在意大利酿造并灌瓶。

意大利葡萄酒分级

D.O.C.G.
保证法定产区酒
（1980年推出）

D.O.C.
法定产区酒
（1966年推出）

I.G.T.
典型的地区葡萄酒
（1992年推出）

Vino da Tavola
普通葡萄酒
（1966年推出）

D.O.P.
原产地保护名称
（Denominazione di Origine Protetta）

I.G.P.
保护地理标志
（Indicazione Geografica Protetta）

Vins de Table
普通餐酒

意大利葡萄酒分类识别

DOCG 是 1980 年在 DOC 产区基础上建立的更高一级法定产区名号，代表意大利最出色的葡萄园风土条件。因此，要想提升为 DOCG 产区，首先必须符合 DOC 规定的基本条件，另外还有更加严格的补充。已批准为 DOCG 的产区，在葡萄品种、栽培、树龄、采摘、酿造、陈年和品尝等方面都有严格的法定管制标准。DOCG 葡萄酒进入消费市场都是瓶装的，容量在 5L 以下。每一瓶酒的瓶颈部均贴有官方下发的 DOCG 葡萄酒质量认证标签。

DOC 产区提升为 DOCG 产区的基本条件是必须在 DOC 级别经过 5 年观察，IGT 需要 10 年。因此，DOCG 这个法定标识仅限于十分出色的产区。最后还要经过两次品尝检测，以确定其酒质稳定可靠。

DOC 起初是意大利最高级法产区名号，DOCG 的建立，使其退居第二级，但如今仍存在不少顶级佳酿。按规定 DOC 产区应符合以下条件：
(1)在规定的产区内生产。
(2)使用指定的葡萄品种。
(3)符合使用葡萄的比例。
(4)符合产量限制条件。
(5)按规定的工艺生产和陈酿。
(6)达到最低自然酒精含量。
(7)按法定装瓶标准灌瓶。
(8)酒标上面必须注明年份。

来自特定区域内的葡萄酒，但对于葡萄品种的使用没有严格的规定，因此，在此级别当中存在一些另类的佳酿葡萄酒，如托斯卡纳（Toscana IGT）的梅洛红（Merlot）或波尔多混合红（Bordeaux Blend Red）等，又称超级托斯卡纳（Super Tuscan）。虽然，此类酒对葡萄品种和陈酿时间没有严格限制，但对酒标标注信息约束比较严格，如最低自然酒精含量、法定产区、地理条件和灌瓶者信息等，而年份和葡萄品种名称属于选择性标注内容，可注明也可不注明。

目前，意大利全国有 120 个 IGT 产区，范围有大有小，如大产区—托斯卡纳（IGT Toscana），小产区—托斯卡纳海岸（IGT Costa Toscana）等。

VdT 产区代表意大利最低葡萄酒法定管制标准，属于最普通的餐酒类。当然，也存在一些优秀葡萄园和著名生产者出产的优质酒（非顶级佳酿），但并不多见，90% 以上都是较低级的普通酒。

此类酒对葡萄的产地和酿造工艺没有明文规定，标签上面的内容也较宽松，原则上禁止标注年份、原产地和葡萄品种，但多数生产者并没遵守，不仅有年份 VdT，不少酒还会标注原产地或葡萄品种，因此，导致此类酒的质量良莠不齐。

DOCG
保证法定
产区酒

DOC
法定产区酒

IGT
典型的地区酒

VDT
普通葡萄酒

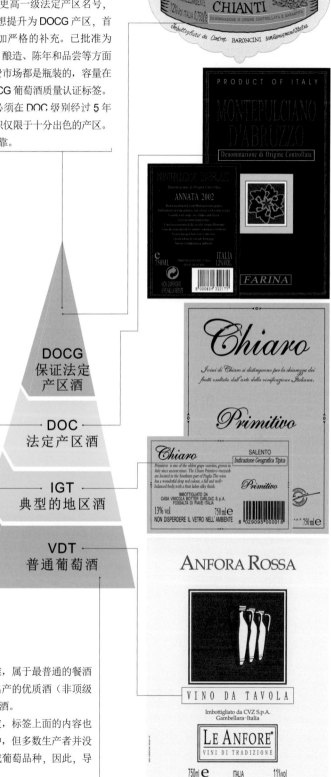

DOCG 葡萄酒－标签解读

生产者名字，全称为贾科莫－孔特诺（Giacomo Conterno），在辨别酒质时，生产者的名字有十分重要的参考价值。在同一等级、品种、类型和同一产区的情况下，生产者声望越高，酒质越可靠。

DOCG 法定产区－巴罗洛（Barolo），代表内比奥罗（Nebbiolo）葡萄品种。如今，意大利有 32 个 DOCG 产区，因此，这一项会有 32 种不同的命名，各代表不同葡萄品种和风格。

表示珍藏酒，意味该酒的橡木桶培养时间较长，通常＞ 24 个月。此项非强制注明内容。

用四种语言注明：含有亚硫酸盐，这是法律监管最严格的一项内容。但语言可选择用本国语或英语，其他语言可自由选择。

意大利语：Contiene Solfiti
英语：Contains Sulphites
德语：Enthalt Sulfite
丹麦语：Indeholder Sulfitter

酒瓶容量，常见的表示方法有：ml（ml）、厘升（cL）、升（L / Liters）。有时会看到前面或后面有 "e" 字，这是欧盟葡萄酒的统一容量和重量标志。

此酒是 1.5L，相当于 2 个标准瓶。

如何阅读标签？
How to read a label？

生产者标识图案，凝聚着企业的风格、精神和信誉，可提高消费者的认知度。

DOCG 法定产区管制标识语全称，所有 DOCG 葡萄酒必须注明，并且在瓶颈部贴有官方下发的法定产区标识封条，这是识别原产地和酒质的重要依据。

葡萄采摘年份，是 DOCG 强制注明项目。年份的优劣会影响葡萄的成长状况，因此，间接的影响了酒质。此外，年份还是辨别酒龄的重要信息之一。

葡萄园名是"蒙富蒂诺园（Monfortino）"，这是葡萄酒精确的诞生地，对辨别酒质十分重要。名园出名酒，永恒的真理。

灌瓶源头：贾科莫－孔特诺（Giacomo Conterno）酒庄。
原产地：意大利－蒙福特达尔巴村（Monforte d'Alba）。

标签提示语，意思是：名称和标签沉积（Nome ed Etichetta Depositati），表达企业标签 VI 一致。

酒精含量说明，以体积（Volume）百分比进行表示，符号是 "% vol"，也有换算成度 "°" 的。

意大利产品，出口商品必须注明的项目，为消费者提供辨别生产国的信息。

批量编号

强制性标注项目
可选择标注项目

DOC 葡萄酒－标签解读

如何阅读标签？
How to read a label？

生产者标识（Logo），意大利著名酿酒世家：迈凯－茵西萨－黛拉－罗凯塔（Marchesi Incisa della Rocchetta）。

DOC 法定产区管制标识语全称，所有 DOC 酒必须注明，这一项是识别原产地和酒质的重要依据。

用英语注明酒的类型：红葡萄酒。

意大利产品，出口商品必须注明。

唯一的美国进口商－纽约科布兰德酒业公司（Kobrand）。

强制性标注项目
可选择标注项目

酒名：西施佳雅（Sassicaia），被封为"意大利酒王"，第一个以超级托斯卡纳（Super Tuscan）命名的葡萄酒。

DOC 法定产区名称：博尔盖里～西施佳雅（Bolgheri Sassicaia），以出产赤霞珠与品丽珠混合型波尔多红酒闻名。

由生产者装瓶：意大利博尔盖里的圣卡托酒庄（Tenuta San Guido），意思是"原酒庄灌瓶"。

经销商企业标识（Logo）：美国纽约科布兰德酒业公司。

酒精含量说明，以体积（Volume）百分比表示。酒瓶容量：750 毫升（ml）。

超级托斯卡纳（Super Tuscan）

上个世纪 80 年代在意大利托斯卡纳（Tuscany）地区出现了一些非本土葡萄品种（赤霞珠、梅洛、品丽珠等）酿造的优质佳酿，其优越的品质和口感很快赢得了多数消费者的推崇，并命名为"超级托斯卡纳（Super Tuscan）"。但是这种非本土葡萄品种酿造的酒却违背了意大利酒法对葡萄品种的约束，因此，被排除了 DOC 和 DOCG 法定产区，只能以最低级的 VdT 命名销售，这使得不被生产者认同的官方分级制度处于两难境地。于是在 1992 年又新建立了一个 IGT 法定产区，将这种 Super Tuscan 划归为 IGT 范畴。

超级托斯卡纳（Super Tuscan）的出现给意大利葡萄酒的等级和质量辨别带来了许多麻烦，因为这种酒并未得到官方认可，禁止在酒标上面注明 Super Tuscan 字样。而且超级托斯卡纳（Super Tuscan）也没有统一的生产标准，葡萄品种从本土的单一桑娇维塞（Sangiovese）到国际流行的单一葡萄品种再到波尔多混合红（Bordeaux Blend Red）均可找到，风格千变万化。如今，大多数超级托斯卡纳（Super Tuscan）属于 IGT 级别，但 DOC 当中也有超级托斯卡纳（Super Tuscan），甚至个别 DOCG 也出现了 Super Tuscan，辨别起来十分困难。

辨别超级托斯卡纳（Super Tuscan）时可参照以下几点：①来自托斯卡纳地区（Tuscany）的 DOCG、DOC 和 IGT 产区，有些酒不会注明法定管制标识语②多数超级托斯卡纳都有自己的名字，如常见且著名的西施佳雅（Sassicaia）或马赛多（Masseto）等；③除了本土的 100% 桑娇维塞外，其他都是国际流行的非本土葡萄品种或波尔多类型混合红葡萄酒。

IGP 超级托斯卡纳酒标

① 此酒的标识（Logo）。
② 酒名，属于注册的超级托斯卡纳。
③ 葡萄采收年份。

普通 IGT 酒标

(1) 酒名。
(2) 此酒的标识（Logo）。
(3) 葡萄品种和法定产区，其中葡萄品种的用量不低于85%。

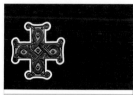

④ 由原酒庄灌瓶及灌瓶者名称和地址。
⑤ 法定产区名，没有葡萄品种名。
⑥ ICT 法定产区管制标识语全称
⑦ 干红，葡萄酒类型提示语。
⑧ 意大利产品。
⑨ 瓶容量和酒精含量。

(4) IGT法定产区管制标识语全称。
(5) 葡萄采收年份。
(6) 由种植者灌瓶，名称和地址。
(7) 意大利产品。
(8) 瓶容量和酒精含量。

同一家生产者酿制的不同等级葡萄酒

许多意大利葡萄酒的名字都比较长且难理解，因此，在众多的生产者当中很难识别和记忆。而葡萄酒的法定等级通过酒标上面的管制标识语很容易辨别（见下图）。例如来自同一家生产者的不同等级酒，质量和价格区别明显。如果是来自不同生产者或产区，就没什么可比性了！原因是意大利低级别酒的质量和价格超越高级别酒的例子比比皆是。因此，除了等级外，还应结合生产者声望、产区、葡萄品种和葡萄酒类型等因素进行综合分析，才能较客观的辨别酒的风格和酒质如何？

意大利葡萄酒标签常见术语

Abboccato：微甜。

Amabile：半甜。

Annata：年份。

Asti：意大利一种特有的起泡葡萄酒名字。

Barbera：巴贝拉，皮埃蒙特地区经典葡萄酒。

Barolo：巴鲁洛，皮埃蒙特顶级干红，用内比奥罗（Nebbiolo）葡萄酿制。

Bianco：白葡萄酒。

Cantina：酒窖或酒庄。

Cantina Sociale：合作社。

Castello：城堡。

Cerasuolo：樱桃色红葡萄酒。

Chiaretto：桃红葡萄酒。

Classico：经典，特定 DOC 或 DOGG 产区范围内，橡木桶培养＞7 个月。

Classico Riserva：经典珍藏，橡木桶培养＞24 个月。

Cooperativa Viticola：酒农合作社。

Demi–Sec：半干型。

Denominazione di Origine Controllata：简称 DOC，意大利葡萄酒分类第二级。

Denominazione di Origine Controllata a Garantita：简称 DOCG，意大利葡萄酒分类最高等级。

Dolce：甜型。

Frizzante / Frizzantino：微起泡葡萄酒。

Imbottigliata：灌瓶。

Imbottigliato all'origine：原产地酒庄内灌瓶。

Imbottigliato dalla cantina sociale：由酒厂灌瓶。

Imbottigliato dai produttori Riuniti：制造商灌装。

Indicazione Geoarafica Tipica：简称 IGT，典型的地区葡萄酒。

Liquoroso：强化葡萄酒。

Millesimo：年份。

Riserva：珍藏，来自 DOC 或 DOCG 法定产区。

Riserva Speciale：特别珍藏，橡木桶培养＞36 个月。

Rosato：玫瑰红。

Rosso：红葡萄酒。

Ripasso：指在发酵前加多一倍葡萄皮后酿制的红葡萄酒，颜色和口感较浓。

Secco：干型。

Semi–Secco：半干。

Soave：索富，威尼托出产的一种干白葡萄酒。

Spumante：起泡葡萄酒。

Superiore：高级，表示酒精含量略高于法定标准，或橡木桶培养时间相对较长的酒。

Super Tuscan：超级托斯卡纳。

Tenuta：酒庄。

Uva：葡萄。

Vendemmis：晚收。

Vin Santo：稻草甜酒。

Vino：葡萄酒。

Vino Novella：新酒，采用二氧化碳浸渍法生产的红或白葡萄酒。

Vino da Tavola：普通葡萄酒，意大利葡萄酒分类最低等级。

Vitigno：葡萄品种。

德国葡萄酒分类
GERMAN WINE CLASSIFICATIONS

德国葡萄酒分类法律建立于 1971 年，受约束的基本条件主要有原产地、葡萄的成熟度、葡萄汁糖分含量及葡萄酒的感观分析等，根据不同标准将葡萄酒划分为 4 大类（见下图）。

优质葡萄酒（Prädikatswein）2007 年之前是 Qualitätswein mit Prädikat，简称 QmP，属于受保护原产地标志葡萄酒。

按规定：此级别葡萄酒必须 100% 来自德国 13 个法定产区下面的 41 个子产区（Bereich）内，酿酒葡萄汁奥斯勒浓度在 70°Oe ~ 72°Oe（182.5~405g/L）之间。根据不同的术语又细分 6 个等级（见右图），且禁止人工添加糖分。最后还要通过严格的质量检测。此类酒从干（Dry）到极甜（Intensely Sweet）均有，但基本上都属于甜型，干型和半干型从 2012 年起被 VDP 推出的前三个级别所替代。

全称：Qualitätswein bestimmter Anbaugebiete，属于保护原产地标志葡萄酒。此类酒必须 100% 来自德国 13 个法定产区内，酿酒葡萄汁奥斯勒浓度在 55°Oe ~ 72°Oe（144~188g/L）之间，自然酒精含量 ≥ 7% vol，发酵前允许添加糖分。最后必须通过官方控制中心分析检测和品尝鉴定，下发检测号码后才允许销售。

Qualitätswein 从 2006 年起被确定为优质葡萄酒术语，其葡萄酒必须来自 QbA 规定的产区内，因此，有些 QbA 葡萄酒会用此术语替代 QbA 管制标识语。

Riesling Hochgewächs 是 QbA 等级中带有特殊属性的标签术语，代表 100% 雷司令（Riesling）。此类酒的葡萄汁奥斯勒浓度在 60°Oe ~ 70°Oe（156~182.5g/L）之间，自然酒精含量比其他 QbA 高 1.5%，官方感观质量检测得分不低于 3 分（QbA 要求在 1.5 分以上）。

Qualitätswein garantierten Ursprungs，意思是保证原产地优质葡萄酒，简称 QgU。此级别类似法国 AOC 概念，于 1994 年 9 月推出，但并未得到生产者认可，从推出至今几乎没有生产者使用，如今已经完全消失。

1982 年推出，酿酒葡萄必须产自特定的 26 个产区（Landweingebiete）内，属于受保护地理标志葡萄酒，按规定：葡萄 85% 以上来自注明的产区内。葡萄汁奥斯勒浓度在 47°Oe ~ 55°Oe（123~144g/L）之间，酒精含量比普通餐酒（Tafelwein）高 0.5%vol，发酵前允许添加糖分，口味必须是干型（Trocken / Dry）或半干型（Halbtrocken / Off–Dry），销售前无需质量检测。

Trockenbeerenauslese
干浆果精选

Eiswein
冰酒

Beerenauslese
粒选贵腐

Auslese
串选贵腐

Spätlese
迟摘

Kabinet
普通酒

Prädikatweins
优质高级葡萄酒

Q. b. A.
高级葡萄酒

Qualitätswein
优质葡萄酒

Riesling
Hochgewächs
高级葡萄园雷司令

Landwein
乡土葡萄酒

Doutscher Wein
德国葡萄酒

1921 年推出，简称 TBA，为 QmP 最高级甜酒。由一粒粒精选的风干贵腐葡萄酿制。按规定：葡萄汁奥斯勒浓度在 150°Oe~154°Oe（395~405g/L）之间，最低自然酒精含量 ≥ 5.5%vol。

在 QmP 的分类中有点特别，规定酿造此类酒的葡萄汁奥斯勒浓度在 110°Oe~128°Oe（290~335g/L）之间，限定最低自然酒精含量 ≥ 5.5%vol。葡萄没有感染贵腐霉菌，但必须在零下 8 摄氏度的低温条件以下经过至少 6 个小时的自然冰冻，然后在冰冻状态下进行挤压和发酵。此类酒酸度和甜度较高。

简称 BA，此类酒用人工粒选的优质贵腐葡萄酿制。规定葡萄汁奥斯勒浓度在 110°Oe~128°Oe（290~335g/L）之间，最低自然酒精含量 ≥ 5.5%vol。BA 葡萄酒都属于甜型。

用人工整串挑选的过熟葡萄或贵腐葡萄酿制而成，规定葡萄汁奥斯勒浓度在 88°Oe~105°Oe（235~277g/L）之间，限定最低自然酒精含量 ≥ 7%vol。此类酒属于半甜（Semi–Sweet）或甜型（Sweet），但也有干酒，称之为 Auslese Trocken，自 2012 年起，此类干酒被划归 VDP 的特级园（Grosses Gewach）当中。

葡萄采摘时间比 Kabinet 晚一周，葡萄汁奥斯勒浓度在 80°Oe~95°Oe（208~252g/L）之间，限定最低自然酒精含量 ≥ 7%vol。此类通常是半甜型（Semi–Sweet），也存在干型酒，果味比较丰富。

Kabinet 字面意思指"小房酒"，是 QmP 最低级别，口味新鲜，微酸，大多属于半甜型，也有干型。此类酒用正常成熟葡萄酿制，葡萄汁奥斯勒浓度在 70°Oe~85°Oe（182.5~225g/L）之间，限定最低自然酒精含量 ≥ 7%vol。

2009 年之前称 Tafelwein，管制条件较松，无地理标志，葡萄可以来自欧盟其他国家，但用量不得超过 25%，必须在德国境内生产。此类酒的葡萄汁奥斯勒浓度在 44°Oe ~ 50°Oe（115~130g/L）之间。限定最低酒精含量为 8.5%vol，发酵前允许人工添加糖分。酒标上面也允许注明葡萄品种，但仅限规定的 22 个主要葡萄品种。

德国葡萄酒 VDP 分类（民间组织）

普通的 VDP 餐酒类别，葡萄酒允许来自 13 个产区的任一葡萄园内，酒标上面注明有大区名称。另外，规定出产此类酒的葡萄园传统葡萄品种种植面积不低于 80%，允许酿制各种风味葡萄酒，如干、半干或甜味等。

葡萄酒来自某一个或多个公社、村庄或小镇内，以其中最著名的村名命名。按规定：出产此类酒的葡萄园 80% 以上为传统葡萄品种，每公顷葡萄园的葡萄酒产量不超过 7500L。干型酒的标识是 Qualitätswein Trocken，半干葡萄酒为 Qualitätswein Halbtrocken 或 Feinherb。自然甜酒根据质量允许标识 Prädikatswein 六个子分级术语。瓶封上面必须印有 VDP 雄鹰标识。

葡萄酒来自某一个一级园内，必须使用限定的因地制宜葡萄品种。每公顷葡萄园的葡萄酒产量不超过 6000L。所有葡萄酒的法定销售日期为葡萄收获第二年的 5 月 1 日之后。
识别标志：正标上面有原产地葡萄园名称；瓶封上面印有 VDP 雄鹰标识，酒瓶带有 1 字和葡萄浮雕；干型酒的标识语是 Qualitätswein Trocken；自然甜酒根据质量允许标识 Prädikatswein 六个子分级术语。

此类酒代表德国最出色的葡萄园风土，葡萄酒来自某块特级园内，这些特级园都是一些历史悠久且拥有极高声望的地块，但一块特级园可能有多个主人。
按规定：必须使用限定的因地制宜葡萄品种，每公顷葡萄园的葡萄酒产量不超过 5000L。此外，还要进行感观检验。自然甜型酒的销售日期为葡萄收获第二年的 5 月 1 日后。
识别标志：正标上面有原产地葡萄园名称；瓶封上面印有 VDP 雄鹰标识；干型酒的标识是 Qualitätswein Trocken；自然甜酒根据质量允许标识 Prädikatswein 六个子分级术语。
VDP. Grosses Gewächs 代表特级园干型酒，采用的是带有"GG"浮雕酒瓶，酒标上面有雄鹰标志和 GG 字样。白酒销售日期是葡萄收获第二年的 9 月 1 日后，红酒在第三年的 9 月 1 日后。

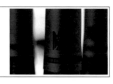

VDP. Die Prädikatsweingüter

德国特级酒庄联盟（Verband Deutscher Prädikats ~ und Qualitätsweingüter），简称 VDP。该组织建立于 1910 年，目前有 200 个成员，约 4000 公顷葡萄园和 391 个一级园，覆盖德国所有法定产区。此分级适用于所有成员，并且可以使用该组织特有的分级术语和标识（Logo）。

自 2012 年收获季开始执行新的分级系统，目的是建立原产地与质量之间的联系，确认干型佳酿的命名方式，强调 Prädikatweins 的传统内涵，突出其自然甜味属性。

因此，官方分级中的优质高级葡萄酒（Prädikatswein）的相应术语可用于 VDP 所有级别的自然甜味酒。2012 年之后，会员们将尽量停止使用 Prädikatswein 标注干型酒和半干型酒，从而使 Prädikatswein 恢复其传统的甜酒意义。唯独例外的是 VDP 大区级（VDP.Gutswein），该级别允许各种甜型葡萄酒命名。而其他三个 VDP 仅代表干型葡萄酒，自然甜酒都以优质高级葡萄酒（Prädikatswein）的六种分级术语命名，自此，Prädikatswein 不再表示干型酒

分级标准：以葡萄园为单位，结合因地制宜的传统葡萄品种和产量控制为基础。相关标准有：

● 酿酒葡萄必须达到标准成熟度，且手工采收。
● 只允许使用当地传统葡萄酒生产工艺。
● 必须通过感观质量检测。
● 特级园干型酒以 Grosses Gewächs 命名销售。
● 正标必须注明一级葡萄园标识、葡萄园名和酒庄名称，瓶封上面有 VDP 雄鹰标识。

标识	2012年VDP分类 VDP Classification 2012	干型酒命名 Dry Wine	甜型或贵腐甜酒命名 Sweeet / Noble Sweet
	VDP. Grosse Lage 特级园	VDP. Grosses Gewächs 特级葡萄园 （有"GG"简写）	Kabinet / Spätlese / Auslese / Beerenauslese / Eiswein / Trockenbeerenauslese
	VDP. Erste Lage 一级园	Erstes Gewächs 一级葡萄园 Qualitätswein 优质葡萄酒	普通酒 / 迟摘 / 串选贵腐 / 粒选贵腐 / 冰酒 / 干浆果精选
	VDP. Ortswein 村庄酒	Qualitätswein 优质葡萄酒	
	VDP. Gutswein 大区酒	Qualitätswein 优质葡萄酒 Kabinet　　Spätlese 普通酒　　迟摘佳酿	Qualitätswein / Kabinet / Spätlese / Auslese / Beerenauslese / Eiswein / Trockenbeerenauslese

优质高级葡萄酒（Prädikatswein）－标签解读

酒庄名称、地址和邮政编码。

Gutsabfüllung= 种植者或合作社灌瓶，等同于 Erzeugerabfüllung，可理解为"原酒庄灌瓶"。

Produce of Germany=德国生产。

特级葡萄酒庄联盟 VDP 标识（Logo），属于该组织成员。

Prädikatswein= 优质高级葡萄酒，德国最高法定等级管制标识语，2007 年之前简称"QmP"。

含亚硫酸盐（二氧化硫）提示语，这是法律规定的强制注明项目。

酒瓶容量常见的表示方法有：毫升（ml）、厘升（cL）、升（L）。有时会看到前面或后面有"e"字，这是欧盟统一容量和重量标志。

酒精含量以体积（Volume）百分比进行表示，符号是"% vol"。

如何阅读标签？
How to read a label？

德国 13 个葡萄酒产区之一的摩泽尔区（Mosel）。

酒庄名称及标识。

酿酒葡萄采摘年份，也是葡萄酒的生产年份。

葡萄园名：Rausch，旁边的 1 字代表是一级葡萄园。

Kabinet= 葡萄酒的类型，这是优质高级葡萄酒（Prädikatswein）六个子分类当中最普通的一类。

质量控制检测码，开头字母是：A.P.Nr，又称 AP 码，由 5 段组成。
3= 检测机构代码。
551= 生产者所在村庄。
083= 生产者装瓶注册号。
7= 装瓶批号。
10= 检测年份，通常是葡萄收获的第二年。

强制性标注项目
可选择标注项目

QbA 葡萄酒－标签解读

(1)生产者的名称及标识图案（Logo）。

(2)葡萄采摘年份。

(3)葡萄品种名：丹菲特（Dornfelder）红葡萄。

(4)用德语和英语注明酒的口味"干型"。

(5)葡萄酒产区、村庄和葡萄园名。

(6)用德语和英语注明"原酒庄灌瓶"。

(7)酒精含量。

(8)瓶容量。

(9)官方下发的质量检测码，又称 AP 码。

(10) QbA 等级管制标识语，后边的 b.A. 为简写。

(11)生产者全称及所在地名称和邮政编码。

(12)德国生产。

德国葡萄酒－标签解读

(1)生产者的名称及标识图案（Logo）。

(2)此酒的名字 Ganymed。

(3)葡萄收获年份（有年份的普通餐酒比较少见）。

(4)用德语和英语注明葡萄品种"黑皮诺"。

(5)用德语和英语注明酒的口味"干型"。

(6)酒的等级管制标识语和产地。

(7)酒精含量。

(8)瓶容量。

(9)生产者全称。

(10)用德语和英语注明"原酒庄灌瓶"。

(11)生产者所在地名称、邮政编码和批号。

(12)德国生产。

德国葡萄酒的重要标签术语

代表等级的术语

Prädikatswein：优质高级葡萄酒，德国葡萄酒分类中最高等级"管制标识语"。

Qualitätswein bestimmter Anbaaugebiete：高级葡萄酒，简称 QbA，德国葡萄酒分类第二级。

Qualitätswein：优质葡萄酒，一种质量术语，等同于 QbA，常用于表示 QbA 类葡萄酒的简写。

Riesling Hochgewächs：高级葡萄园单一雷司令，属于 QbA 等级中的一种类型与质量术语。

Landwein 乡村葡萄酒：类似法国 IGP，属于有地理标志葡萄酒，德国葡萄酒分类第三级。

Deutscher Wein：德国葡萄酒，前身是普通餐酒（Tafelwein），德国葡萄酒分类最低级。

Trockenbeerenauslese：干浆果颗粒精选贵腐甜酒，简称 TBA，仅代表甜酒，大年份酿制，产量稀少而珍贵。

Eiswein：冰酒，用熟透且冰冻的葡萄采用低温发酵法生产的甜酒，酸度和甜度较高。

Beerenauslese：粒选贵腐甜酒，简称 BA，仅代表甜酒。

Auslese：串选甜酒，有些属于贵腐，有些不是。以半甜（Semi~Sweet）或甜型（Sweet）为主，也有干型。

Spatlese：晚收，比正常成熟的葡萄晚收获一周，口味从干到甜都有。

Kabinet：普通酒，口味从干到甜都有。

代表口味的术语

Trocken = Dry：干型，酒中残留糖分 < 9g/L，入口无甜味。

Halbtrocken = Half-dry：半干，酒中残留糖分 9~18g/L，入口有略微的甜味。

Lieblich = Semi-Sweet：半甜，酒中残留糖分 18~45g/L，入口有明显甜味。

Süss = Sweet：甜型，酒中残留糖分 > 45g/L，入口较甜。

Feinherb = Off-dry：微甜，非法定术语，入口比半干型（Halbtrocken）稍甜。

代表葡萄酒类型的术语

Wein：葡萄酒。

Rotwein：红葡萄酒。

Weisswein：白葡萄酒。

Rotling：桃红葡萄酒。

Weissherbst：用单一黑皮诺（Pinot Noir）酿制的桃红葡萄酒。

Schillerwein：用红葡萄酒和白葡萄酒勾兑的廉价桃红葡萄酒。

Sekt：起泡酒，指来自不同地区且量产的起泡酒，质量相对较普通。

Sekt b.A.：限定区域起泡酒，必须来自德国 13 个法定产区内，属于 QbA 级别有地理标志起泡酒，质量相对较高。

Winzersekt：传统起泡酒，指种植者与生产者为同一人，用传统工艺酿制的单一品种和单一年份高级起泡酒。

Schaumwein：传统起泡酒，用传统工艺生产，类似法国的香槟酒。

Deutscher Sekt：德国起泡酒，完全由德国本土优良葡萄品种酿制的起泡葡萄酒。

Perlwein：人工加二氧化碳的起泡酒，个别酒标会发现有 QbA 等级管制标识语，但仍属于低质起泡酒。

Jungwein：新酒。

Liebfraumilch：圣母之乳，调配型葡萄酒，质量良莠不齐。

其他术语

Weingut：酒庄或葡萄园。

Schloss：古堡或城堡。

Einzellage：单一葡萄园。

Grosslage：大葡萄园，由多个葡萄园组成。

Erzeugerabfüllung：原种植者和生产者灌瓶，意思是"原酒庄灌瓶"。

Gutsabfüllung：合作社生产装瓶，也属于原生产者灌瓶。

AP Nr：官方质量检测号简写，后面有一组数字，这是 Prädikatswein 和 QbA 类葡萄酒必须通过的条件。

Classic：经典，用传统葡萄品种酿制的优质葡萄酒，非法定术语。

Selection：精选，非法定术语。

西班牙葡萄酒分类
SPANISH WINE CLASSIFICATIONS

1972 年，西班牙农业部借鉴法国和意大利葡萄酒分类管理的成功经验，成立了国家产区管理委员会 INDO，同时建立了原产地名称 DO（Denominaciones de Origen）控制系统。当初 DO 是西班牙葡萄酒最高等级标志。1991 年，INDO 在 DO 分级基础上又新增了 DOC（Denominaciones de Origen Calificada），目前，进入该级别的法定产区只有里奥哈（Rioja）和普利奥拉（Priorat）。2003 年再次推出 VP 葡萄园或酒庄，成为顶级葡萄酒标志，如今只有 14 家。其中 DOC 和 DO 葡萄酒根据不同的质量和风格，分为 6 种不同类型（详见右图），每类预示着不同的质量。

VP 全称 Vino de Pago，意思顶级葡萄酒，2003 年推出。Pago 指单一葡萄园，因此，此类酒是以葡萄园或酒庄为单位进行评定的，名号直接授予给葡萄园或酒庄。这些葡萄园或酒庄拥有独特的风土条件、历史较高的知名度（名字连续使用 5 年以上）、一流的传统生产工艺及卓越的品质。此外，葡萄酒一系列工序和灌瓶必须在原酒庄内完成。VP 对产区没有限制，目前，有 15 个 VP 酒庄或葡萄园，多数属于 DO 产区，大多在 DO Castilla La Mancha 和 DO Navarra 产区内，其他产区也逐步认证。 Pago 代表是西班牙顶级酒，但顶级佳酿不一定是 Pago。

DOCa，全称 Denominación de Origen Calificada，1988 年推出，当时是西班牙最高法定等级，如今位居第二级。此类产区的法律约束严格，只有一些拥有优越风土条件，且持续保持高质量的葡萄园才有资格入围，从建立至今只有 2 个产区入围，分别是里奥哈（Rioja）和普利奥拉（Priorat）。提升 DOCa 的前提条件：必须在 DO 产区持续观察 10 年，之后再通过申请才有机会入围。

DO，全称 Denominación de Origen，1932 年推出，当时是西班牙最高等级，现排第三级。目前，有 69 个法定产区，遍布西班牙各地，如：杜罗河畔（Ribera del Duero）或比埃尔索（Bierzo）等。此类酒的管制内容包括种植面积、葡萄品种、葡萄和葡萄酒的产量及葡萄糖酸度等等，最后还要通过地区管理委员会品尝认可。如果 VdlT 产区想提升 DO 产区，必须先申请进入 VCIG 管制体系，之后按 DO 管制标准进行种植和生产，经过 5 年观察期后，才有机会提升为 DO 法定产区。

VCIG，全称 Vino de Calidad con Indicación Geográfica，2003 年推出。该级别是为 VdlT 向 DO 过渡性法定产区，与法国之前的 AOVDQS 相似。也就是说：如果 VdlT 产区想提升 DO 产区，必须先通过 VCIG 的 5 年生产观察期，然后通过评估才有资格升为 DO 产区。事实上，实施的法定管制标准与 DO 一样，只不过在观察阶段。目前有 7 个 VCIG 产区，如 Cangas 或 Valtiendas 等。酒标上面的管制提示语为：Vino de Calidad de + 产区名。

VdlT 属于西班牙较普通的有地理标志餐酒类。该级别相当于法国的 IGP，按规定在酒标上面允许注明产区名，但管制标准没有 DO 严格，目前有 46 个产区。

VdM 属于西班牙最普通的日常餐酒类，在生产方面对产地、葡萄品种或生产工艺没有规定，大多为各个产区的混合葡萄酒，但是也有一些 VdM 葡萄酒在酒标上面标注 Vino de Mesa de + 产地名称，并不多见。

15 个 VP 葡萄园或酒庄

Campo de la Guardia 康波德拉库瓦迪亚

Casa del Blanco 白宫

Chozas Carrascal 卡拉斯卡尔小屋

Dehesa del Carrizal 德埃萨德卡里扎尔

Dominio de Valdepusa 瓦尔德布萨酒庄

El Terrerazo 特利拉索

Finca Élez 芬卡艾勒

Pago Aylés 阿莱斯园

Pago Calzadilla 卡尔萨迪利亚园

Pago Florentino 弗洛伦蒂诺园

Pago Guijoso 基贺索园

Pago de Arínzano 阿利萨诺园

Pago de Los Balagueses 罗斯巴拉盖斯园

Pago de Otazu 奥塔苏园

Prado de Irache 普拉多埃拉榭

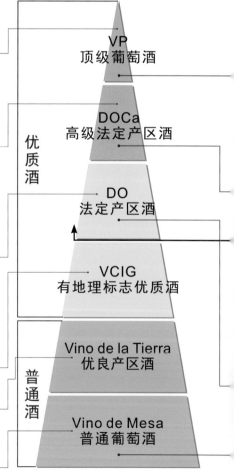

VP
顶级葡萄酒

DOCa
高级法定产区酒

DO
法定产区酒

VCIG
有地理标志优质酒

Vino de la Tierra
优良产区酒

Vino de Mesa
普通葡萄酒

优质酒

普通酒

佳酿范畴

Gran Reserva 特级珍藏
表示在销售前至少陈酿 60 个月，其中在橡木桶内陈酿超过 24 个月，甚至更长时间，瓶内陈酿 2 年。而白葡萄酒和桃红葡萄酒在销售前至少陈酿 48 个月，其中橡木桶内陈酿 6 个月以上。此类酒只有遇到大年份才会酿造，属于稀有的佳酿。特级珍藏葡萄酒的酒体复杂多变，成熟期在 15 年以上。

Reserva 珍藏
表示在销售前至少陈酿 36 个月，其中在橡木桶内陈酿 12~24 个月，瓶中陈酿 6 个月。而白葡萄酒和桃红葡萄酒在销售前至少陈酿 24 个月，其中橡木桶内陈酿 6 个月以上。此类酒的酒体饱满，口感复杂多变，成熟期在 10 年以上。

优良餐酒

Crianza 初级培养
表示在销售前至少陈酿 24 个月，其中在橡木桶陈酿 6 个月，瓶中陈酿 18 个月。一些著名产区的橡木桶培养可能会超过 12 个月。而白葡萄酒和桃红葡萄酒在销售前至少陈酿 1 年。此类酒的成熟期在 5 年左右。

Vino de Cosecha 年份
表示"年份酒"，按规定至少用 85% 以上该年份出产的葡萄酿制。

Barrica / Roble 橡木桶
近看推出的新术语，意思指橡木桶。通常代表橡木桶陈酿 4 个月左右。此类酒上市后可陈放几年。

Sin Crianza / Vino de Joven 年青的
表示"年青的葡萄酒"，意味着没有经过橡木桶陈酿或橡木桶陈酿时间较短，在葡萄收获第二年春天上市的酒，通常以圆润清新为主。

正标　背标

Pago 标识　酒庄名

顶级葡萄葡萄酒（Vino de Pago）头衔直接授予给葡萄园或酒庄。如今，只 15 个葡萄园或酒庄获得冠名。此类酒通常以 Vino de Pago 或 Pago+ 葡萄园或酒庄名出现在酒标上面（见左图）。事实上，Pago 指单一葡萄园，属于西班牙传统葡萄酒用词，在分级之前已经有许多葡萄酒在酒标上面注明 Pago 字样，现在也一样。因此，在辨别 Pago 时很容易混淆，这一点需要特别注意。

西班牙一些著名产区都有自己的产区标识（Logo），通常会印在正标或背标上面，以此供消费者辨别。

法定产区名
DO 法定管制标识语

不同的葡萄酒等级仅代表不同的管制标准，理论上，等级越高，法律约束越严格，葡萄酒的品质相对越高。事实上，这只是一个大框架，等级高不代表品质一定好，再高的等级都有普通酒，而低等级也存在佳酿。因此，在辨别酒质时还应结合生产者、葡萄品种和年份等因素综合分析。

法定管制标识语　产区名

DOCa 葡萄酒－标签解读

生产者名字：橡树河畔酒庄（La Rioja Alta, S.A.）。

法定产区名：里奥哈（Rioja），西班牙最著名产区，独占DOCa头衔15年。

葡萄收获（Cosecha）年份，也是葡萄酒的生产年份。年份的优劣会影响葡萄的成长状况，因此，间接的影响了酒质。此外，年份还是辨别酒龄的重要信息之一。

法定产区标识（Logo）和产品批号。

原酒庄灌瓶；
酒庄名称；
生产国和酒庄所在地。

如何阅读标签？
How to read a label？

酒庄成立时间：1890年。

酒庄标识图案（Logo），当中的文字Rio Oja指里奥哈河。

法定产区管制标语，简称DOCa，西班牙官方产区分类最高等级（Pago属于葡萄园或酒庄分级）。

特级珍藏（Gran Reserva）表示在销售前至少经过橡木桶和瓶内陈酿60个月，904属于酒庄纪念数字。

酒瓶容量，常见的表示方法有：毫升（ml）、厘升（cL）、升（L / Liters）。

酒精含量说明，以体积（Volume）百分比进行表示，符号是"% vol"。

强制性标注项目　可选择标注项目

DO 葡萄酒－标签解读

生产者标识（Logo）。

特别珍藏，通常在原酒庄陈酿超过10年，其中橡木桶陈酿≥4年。有些年份的陈酿期会超过15年，甚至更长。

法定产区名：杜埃罗河岸（Ribera del Duero），西班牙著名DO产区之一。

原酒庄灌瓶。

循环标识。

酒瓶容量，常见的表示方法有：毫升（ml）、厘升（cL）、升（L / Liters）。

2010年选择1991、1994和1995年份陈酿的51桶酒，共计15,298瓶。说明此酒属于混合年份酒。

如何阅读标签？
How to read a label？

生产者名字：维加西西里亚（Vega Sicilia），有"西班牙酒王"之称。

此酒的酒款名称，"Unico"意思是"唯一的"或"独特的"，属于该酒庄的唯一签名酒。

法定产区管制标识语，简称DO，西班牙官方产区分类第二级，虽然级别不是最高，但却存在许多佳酿。

获奖时间及获奖荣誉。

酒精含量说明，以体积（Volume）百分比进行表示，符号是"% vol"。

酒庄名称和所在国家及地区。

庄主签名。

强制性标注项目　可选择标注项目

西班牙葡萄酒的重要标签术语

Añejo：橡木桶培养≥ 24 个月。

Barrica：橡木桶培养 4 个月左右。

Blancos：白葡萄酒。

Bodega：酒庄、酒窖或酒厂通用名称术语。

Cava：用传统工艺酿制的起泡葡萄酒。

Clarete：淡红，颜色和风格介于红葡萄酒与粉红葡萄酒之间。

Cosecha：单一年份酒，按规定这一年份的葡萄用量必须≥ 85%。

Cosechero：酒体清新且果香丰富的新酒，类似 Vino joven。

Criadera：索乐拉（solera）培养系统层级上面较年轻的雪利酒。

Crianza：红葡萄酒陈酿≥ 24 个月，白葡萄酒陈酿≥ 12 个月（具体见西班牙葡萄酒分类）。

Denominación de Origen："原产地名称"管制标识语，简称 DO，西班牙葡萄酒分类第三级。

Denominación de Origen Calificata："高级法定产区"管制标识语，简称 DOCa，西班牙葡萄酒分类第二级。

Demi–Seco：半干型。

Doble Pasta：类似意大利的瑞帕索（Ripasso），指在发酵前加多一倍葡萄皮后配制的红葡萄酒，颜色和口感较浓。

Dulce：甜型。

Embotellado en la Propiedad：灌瓶者……

Embotellado Por：灌瓶自……

Embotelladode Origen：原产地灌瓶，意思是酒庄酒。

Espumoso：起泡酒。

Fondillón：西班牙瓦伦西亚阿的利坎特出产的一种陈年强化葡萄酒，用 Monastrell 或 Moscatel de Alejandría 葡萄酿制。

Generoso：强化葡萄酒。

Gran Reserva：红葡萄酒的陈酿时间≥ 60 个月，白葡萄酒的陈酿时间≥ 48 个月。

Joven：新酒，年轻的酒，通常指未经橡木桶培养或经短暂培养的葡萄酒。

Noble：仅限用在 Vino de la Tierra 葡萄酒类，橡木桶培养≥ 12 个月。

Pago or DO Pago：西班牙 2003 年推出的最高等级，指 DO 级别单一葡萄园（具体见西班牙葡萄酒分类）。

Palo Cortado：在菲诺开花（Flor）基础上，变异或杀死菌花后酿制的一种浓厚型雪利酒。

Rancio：具有独特氧化风味的天然甜酒，属于强化葡萄酒类。

Reserva：红葡萄酒的陈酿时间≥ 36 个月，白葡萄酒的陈酿时间≥ 24 个月。

Reserva Especial：特别陈年，葡萄酒的陈年时间比 Reserva 长。

Roble：经橡木桶短暂陈酿的葡萄酒，通常在 3~6 个月间。

Rosados：桃红。

Seco：干型。

Semidulce：半甜型。

Semiseco：半干。

Sherry：雪利酒。

Sin Crianza：没有经过橡木桶培养的年轻葡萄酒。

Solera：混合年份雪利酒的一种独特循环培养系统。

Tinto：红葡萄酒。

Viejo：陈酿时间≥ 36 个月，有氧化 Oxidative 字样，但只能用于 Vino de la Tierra 以上级别葡萄酒。

Vino：葡萄酒。

Vino de Aguja：低压起泡葡萄酒。

Vino de Calidad con Indicación Geográfica：有地理标志葡萄酒，2003 年推出，位居西班牙葡萄酒分类第四级。

Vino de la Tierra：优良产区酒，位居西班牙葡萄酒分类第五级。

Vino de Mesa：普通葡萄酒，西班牙葡萄酒分类最低级。

Vino de Autor：经典佳酿（老藤、单一葡萄园或特殊的地块），指用新橡木桶培养的限量版、概念酒、签名酒或旗舰酒等。

Vino de Pago：西班牙 2003 年新分类，意思是单一葡萄园顶级酒。

VORS：是 Vinum Optimum Rare Signatum 或 Very Old Rare Sherry 简写，指陈酿＞ 30 年，此标志表明该酒昂贵稀有。

VOS：是 Vinum Optimum Signatum 或 Very Old Sherry 简写，指陈酿＞ 20 年。VORS 和 VOS 都属于雪利酒陈年术语。

其他国家葡萄酒分类
OTHER WINE CLASSIFICATIONS

葡萄牙 Portugal

葡萄牙于 1986 年加入欧盟，之后建立了国家葡萄酒管制系统。该系统以法国和意大利分级为基础制定的，分 4 大类，其中符合 VQPRD 标准的有 DOC 和 IPR。

DOC = Denominação de Origem Controlada

IPR = Indicação de Proveniência Regulamentada

Reserva：必须符合原产地命名的葡萄酒，并且使用特定年份采收的葡萄，酒精含量超过法定最低值的0.5%。最后还要通过感观评定。

Garrafeira：除了需要具备"Reserva"的条件外，红葡萄酒在大橡木桶内培养期不低于 2 年，之后再在瓶内培养 1 年后方可上市；而白葡萄酒则需要在橡木桶和瓶内各培养 6 个月。此分类不涉及波特酒。

匈牙利 Hungary

匈牙利葡萄酒法规于 2004 年正式实施，界定标准主要有：葡萄汁与葡萄酒自然含糖量、自然酒精含量及原产地命名等。其中备受关注的顶级酒是"托卡伊（Tokaji）"，该酒主要分 7 种类型，其中最高等级酒有"Aszú 和 Aszú Eszencia"。

Aszú：通过将新酒或葡萄汁倒进贵腐葡萄上面再进行酿制的葡萄酒，至少陈酿 3 年以上，其中橡木桶培养不得低于 2 年。

Aszú Eszencia：采用新收获的贵腐葡萄（Aszú）自然流出的葡萄汁酿造。残糖含量不低于450g/L；无糖浸出物不低于50g/L。

以上术语只能与受保护的地名"Tokaji"一并使用。

葡萄牙 Portugal（分级金字塔）

- HIGH QUALITY 佳酿葡萄酒
  - Garrafeira 嘉乐菲拉
  - Reserva 陈年佳酿
- V.Q.P.R.D 优质葡萄酒 / QUALITY WINE 优质葡萄酒
  - D.O.C. 法定产区
  - I.P.R. 优良产区酒
- V.D.T 餐酒
  - Vinho Regional 地区酒
- TABLE WINE 普通餐酒
  - Vinho de Mesa 日常餐酒

葡萄牙 Portugal

匈牙利 Hungary（分级金字塔）

- Aszú Eszencia 阿苏精华
- Aszú 阿苏

TYPES OF TOKAJI 托卡伊葡萄酒类型

- Szamorodni 自然葡萄酒
- Dry Wine 干白
- Fordítás 贵腐果肉酒
- Máslás 阿苏酒渣酒
- Other Sweet Wine 其它甜酒

- Külenleges Minöségi Bor 高级法定产区
- Minöségi Bor 法定产区
- Tábor 区域酒
- Asztali Bor 日常餐酒

匈牙利 Hungary

奥地利 Austria

奥地利葡萄酒根据葡萄汁的含糖量将葡萄酒分为5大类，其中最高级别的"特等葡萄酒（Praedikatswein）"根据不同采摘时间、含糖量以及精选程度又细分为8类，每高一级，对葡萄的成熟度和糖度要求就越高。

奥地利葡萄酒分类以葡萄汁自然糖分单位"修道院新堡葡萄汁天平称（Klosterneuburger Mostwaage）"来表示，简称KMW。其中特等葡萄酒必须接受官方的双重检查，每一瓶酒都有国家鉴定号码，就是贴在瓶口顶部的三种颜色（红、白、红）封条，以此来保证葡萄酒的质量，便于消费者们识别。按酒法规定：此类酒的甜味完全来自发酵后的残糖。并且要求葡萄汁的KMW含量不低于13°，即糖分含量（Öchsle）63°。

Trockenbeerenauslese
干浆果精选佳酿

Ausbruch
精选自然干果贵腐

Strohwein
稻草甜酒

Eiswein
冰酒

Beerenauslese
粒选贵腐

Auslese
串选贵腐

Spätlese
迟摘

Praedikatswein
特等特许葡萄酒

Kabinet
佳酿葡萄酒

Qualitaetswein
优质葡萄酒

Landwein
乡村餐酒

Tafelwein
普通葡萄酒

奥地利
Austria

希腊 Greece

O.P.A.P = 特定地区高质量葡萄酒（Onomasia Proelefsis Anoteras Piotitas），希腊语：Ονομασίας Προέλευσης Ανώτερης Ποιότητας .

O.P.E = 原产地控制命名（Onomasia Proelefsis Elechomeni），希腊语：Ονομασίας Προελεύσεως Ελεγχόμε– νης .

Reserve / 珍藏：干红最低陈酿3年，干白2年，其中桶内及瓶内陈酿各不于6个月。

Grand Reserve / 特级珍藏：干红和干白最低陈酿期为4年，其中桶内及瓶内各陈酿2年。

Grand Reserve
[ρανδ Ρεσερβε]
特级珍藏葡萄酒

Reserve
[Ρεσερβε]
珍藏葡萄酒

O.P.A.P
特定地区高
质量葡萄酒

O.P.E.
原产地控制
命名葡萄酒

Topikos Oinos
地区葡萄酒

Epitrapezios Oinos
普通葡萄酒

Vin Naturellement Doux
纯天然甜葡萄酒

Vin Doux Naturel Grand Crus
特级天然甜葡萄酒

Vin Doux Naturel
天然甜葡萄酒

希腊
Greece

HIGH QUALITY
佳酿葡萄酒

V.Q.P.R.D
优质葡萄酒

QUALITY WINE
优质葡萄酒

V.D.T
餐酒

TABLE WINE
普通餐酒

253

罗马尼亚 Romania

罗马尼亚是世界上唯一用法律手段保障出产100%纯葡萄酒的国家，并且规定不得在酒中添加任何物质。

D.O.C.C. = Denumire de Origine Controlata cu trepte de Calitate / 原产地控制质量命名。

D.O.C. = Denumire de Origine Controlata / 原产地控制命名。

V.D.C.S. = Vin de calitate superioara cu denumire de origine controlata / 高质量与控制原产地命名。

V.S. = Vin Superior / 高级葡萄酒。

V.M.S. = Vin de Masa Superior / 高级餐酒。

V.M. =Vin de Masa / 普通餐酒。

C.M.D = Cules la maturitate deplina
C.T = Cules târziu
C.S = Cules selectionat
C.I.B = Cules la înnobilarea boabelor
C.S.B = Cules la stafidirea boabelor
C.M.I = Cules la maturitate de înnobilare

斯洛文尼亚 Slovenia

ZGP（Zaščitenim Geografskim Poreklom）：用自然糖分不低于83°奥氏糖度（Oechsle）葡萄酿造的葡萄酒。

Slamno Vino：在稻草上晒干的葡萄酿造的酒。

Arhivsko Vino：葡萄自然糖分不低于83°奥氏糖度。

Ledeno Vino：冰葡萄自然糖分不低于128°奥氏糖度。

Suhi Jagodni Izbor：葡萄自然糖分不低于154°奥氏糖度。

Jagodni Izbor：葡萄自然糖分不低于128°奥氏糖度。

Izbor：葡萄自然糖分不低于108°奥氏糖度。

Pozna Trgatev：葡萄自然糖分不低于92°奥氏糖度。

佳酿葡萄酒 HIGH QUALITY

罗马尼亚

C.M.I. 完全成熟的贵腐葡萄

C.S.B. 干浆果粒选

C.I.B. 贵腐葡萄

C.S. 选择采收葡萄

C.T. 晚收葡萄

D.O.C.C. 原产地控制质量命名

C.M.D. 完全成熟的葡萄

斯洛文尼亚

Slamno Vino 稻草甜酒

Arhivsko Vino 陈年佳酿

Ledeno Vino 冰酒

Suhi jagodni Izbor 干浆果粒选

Jagodni Izbor 粒选贵腐

Izbor 精选贵腐

Vrhunsko Vino ZGP 高档葡萄酒

Pozna Trgatev 晚收

V.Q.P.R.D 优质葡萄酒

D.O.C. 原产地控制命名

V.D.C.S. 高质量与控制命名

QUALITY WINE 优质葡萄酒

Kakovostno ZGP 优质酒

V.D.T 餐酒

Vin Superior 高级葡萄酒

Vin de Masa Superior 高级餐酒

Dcželno Vino PGO 区域酒

TABLE WINE 普通餐酒

Vin de Masa 普通餐酒

罗马尼亚 Romania

Namizno Vino 普通餐酒

斯洛文尼亚 Slovenia

保加利亚 Bulgaria

保加利亚葡萄酒分级系统于 2004 年 4 月 14 日正式实施，在欧盟 VQPRD 的分类基础上将葡萄酒分 5 大类，其中最高等级：珍藏类（Reserve Category）。

C.O.A.：全称 Controlled Appellations of Origin .

D.G.O.：全称 Declared Geographical Origin .

此外，在酒标上还注明有：珍藏（Reserve）、优（Premium）、优质酒（Premium Cuvee）和优级珍藏（Premium Reserve）等专用术语。

Бутиково вино
（Boutique wine）
精品葡萄酒

Царска селекция
（Royal Selection）
皇家选择

Колекционно
（Collector）
收藏家

Барик（Barrique）
巴里克橡木桶

Премиум Оук
（Premium Oak）
优质橡木桶

Специална Селекция
（Special Selection）
特别选择

Специална Резерва
（Special Reserve）
特别珍藏

Reserve
Category
珍藏类

C. A. O
原产地控制命名

D.G.O
保证原地域葡萄酒

Regional Country Wine
地区或乡村葡萄酒

Without Declared Origin
无产地葡萄酒

保加利亚
Bulgaria

卢森堡 Luxembourg

卢森堡于 1935 年建立了自己的葡萄酒分级系统，从 1959 年开始使用品质标识：列级酒（Vin Classé）、一级葡萄园（Premier Crus）和特一级葡萄园（Grand Premier Crus）。要想获得以上标志，必须通过指定官方委员会检测，根据获得的分数给予相应的标志（满分为 20 分）。

低于 12 分禁止使用 Appellation Contrôlée 标志；高于 12 分允许使用 Appellation Contrôlée 标志；高于 14 分允许使用 Vin Classé 标志；高于 16 分允许使用 Premier Crus 标志；高于 18 分才能允许使用 Grand Premier Crus 标志。

事实上，卢森堡的 AOC 是最基本的法定分类，只有注明 "Grand Premier Cru" 字样的葡萄酒才等同于法国 AOP，这一点容易造成混淆。

Vin de Paille
稻草甜酒

Vin de Glace
冰酒

Vendanges
Tardives
晚收

Grand
Premier Crus
特一级葡萄园

Premier Crus
一级葡萄园

Vin Classés
列级葡萄酒

Appellation Contrôlée
控制命名葡萄酒

卢森堡
Luxembourg

HIGH QUALITY 佳酿葡萄酒

V.Q.P.R.D 优质葡萄酒

QUALITY WINE 优质葡萄酒

V.D.T 餐酒

TABLE WINE 普通餐酒

255

世界葡萄酒地图

The World Atlas of Wine

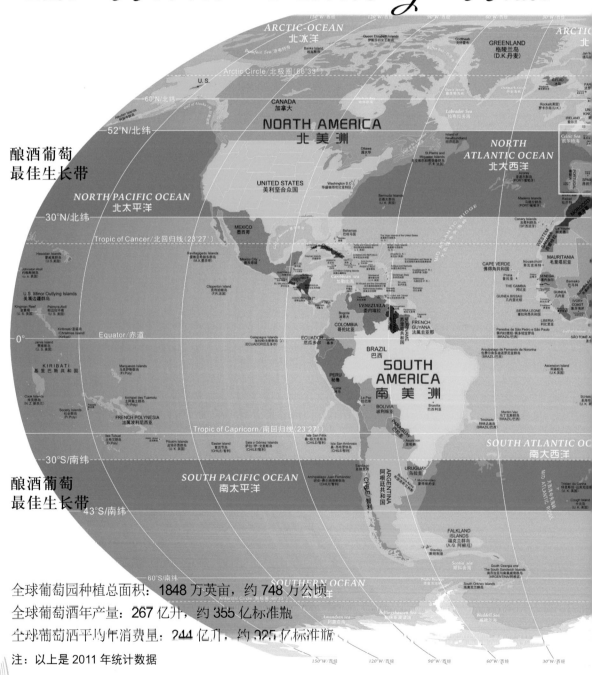

酿酒葡萄
最佳生长带

酿酒葡萄
最佳生长带

全球葡萄园种植总面积：**1848** 万英亩，约 **748** 万公顷

全球葡萄酒年产量：**267** 亿升，约 **355** 亿标准瓶

全球葡萄酒平均年消费量：**244** 亿升，约 **325** 亿标准瓶

注：以上是 2011 年统计数据

　　世界葡萄酒地图是纵观全球葡萄园生长环境状况的重要参考依据。通过对世界地图的观察分析表明，酿酒葡萄适宜生长在南半球与北半球的温带地区，介于南纬 23°S ~ 43°S 和北纬 30°N ~ 52°N 之间，这两条纬度带被称之为"酿酒葡萄黄金生长带"。大自然能创造生物，提高或降低生物质量，也可毁灭生物，这是人类无法改变的自然规律，有足够的科学依据说明酿酒葡萄最佳生长带的存在。

　　正常情况下，纬度越高，年平均气温越低，且日照不足，出产的葡萄含糖量略显不足，酿制的葡萄酒酒精含量较低，且口感清新淡雅，微酸。因此，温带寒冷地区适合种植白葡萄品种，盛产干白和起泡葡萄酒。纬度越低，年平均气温越高，日照充足强烈，出产的葡萄含糖量高，酿制的葡萄酒酒精含量偏高，且口感浓郁强烈，有些酒的酒精味略重。因此，一些温带的温暖地区和亚热带地区盛产干红葡萄酒、甜酒或强化葡萄酒。

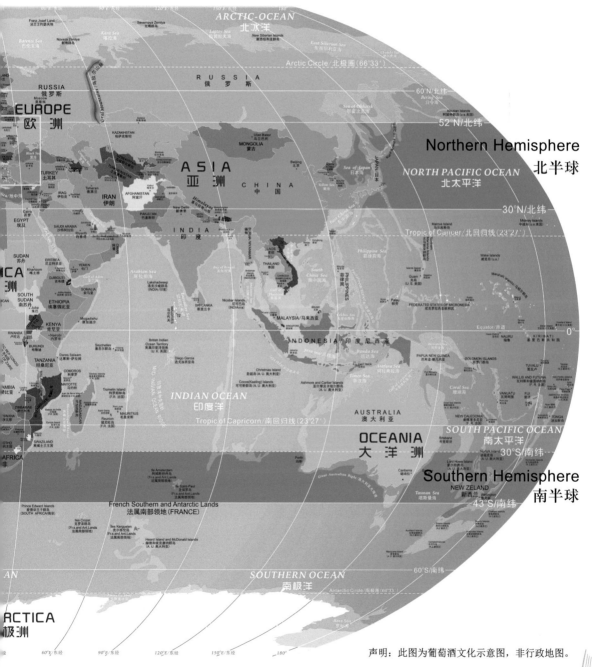

声明：此图为葡萄酒文化示意图，非行政地图。

旧世界与新世界葡萄酒产区
OLD WORLD VS NEW WORLD WINE REGIONS

全球主要葡萄酒生产国有 **78** 个，当中半数以上来自欧洲，其他则来自另外五大洲。英国著名葡萄酒作家侯治约翰逊（**Mr. Huge Johnson**）在其名著《世界葡萄酒地图》一书当中将所有的葡萄酒生产国一分为二：旧世界（Old World）和新世界（New World），各代表不同风格葡萄酒，自此，在葡萄酒领域掀起了一股新世界与旧世界的争论浪潮。许多人认为旧世界葡萄酒源自中亚高加索山脉，新世界始于哥伦布发现新大陆。其实，并非如此，旧世界指有着千年葡萄栽培及酿酒历史的欧洲部分国家，这些国家的葡萄酒文化底蕴深厚，生产者传承自然真理，出产的葡萄酒独具个性，以高贵典雅、复杂多变著称，注重酒体结构及香气的变化，并且以多葡萄品种混合酿造为主。因此，又称之为"传统葡萄酒生产国"。

新世界指葡萄酒形成规模酿造历史在几百年以内的新兴国家，例如：非洲的南非、大洋洲的澳大利亚和新西兰、北美洲的美国和加拿大、南美洲的智利和阿根廷、亚洲的中国等。这些国家的葡萄栽培和酿酒技术人大多始于 **17** 和 **18** 世纪之后，葡萄酒形成规模酿造仅几百年历史，葡萄种植到葡萄酒生产均以模仿旧世界国家为基础，加上现代科技方法形成的一种新兴生产模式，因此，又称之为"新兴葡萄酒生产国"。另外，堪称葡萄酒发源地的格鲁吉亚和土耳其虽有数千年酿酒历史，但由于历史战乱或宗教等因素，曾已消失，葡萄酒形成规模生产也只有几百年的历史，因此，不属于旧世界生产国。新世界葡萄酒风格以简单的果香及柔顺的口感为主流，注重是单一葡萄品概念，善于迎合消费者的喜好和口味。

旧世界与新世界葡萄园分布示意图
OLD WORLD AND NEW WORLD DISTRIBUTION MAP

旧世界葡萄酒产区分布
OLD WORLD WINE REGIONS

新世界葡萄酒产区分布
NEW WORLD WINE REGIONS

旧世界葡萄酒与新世界葡萄酒区别

序号	对比项目	旧世界 / Old World	新世界 / New World
1	代表性国家	法国、意大利、西班牙、德国、葡萄牙、罗马尼亚、摩尔多瓦、保加利亚、希腊、匈牙利、奥地利、克罗地亚或斯洛文尼亚等。（France / Italy / Spain / Germany / Portugal / Romania / Moldova / Bulgaria / Greece / Hungary / Austria / Croatia / Slovenia）	澳大利亚、新西兰、南非、阿尔及利亚、智利、阿根廷、乌拉圭、美国、加拿大、中国、格鲁吉亚、土耳其或巴西等。（Australia / New Zeland / South Africa / Algeria / Chile / Argentina / Uruguay / United States / Canada / China / Georgia / Turkey / Brazil）
2	葡萄酒文化	拥有千年以上的葡萄酒文化传承，历史悠久，底蕴深厚，生产者追求自然真理，出产的葡萄酒独具个性。此外，还拥有适宜当地自然条件的葡萄品种文化。因此，被称之为传统葡萄酒生产国。	酿酒葡萄种植及葡萄酒生产形成规模历史在400年以内，而且生产经营模式以模仿传统旧世界国家为基础，加上现代化科技方法形成的一种新兴生产模式，又称之为新兴葡萄酒生产国。
3	葡萄栽培方法	以传统手工有机栽培为主，主要靠大自然的恩惠。此外，葡萄园的历史悠久，藤蔓古老，品种纯正，并且注重传统栽培技术。	以传统结合现代化机械栽培为主，主要靠现代化栽培技术和生物技术来弥补大自然的不足。注重科技栽培与现代化经营管理。
4	葡萄品种	采用世代相传的优良本土品种，因地适宜，坚持追求"风土（Terroir）"理念。	根据地方气候和市场变化自由选择葡萄品种，较注重流行和技术改良品种。
5	生产工艺	大部分生产者注重传统手工酿造，使用传统酿造设备，追求自然健康的品质。	注重科技，一些生产者善于利用科技手段和添加剂来提高葡萄酒的感官质量。
6	生产规模	传统家族式经营模式，重视小产区栽培，葡萄种植及生产规模相对较小。不足的是葡萄酒之间的质量差距较大，不够稳定，但优质葡萄酒有较好的陈年潜质。顶级佳酿具有较大的增值空间，是投资或收藏者的首选。	大多数呈企业式规模经营，葡萄园种植面积及生产规模较大。优点是葡萄酒的质量和口感比较稳定，但大多数葡萄酒不具备增值潜质，不宜长期陈年，不适合收藏与投资，基本都属于即买即饮型葡萄酒。
7	葡萄酒风格	以高贵典雅、复杂多变著称，注重酒体结构及香气变化，以多葡萄品种混合酿制为主。	善于迎合消费者，以简单的果香和柔顺的口感吸引潜在消费者，注重单一葡萄品概念。
8	葡萄采摘年份	年份表示该年的气候特征，对于旧世界一些优质葡萄酒来说是辨别其质量的重要指标之一。	年份对于大多数新世界葡萄酒来说，质量影响并不大，是辨别酒龄的重要依据。
9	葡萄酒标签	整体设计风格传统典雅，内容丰富复杂，蕴含着多种重要信息，注重原产地提示。从标签信息基本能够解析葡萄酒的风格和价值。	注重色彩与时尚感，标签信息简单明了，重点是突出酒商LOGO和葡萄品种名称。通过标签很难辨别葡萄酒的风格和价值。
10	影响质量的因素	重点有风土（Terroir）、年份、葡萄品种、酿造工艺及生产者的声望等。	重点是产区知名度、生产者声望和葡萄品种等，年份对于少数传统栽培的葡萄园较重要。
11	法律管制	有严格的法定产区、葡萄园和酒庄分级系统，一系列较成熟的法律监管机制。同类型葡萄酒的价格悬殊较大，质量辨别比较困难。	有相关的法规，但监管不严格。不具备酒庄或产区分级系统，产区知名度及生产者声望就是葡萄酒的品质标志。
12	人均消费	大多数消费者都精通葡萄酒文化，有辨别葡萄酒质量的能力。大部分国家的年度人均葡萄酒消费量在10L以上，一些发达国家或地区年度人均消费量超过30L。	大多数消费者对于葡萄酒文化的了解处于起步阶段，主要靠酒商及媒体引导，没有自己的主见。年人均葡萄酒消费量大多在10L以下（各别发达国家除外）。
13	消费市场	遍及全球，是葡萄酒文化爱好者、投资客及收藏家们的追捧对象。目前，市场98%以上的可收藏葡萄酒都来自旧世界葡萄酒生产国。	大部分葡萄酒属于新兴商业化产物，值得收藏的葡萄酒非常少，并且增值空间不大，为新生代消费者追捧的对象。

新世界葡萄酒分类制度
NEW WORLD WINE CLASSIFICATIONS

新世界葡萄酒生产国并未效仿旧世界的分级系统，基本上都在沿用一些传统术语，只有个别国家建立了自己的管制制度。如：美国的"美国葡萄种植区（American Viticultural Areas）"制度，简称 AVA；奥大利亚的"澳洲葡萄酒和白兰地公司（Australian Wine and Brandy Corporation）"，简称 AWBC，现已更名为澳洲葡萄酒公司（Wine Australia）；加拿大"酒商质量联盟（Vintners Quality Alliance）"，简称 VQA。而南美洲的智利、阿根廷和乌拉圭等国葡萄酒没有进行系统的分类，由于曾经属于西班牙的殖民地，一直沿用一些与西班牙相似的专业术语，如："Reserva"或"Grand Reserva"等。

美国 1983 年建立了美国葡萄种植区制度 AVA，该制度由美国酒类、烟草和武器管理局（BATF）负责实施。AVA 制度有别于旧世界葡萄酒分级系统，它对葡萄品种、栽培、产量和酿造工艺没有限制，但有几项强制规定：①注明原产地的葡萄酒，85% 以上的葡萄必须来自该产地内；②单一葡萄品种酒注明的葡萄品种用量必须大于 75%；③单一葡萄园酒 95% 以上的葡萄必须来自注明的葡萄园内。因此，AVA 制度只是一种简单的规范，并非等级分类，不能代表葡萄酒的等级，但此制度为保护葡萄酒的质量有一定的约束作用。

加拿大酒商质量联盟 VQA 属于葡萄酒原产地名称管制系统。VQA 是一个独立的联盟，主要负责葡萄酒和烈酒的管制，管制项目包括：标准制定、葡萄品种及自然含糖量、产地命名方式、标签管理、品评和质量标识发放等。VQA 的管理系统与旧世界相似，但也不是一套完善的分级系统，只能算得上是一种葡萄酒质量认证标准而已。

国际主要葡萄酒大奖赛
INTERNATIONAL WINE COMPETITION

葡萄酒大赛除了为消费者筛选优秀的葡萄酒之外，最重要的目的是为生产者和酒商提供交流平台，促进葡萄酒行业发展。

目前，国际上各种各样的葡萄酒大赛比比皆是，每一种赛事都有自己的特色和相应的参赛群体，比赛内容大同小异，声誉良莠不齐。但大部分赛事的获奖比例都在 25% 以上。

无论何种赛事，最终胜利者将会获得实物奖牌和奖牌标识使用权。单从赛事角度而言，奖项标识是对葡萄酒的质量肯定，从标识上可以清楚的了解到赛事年份、主办国家、举办者、赛事类型及影响力等，因此，可作为辨别葡萄酒质量和风格的一项参考依据。事实上，每一项比赛的类型各不相同，有些专门针对起泡酒或某一葡萄品种举办的，各自的参赛群体及影响力有别，这主要取决于主办方的实力（历史影响、品酒团队实力及客观性等）。其实，印有获奖标识的酒与无获奖标识的酒没有可比性，原因是参赛者只是少数生产者，而大多数生产者并没有参赛。尤其是以盈利为目的大赛。客观的讲，印有获奖标识的酒质比未参加比赛或未获奖的酒更加可靠而已！通常，每一种葡萄酒赛事的参赛者都属于自愿报名，但会收取相应的费用，所以，并非某一产区或国家集体评比，其中可能会有一些商业成分。

法国是世界上葡萄酒赛事最多的国家，既有国际性大赛，也有国家级或地区级比赛，种类十分丰富。此外，其规律性和持续性也比较强。目前，在法国影响力较大的赛事有：国家农业部在巴黎主办的"巴黎农产品大赛（Concours Général Agricole Paris）"等；地区级赛事有：阿基坦大区波尔多葡萄酒大奖赛（Concours de Bordeaux Vins d'Aquitaine）等。个性化赛事有：复活节葡萄酒大赛（Easter Show Wine Award）或女士葡萄酒大赛（Concours des Féminalise）等。此外，还有针对葡萄酒类型或单一葡萄品种赛事。国际性赛事有：英国的品醇客国际葡萄酒大赛（Decanter World Wine Awards）、国际葡萄酒挑战赛（International Wine Challenge）或比利时布鲁塞尔世界大赛（Concours Mondial de Bruxelles）等。

根据世界葡萄与葡萄酒组织 O.I.V. 的法规，酒类大赛必须遵守其中两项重要规定：首先，一半以上的评审必须是外籍，以保持裁判的多元性。其次，获奖总数不得超过所有参赛酒样的 30%。得到 OIV 认可的赛事，对参赛样酒都有严格的要求，如生产工艺、残留糖分和酒精含量等，并制定有相应的理化指标，在参赛前会对酒进行化学分析。此外，有些赛事对各获奖酒的价格还设有指标。

大赛评委来自世界各地，有各种酒类的专家、葡萄酒大师、品酒师、侍酒师、酿酒师、调酒师、酒评家、媒体撰稿人、学者或明星等等。

品醇客国际葡萄酒大奖赛
Decanter World Wine Awards

主办国家：英国，伦敦 London

创立时间：2004 年，每年举办一届

参赛国家：> 44 个，> 10000 种品牌样品

参赛奖项：国际大奖 I.Trophy，地区奖 R.Trophy、
金 Gold，银 Silver，铜 Bronze 及嘉奖 Commended

品醇客国际葡萄酒大奖赛简称 DWWA，由世界知名葡萄酒杂志《品醇客》组织举办。该杂志创刊于 1975 年，2004 年推出 DWWA 赛事，目前，是欧洲最杰出的葡萄酒竞赛之一，极具国际影响力。2012 年，首届品醇客亚洲葡萄酒大赛（Decanter Asia Wine Awards）在香港拉开帷幕，这是针对亚洲市场的一项重大赛事。

品醇客国际葡萄酒大奖赛自 2004 年起，每年举办一次，参赛者有来自世界各地的生产者和经销商，每年的参赛酒品超过万种。参赛要求：年产量大于 200 箱，并按规定提交样品。组织者按照产地、颜色、葡萄品种、类型、年份和价格将参赛葡萄酒进行分组，以此提高葡萄酒的可比性。大赛评委来自 25 个不同国家的数十位葡萄酒大师，此外，还包括酿酒师、酒评家以及业内专家等。评分程序与《品醇客 / Decanter》的评分体系一致，采取 20 分满分制，奖项由高到底分别设有：国际奖、地区奖、金奖、银奖、铜奖和嘉奖。最后，获奖葡萄酒名单将被刊登在《品醇客 / Decanter》杂志及其网站（Decanter.com）之上。

国际葡萄酒挑战赛
International Wine Challenge

主办国家：英国，伦敦 London

创立时间：1984 年，每年举办一届

参赛国家：> 48 个，> 12000 种以上品牌样品

参赛奖项：锦标奖 Trophy，金 Gole，银 Silver，
铜 Bronze 及嘉奖 Commended

锦标奖　　金奖　　银奖　　铜奖　　嘉奖

国际葡萄酒挑战赛简称 IWC，由英国葡萄酒杂志于 1984 年创办，目前，为全球最具影响力葡萄酒赛事之一，有"葡萄酒奥斯卡"之称。现在，国际葡萄酒挑战赛已流行在世界各地举办，如法国、智利、中国、波兰、印度、新家坡、日本或俄罗斯等。

1984 年，英国葡萄酒作家罗伯特约瑟夫（Robert Joseph）创办了首届国际葡萄酒挑战赛，起初的参赛者寥寥无几，仅几十种葡萄酒参加。时至今日，每年超过 12000 种葡萄酒在参加这项竞赛，胜出者的奖项由高到低有：锦标奖（从 500 多种金奖当中选出）、金、银、铜、嘉奖和特别价值奖。

国际葡萄酒挑战赛的评审团由几百名葡萄酒品酒师、酒评家及葡萄酒节目主持人组成。为了保证评选的公正性，采用自选与盲品的方式，对来自几十个国家的一万多种葡萄酒进行评比，历时 2 个星期三轮逐级淘汰制，第一轮为初选，第二轮选出高于 85 分的葡萄酒，分别授予金、银和铜奖，最后一轮评选出锦标奖。

每届大赛评选结果发表在哈珀斯葡萄酒杂志（Harpers wine magazine）、世界最佳葡萄酒指南（the World's Best Wines guide）及 IWC 网站（www.internationalwinechallenge.com）上。

布鲁塞尔世界酒类大赛
Concours Mondial de Bruxelles

主办国家：比利时，布鲁塞尔 Bruxelles

创立时间：1998 年，每年举办一届

参赛国家：> 55 个，> 6500 种品牌样品

参赛奖项：大金奖 Grand Gold Medal，
金奖 Gold Medal 和银奖 Silver Medal

布鲁塞尔世界酒类大赛由比利时葡萄酒与烈酒杂志负责人路易哈沃（Louis Havaux）于 1998 年在历史名城布鲁日（Bruges）创办，而不是布鲁塞尔（Brussels）。目前，该赛事为欧洲最重要的国际竞赛之一，号称"世界酒类锦标赛"。

该赛事每年举办一次，为期三天，样品有酿造酒、蒸馏酒和混配酒，如：葡萄酒、啤酒或白兰地等，几乎包揽了所有的酒类。评审小组由世界各国数十位专家组成，这些评委们分组进行评分，当比赛结束后，组织者将所有酒款的分数集中汇总，并将评分排名前30%的数量列为入围酒款，之后再根据具体得分选出：银奖（85~87.9分），金奖（88~95.9分）和大金奖（96~100分）。最后再授予每一系列里由评分最高的酒款为该系列"最佳酒款的称号"，如最佳红葡萄酒或最佳气泡葡萄酒等。

终极葡萄酒挑战赛（UWC）
Ultimate Wine Challenge

主办国家：美国，纽约 New York

创办时间：2010 年，100 分制

参赛国家：> 10 个，> 800 种品牌样品

参赛奖项：最高荣誉奖 Chairman's Trophy，入围奖 Finalist，

最具价值奖 Great Value 及推荐奖 Recommended，获奖比例< 30%

95 分 ~100 分：非凡，终极推荐 Extraordinary, Ultimate Recommendation

90 分 ~94 分：强烈推荐 Excellent, Highly Recommended

85 分 ~89 分：很赞，强烈推荐 Very Good, Strong Recommendation

80 分 ~84 分：好，推荐 Good, Recommended

柏林葡萄酒锦标赛（BWT）
Berliner Wein Trophy

主办国家：德国，柏林 Berliner

创办时间：1994 年，得到 OIV 认证

参赛国家：> 60 个国家，上限 3500 种品牌样品

参赛奖项：高级柏林金奖 Premium Berlin Gold,

柏林金奖 Berlin Gold 和柏林银奖 Berlin Silver，获奖比例< 30%

国际葡萄酒及烈酒大赛（IWSC）
International Wine & Spirits Competition

主办国家：英国，伦敦 London

创立时间：1969 年，目前，在世界各地举办

参赛国家：> 80 个，> 8000 种品牌样品

参赛奖项：锦标奖 Trophy，金奖 Gold,

银奖 Silver 和铜奖 Bronze，获奖比例< 30%

葡萄酒大师挑战赛（WMC）
Wine Masters Challenge

主办国家：葡萄牙，埃斯托利尔 Estoril

创办时间：1998 年，每年举办一届

参赛国家：> 50 个，> 4000 种品牌样品

参赛奖项：金 Gold，银 Silver，铜 Bronze

及推荐奖 Recommended，获奖比例< 30%

悉尼国际葡萄酒大赛（SIWC）
Sydney International Wine Competition

主办国家：澳大利亚，悉尼 Sydney

创办时间：1982 年，得到 OIV 认证

参赛国家：> 14 个国家，> 2000 种品牌样品

参赛奖项：百大顶级葡萄酒奖 Top 100 和

蓝金奖 Blue~Gold，获奖比例< 20%

旧金山国际葡萄酒大赛（SFCWC）
San Francisco International Wine Competition

主办国家：美国，旧金山 San Francisco

创办时间：1980 年，得到 OIV 认证

参赛国家：> 30 个，> 4500 种品牌样品

参赛奖项：双金奖 Double Gold，金奖 Gold,

银奖 Silver 和铜奖 Bronze，获奖比例< 30%

世界妇女暨葡萄酒国际大奖赛（FVMCI）
Femmes et Vins du Monde Concours International

主办国家：摩纳哥 Monaco，100 分制

创办时间：2007 年，得到 OIV 认证

参赛国家：> 23 个国家，> 400 种品牌样品

参赛奖项：钻石奖 Diamant，金奖 Or 和

银奖 Argent，获奖比例< 30%

AWC 维也纳 ~ 国际葡萄酒挑战赛
AWC VIENNA ~ International Wine Challenge

主办国家：奥地利，维也纳 Vienna

创办时间：2004 年，100 分制

参赛国家：> 39 个，12000 种品牌样品

参赛奖项：金奖 Gold，银奖 Silver 和

认证标志奖 Seal of Approval，获奖比例< 30%

CINVE 国际葡萄酒及烈酒大赛
CINVE International Wines & Spirits Contest

主办国家：西班牙，塞维拉 Sevlla

创办时间：2006 年，100 分制

参赛国家：> 10 个国家，> 1000 种品牌样品

参赛奖项：大金奖 Gran Oro，金奖 Oro 和

银奖 Plata，获奖比例< 30%

梦都斯维尼 ~ 国际葡萄酒大赛
Der Internationale Weinpreis der Mundus Vini

主办国家：德国，普法尔茨州 Rheinland~Pfalz

创办时间：2001 年，100 分制

参赛国家：> 44 个，> 6000 种品牌样品

参赛奖项：大金奖 Grosses Gold ≧ 95，

金 Gold ≧ 90，银 Silber ≧ 85，获奖比例< 30%

苏黎世酒展 ~ 国际葡萄酒大赛
Internationale Weinprämierung, Zürich ~ Expovina

主办国家：瑞士，苏黎世 Zürich

创办时间：1994 年，100 分制

参赛国家：> 42 个国家，> 2200 种品牌样品

参赛奖项：大金奖 Grosses Gold、金奖 Gold，

银奖 Silber 和最佳 Best of，获奖比例< 35%

侍酒师葡萄酒大奖赛（SWA）
Sommelier Wine Awards

主办国家：英国，伦敦 London
创办时间：2007 年，100 分制
参赛国家：＞ 15 个国家，＞ 1800 种品牌样品
参赛奖项：金奖 Gold，银奖 Silver 和
铜奖 Bronze，获奖比例＜ 30%

国际葡萄酒暨烈酒大赛
Concurso Internacional de Vinos y Licores

主办国家：阿根廷，门多萨 Mendoza
创办时间：2004 年，得到 OIV 认证
参赛国家：＞ 25 个国家，＞ 500 种品牌样品
参赛奖项：锦标奖 Doble Oro，
金奖 Oro 和银奖 Plata，获奖比例＜ 30%

国际葡萄酒挑战赛（CIV）
Challenge International du Vin

主办国家：法国，波尔多 - 布尔 Bourg
创办时间：1976 年，2008 年获 ISO 9001 认证
参赛国家：＞ 38 个，＞ 5000 种品牌样品
参赛奖项：金 d'Or，银 d'Argent，铜 Bronze
及特别价值奖 Prix Spécial，获奖比例＜ 30%

里昂国际葡萄酒大赛
Concours international des Vins à Lyon

主办国家：法国，里昂 Lyon
创办时间：2010 年
参赛国家：＞ 22 个，＞ 3000 种品牌样品
参赛奖项：大金奖 Grand Or，金奖 Or，
银奖 Argent 和铜奖 Bronze，获奖比例＜ 30%

国际酿酒师联盟 - 酒神国际葡萄酒大赛
Concurso Internacional de Vinos Bacchus

主办国家：西班牙，品酒师联盟 UEC
创办时间：2002 年，得到 OIV 认证
参赛国家：＞ 15 个国家，＞ 1500 种品牌样品
参赛奖项：大酒神金奖 Gran Bacchus de Oro
93~100，酒神金奖 Bacchus de Oro 88~93 和
酒神银奖 Bacchus de Plata 84~88，比例＜ 30%

蒙都斯国际葡萄酒大赛
Concours International de Vins MUN~DUS

主办国家：斯洛伐克
创办时间：2011 年，两年举办一届
参赛国家：＞ 15 个国家，＞ 750 种品牌样品
参赛奖项：冠军奖 Champion，大金奖 Great
Gold，金奖 Gold，银奖 Silver 和铜奖 Bronze，
获奖比例＜ 30%

国际葡萄酒风土大赛
Concours International des Vins de Terroir

主办国家：法国，布里尼奥勒市 Brignoles
创办时间：2013 年，100 分制
参赛国家：＞ 13 个国家，＞ 80 种品牌样品
参赛奖项：钻石土地 Terroir de Diamant、
金土地 Terroir d'Or，银土地 Terroir d'Argent
和铜土地 Terroir d'Bronze，获奖比例＜ 30%

希腊葡萄酒大奖赛
Griechischer Weinpreis

主办国家：希腊，弗拉斯多尔夫 Frasdorf
创办时间：2011 年，100 分制
参赛国家：国内赛事，＞ 100 种品牌样品
参赛奖项：大金奖 Grosses Gold ≥ 96+，
金奖 Gold ≥ 90+，银奖 Silber ≥ 83+，
推荐奖 Empfehlung ≥ 75+，获奖比例＜ 30%

圣地亚哥国际葡萄酒大赛
San Diego International Wine Competition

主办国家：美国，加利福尼亚 California
创办时间：1983 年，100 分制
参赛国家：＞ 10 个国家，＞ 1000 种品牌样品
参赛奖项：金奖 Gold，银奖 Silver 和
铜奖 Bronze，获奖比例＜ 30%

INTER VIN 国际葡萄酒大奖赛
InterVin International Wine Awards

主办国家：加拿大
创办时间：2009 年
参赛国家：＞ 16 个国家，＞ 1300 种品牌样品
参赛奖项：金 Gold，银 Silver，铜 Bronze
及荣誉奖 Honours，获奖比例＜ 60%

六国葡萄酒挑战赛
6 Nations Wine Challenge

主办：阿根廷 / 澳洲 / 智利 / 新西兰 / 南非 / 美国
创办时间：2013 年，100 分制
参赛国家：6 个国家，＞ 600 种品牌样品
参赛奖项：双金奖 Double Gold，金奖 Gold 和
卓越奖 Medals of Excellence，获奖比例＜ 35%

手指湖区 - 国际葡萄酒大赛
Finger Lakes International Wine Competition

主办国家：美国，纽约 New York
创办时间：2001 年，100 分制
参赛国家：＞ 20 个国家，＞ 3500 种品牌样品
参赛奖项：双金奖 Double Gold，金奖 Gold，
银奖 Silver 和铜奖 Bronze，获奖比例＜ 30%

顶级国际美酒展
Premios Arribe Salón Internacional del Vino

主办国家：西班牙，马德里 Madrid
创办时间：2005 年，每年举办一届
参赛国家：＞ 29 个国家，＞ 350 种品牌样品
参赛奖项：金奖 Arribe de Oro 和
银奖 Arribe de Plata，获奖比例＜ 30%

加拿大国际葡萄酒精选赛
Selection Mondiale des Vins Canada

主办国家：加拿大，魁北克省 Quebec
创办时间：1994 年，获得 ISO 9001 认证
参赛国家：＞ 35 个，＞ 1800 种品牌样品
参赛奖项：大金奖 Grand Gold ≥ 92，
金奖 Gold ≥ 85，银奖 Silver ≥ 82，比例＜ 30%

世界最佳西拉大奖赛
Meilleurs Syrah du Monde

主办国家：法国，北罗讷 Northern Rhone

创办时间：2006 年，获得 ISO 9002 认证

参赛国家：> 24 个，> 400 种品牌样品

参赛奖项：大金奖 Grande Médaille d'Or，金
d'Or，银 d'Argent 和铜 Bronze，比例 < 35%

世界麝香葡萄酒大赛
Concours les Muscats du Monde

主办国家：法国，朗格多克 Languedoc

创办时间：2001 年，获得 ISO 9002 认证

参赛国家：> 20 个，> 200 种品牌样品

参赛奖项：大金奖 Grande Médaille d'Or，金
d'Or，银 d'Argent 和铜 Bronze，比例 < 33%

全球黑皮诺大赛
Mondial du Pinot Noir

主办国家：瑞士，谢尔 Sierre

创办时间：1998 年，获得 OIV 和 UIOE 认证

参赛国家：> 21 个，> 10000 种品牌样品

参赛奖项：大金奖 Grand Or，金 Or，
银 Argent 及特别奖 Special，获奖比例 < 30%

酥味浓全球大赛
Concours Mondial du Sauvignon

主办国家：法国，波尔多 Bordeaux

创办时间：1994 年

参赛国家：> 16 个国家，> 800 种品牌样品

参赛奖项：特别冠军奖 Special Trophy，
金奖 Gold 和银奖 Silver，获奖比例 < 30%

全球梅洛葡萄酒大赛
Mondial du Merlot

主办国家：瑞士，谢尔 Sierre

创办时间：1998 年，得到 OIV 认证，100 分制

参赛国家：> 17 个，> 600 种品牌样品

参赛奖项：特级金奖 Great Gold，金奖 Gold
和银奖 Silver，获奖比例 < 30%

霞多丽世界大赛
Chardonnays du Monde

主办国家：法国，布艮地 Bourgogne

创办时间：1993 年，获得 ISO 9002 认证

参赛国家：> 35 个，> 900 种品牌样品

参赛奖项：金奖 Médaille d'Or，银奖 d'Argent
和铜奖 Bronze，获奖比例 < 30%

佳美国际葡萄酒大赛
International du Gamay

主办国家：法国，宝祖利 Beaujolais

创办时间：2011 年

参赛国家：> 10 个国家，> 500 种品牌样品

参赛奖项：大金 Grande Médaille d'Or，金
Médaille d'Or 和银 Médaille d'Argent，获奖 < 30%

世界雷司令大赛
Riesling du Monde

主办国家：法国，阿尔萨斯 Alsace

创办时间：1999 年

参赛国家：> 17 个国家，> 900 种品牌样品

参赛奖项：大金 Grande Médaille d'Or，金
Médaille d'Or 和银 Médaille d'Argent，获奖 < 30%

阿尔巴利诺国际葡萄酒挑战赛
Alvarinho International Wine Challenge

主办国家：葡萄牙，梅尔加索 Melgaço

创办时间：2011 年 6 月，葡萄品种赛事

参赛国家：> 2 个，> 100 种品牌样品

参赛奖项：大金奖 Grant Gold ≥ 92，
金奖 Gold ≥ 85，银奖 Silver ≥ 82，
铜奖 Bronze ≥ 80，获奖比例 < 30%

山区葡萄酒国际大赛
Concours International des Vins de Montagne

主办国家：意大利，奥斯塔 Aoste

创办时间：1991 年，得到 OIV 认证

参赛国家：10 个，> 500 种品牌样品

参赛条件：葡萄园海拔 < 500m，坡度 > 30%

参赛奖项：大金奖 Grande Médaille d'Or ≥ 94，
金 d'Or ≥ 89，银 d'Argent ≥ 85，比例 < 30%

世界起泡葡萄酒大赛
Effervescents du Monde

主办国家：法国，第戎 Dijon

创办时间：2003 年，获得 ISO 9002 认证

参赛国家：> 28 个，> 600 种品牌样品

参赛奖项：大金奖 Médaille Grande d'Or，
金奖 Médaille d'Or，银奖 Médaille d'Argent、
和铜奖 Médaille de Bronze，获奖比例 < 33%

国际葡萄酒指南
International Wine Guide

主办国家：西班牙，维多利亚 Vitoria

创办时间：2000 年

参赛国家：> 29 个，2400 种品牌样品

参赛奖项：大金奖 Great Gold ≥ 95，
金奖 Gold ≥ 90，银奖 Silber ≥ 85，
铜奖 Bronze ≥ 80，获奖比例 < 30%

年份有机葡萄酒挑战赛
Challenge Millésime Bio

主办国家：法国，朗格多克 Languedoc

创办时间：1991 年，有机葡萄酒协会 AIVB~LR

参赛国家：> 12 个国家，> 1000 种品牌样品

参赛奖项：金奖 Or，银奖 Argent 和
铜奖 Bronze，获奖比例 < 30%

国际玫瑰红葡萄酒大赛
Le Mondial des Rosés

主办国家：法国，夏纳 Cannes

创办时间：2010 年

参赛国家：> 21 个，> 900 种品牌样品

参赛奖项：金奖 Or 和银奖 Argent，
获奖比例 < 30%

中国环球葡萄酒及烈酒大奖赛
China Wine & Spirits Awards

主办国家：中国，香港 (Hong Kong)
创办时间：2010 年
参赛奖项：> 35，> 4000 种品牌样品
参赛奖项：双金奖 Double Gold，金奖 Gold，
银奖 Silver，铜奖 Bronze，最佳奖 Best Value
和有机奖 Organic, Bio, Eco，获奖比例< 30%

意大利葡萄酒展—国际酿酒大赛
Concorso Enologico Internazionale ~ Vinitaly

主办国家：意大利，维罗纳 Verona
创办时间：1967 年，每年举办一届
参赛国家：> 80 个，> 10000 种品牌样品
参赛奖项：大金奖 Gran Medaglia d'Oro，
金奖 Medaglia d'Oro，银奖 Medaglia d'Argento
和铜奖 Medaglia di Bronzo，获奖比例< 30%

维纳里埃国际大赛
Vinalies Internationales

主办国家：法国，巴黎 Paris
创办时间：1993 年，2010 获得 OIV 认证
参赛国家：> 35 个，> 3000 种品牌样品
参赛奖项：金奖 d'Or 和银奖 d'Argent，
获奖比例< 30%

法国酿酒师卓越大奖赛
Grand Prix d'Excellence Vinalies

主办国家：法国，酿酒师联盟 UFOE
创办时间：2004 年，获奖比例< 30%
参赛国家：联盟成员，2500~3000 种品牌样品
参赛奖项：卓越大奖 Grand Prix d'Excellence，
优秀 Prix d'Excellence 和优胜 Prix des Vinalies

阿基坦葡萄酒波尔多大赛
Concours de Bordeaux Vins d'Aquitaine

主办国家：法国，波尔多 Bordeaux
创办时间：1957 年，获得 ISO 9001 认证
参赛国家：阿基坦大区赛，> 4000 种品牌样品
参赛奖项：金奖 Gold，银奖 Silver 和
铜奖 Bronze，获奖比例< 30%

法国保护地理标志葡萄酒全国大赛
Concours National des IGP de France

主办国家：法国，酿酒师联盟 UFOE
创办时间：2010 年，法国南部地区
参赛国家：各 IGP 产区，> 700 种品牌样品
参赛奖项：金奖 d'Or，银奖 d'Argent 和
铜奖 Bronze，获奖比例< 30%

独立酿酒师大奖赛
Vignerons Indépendants ~ Concours

主办国家：法国，阿尔萨斯科尔马市 Colmar
创办时间：1973 年，2005 年获 ISO 9001 认证
参赛国家：独立种植者，> 5500 种品牌样品
参赛奖项：金奖 Or，银奖 Argent 和
铜奖 Bronze，获奖比例< 30%

起泡葡萄酒国家大赛
Concours National des Crémants

主办国家：法国，马康 Mâcon
创办时间：2001 年
参赛国家：法国范围内，> 600 种品牌样品
参赛奖项：金奖 d'Or，银奖 d'Argent 和
铜奖 Bronze，获奖比例< 30%

巴黎农产品大赛（CGAP）
Concours Général Agricole Paris

主办国家：法国，巴黎 Paris
创办时间：1870 年，每年举办一届
参赛国家：国内赛事，> 16000 种品牌样品
参赛奖项：金奖 d'Or，银奖 d'Argent 和
铜奖 Bronze，获奖比例< 25%

西南葡萄酒大赛
Concours des Vins du Sud~Ouest

主办国家：法国西南，图卢兹 Toulouse
创办时间：2010 年，每年举办一届
参赛国家：法国西南地区，> 500 种品牌样品
参赛奖项：金奖 d'Or，银奖 d'Argent 和
铜奖 Bronze，获奖比例< 30%

法国马康葡萄酒大奖赛
Concours des Grands Vins de France à Macon

主办国家：法国，马康 Macon
创办时间：1954 年，每年举办一届
参赛国家：法国，> 11000 种品牌样品
参赛奖项：金奖 d'Or，银奖 d'Argent 和
铜奖 Bronze，获奖比例< 30%

洛杉矶国际葡萄酒及烈酒大赛
Los Angeles International Wine & Spirits Competition

主办国家：美国，洛杉矶 Los Angeles
创办时间：1939 年，100 分制
参赛国家：> 20 个，> 3000 种品牌样品
参赛奖项：金奖 Gold，银奖 Silver 和
铜奖 Bronze，获奖比例< 30%

卢瓦尔葡萄酒 – 南特大奖赛
Concours des vins de Loire~Nantes

主办国家：法国，南特 Nantes
创办时间：2012 年，每年举办一届
参赛国家：地区赛事，> 380 种品牌样品
参赛奖项：金奖 Médaille d'Or，银奖 d'Argent
和铜奖 Bronze，获奖比例< 23%

日本葡萄酒挑战赛
Japan Wine Challenge

主办国家：日本，东京 Tokyo
创办时间：1997 年，每年举办一届
参赛国家：> 27 个，> 1300 种品牌样品
参赛奖项：锦标奖 Trophy，金奖 Gold，
银奖 Silver 和铜奖 Bronze，获奖比例< 30%

PIWI 国际葡萄酒大奖赛
Internationalen PIWI Weinpreis

主办国家：德国巴德迪尔克海姆 Bad Dürkheim
创办时间：2000 年，100 分制
参赛国家：> 10 个，> 350 种品牌样品
参赛奖项：大金奖 Grosses Gold ≥ 96 分，
金奖 Gold ≥ 90 分，银奖 Silber ≥ 83 分
PIWI = 真菌性葡萄品种 Pilzwiderstandsfähigen
PAR= 产品 Produkt/ 分析 Analyse/ 排行 Ranking

葡萄酒旅游奖
Wine Tourism Awards

主办国家：英国，伦敦 London
创办时间：2010 年
参赛国家：国际赛事，> 7 个国家
参赛奖项：最佳游客中心奖 Best Visitor Centre
最佳通用酒体奖 Best Generic Wine Body
最具创意游客体验奖 Most Innovative Visitor Experience
最佳食品和葡萄酒搭配体验奖 Best Food and Wine Matching Experience

瓦尔卢瓦尔葡萄酒大赛
Concours des Vins du Val de Loire

主办国家：法国，瓦尔卢瓦尔 Val de Loire
创办时间：1994 年，每年举办一届
参赛国家：地区赛事，> 2000 种品牌样品
参赛奖项：狮虎金奖 Ligers d'Or，
狮虎银奖 Ligers d'Argent 和
狮虎铜奖 Ligers de Bronze，获奖比例< 30%

当选游乐价格奖
Elu Prix Plaisir

主办国家：法国，巴黎 Paris
创办时间：2010 年，每年举办一届
参赛国家：国际赛事，> 900 种品牌样品
价格范围：葡萄酒 2~15 欧元，香槟< 25 欧元
参赛奖项：金奖 Or，银奖 Argent 和
铜奖 Bronze，获奖比例< 30%

卡塔维诺~世界葡萄酒与烈酒大赛
Catavinum World Wine & Spirits
Competition

主办国家：西班牙，维多利亚 Vitoria~Gasteiz
创办时间：2012 年
参赛国家：> 25 个，> 1800 种品牌样品
参赛奖项：大金奖 Great Gold ≥ 95，金奖
Gold ≥ 89，银奖 Silver ≥ 80，比例< 30%

法国经纪商宣誓大赛（CCAF）
Concours des Courtiers Assermentés
de France

主办国家：法国，里昂 Lyon
创办时间：2010 年，每年举办一届
参赛国家：国内赛事，> 500 种品牌样品
参赛奖项：金奖 Or，银奖 Argent 和
铜奖 Dronze，获奖比例< 30%

香港国际葡萄酒暨烈酒大赛（IWSC）
Hong Kong International Wine & Spirit
Competition

主办国家：中国，香港 Hong Kong
创办时间：2008 年，100 分制
参赛国家：> 25，> 1000 种品牌样品
参赛奖项：金奖 Gold ≥ 90，银奖 Silver ≥ 80，
铜奖 Bronze ≥ 75，获奖比例< 30%

特拉维诺－地中海国际葡萄酒及烈酒挑战赛
Terravino~Mediterranean International
Wine & Spirits Challenge

主办国家：以色列，耶路撒冷 Jerusalem
创办时间：2006 年，100 分制
参赛国家：> 15 个国家，> 1000 种品牌样品
参赛奖项：双金奖 Double Gold ≥ 93，
金奖 Gold ≥ 88，银奖 Silver ≥ 83，比例< 30%

维纳克斯国际葡萄酒大赛
Grand Prix Vinex International Wine
Competition

主办国家：捷克，布尔诺 Brno
创办时间：1993 年，每年举办一届
参赛国家：> 13 个国家，> 600 种品牌样品
参赛奖项：大金奖 Great Gold ≥ 92 分，
金奖 Gold ≥ 87 分，银奖 Silver ≥ 84 分，
铜奖 Bronze ≥ 80 分，获奖比例< 30%

坦普拉尼罗周游世界国际葡萄酒大赛
Concurso Internacional Itinerante
Tempranillos al Mundo

主办国家：西班牙，周游世界各地举办
创办时间：2000 年
参赛国家：> 50 个，> 1000 种品牌样品
参赛奖项：大金奖 Gran Medalla de Oro /
100~96 分，金奖 Oro / 95~88 分，银奖 Plata /
87~83 分，获奖比例< 30%

巴西国际葡萄酒大赛
Concurso Internacional de Vinhos do
Brasil

主办国家：巴西本图贡萨尔维斯 Bento Gonçalves
创办时间：2007 年，得到 OIV 认证
参赛国家：> 17 个国家，> 500 种品牌样品
参赛奖项：大金奖 Medalha Grande Ouro，金奖
Medalha de Ouro 和银奖 Medalha de Prata，获
奖比例< 30%

葡萄酒杂志－葡萄酒组织奖
Revista de Vinhos–Prémio Organização
Vitivinícola

主办国家：葡萄牙塞图巴尔 Península de Setúbal
创办时间：1996 年，100 分制
参赛国家：国内赛事，> 100 种品牌样品
参赛奖项：卓越之酒 Vinhos de 'Excelência'，年
度最佳 Melhores do Ano 和最佳产区 Melhor da
Região，获奖比例< 30%

中国葡萄酒至尊大奖赛
China Wine Awards

主办国家：中国，香港 Hong Kong
创办时间：2010 年
参赛国家：> 25，> 1000 种品牌样品
参赛奖项：双金奖 Double Gold，金奖 Gold，
银奖 Silver，铜奖 Bronze 和
推荐奖 Highly Commended，获奖比例 < 30%

新西兰航空葡萄酒大奖赛
Air New Zealand Wine Awards

主办国家：新西兰，马尔堡 Marlborough
创办时间：1987 年，100 分制
参赛国家：国内赛事，> 1300 种品牌样品
参赛奖项：锦标奖 Trophy，精英纯金奖 Pure
Elite Gold，精英金 Elite Gold，纯金奖 Pure
Gold 及金奖 Gold，获奖比例 < 30%

上海国际葡萄酒挑战赛
Shanghai International Wine Challenge

主办国家：中国，上海 Shanghai
创办时间：2006 年，100 分制
参赛国家：> 21，> 700 种品牌样品
参赛奖项：最佳锦标奖 Best Trophy
金奖 Gold ≥ 91 分，银奖 Silver ≥ 87 分，
铜奖 Bronze ≥ 83 分，获奖比例 < 52%

加拿大世界葡萄酒大奖赛（WWAC）
World Wine Awards of Canada

主办国家：加拿大，安大略省 Ontario
创办时间：2013 年，100 分制，50 美元以下的酒
参赛国家：> 20 个，> 1500 种品牌样品
参赛奖项：最佳价值奖 Best Value <15 美元，
溢价价值奖 Premium Value 15~25 美元，
超值奖 Ultra Value 25~50 美元，获奖比例 < 30%

新西兰国际葡萄酒展
New Zealand International Wine Show

主办国家：新西兰，奥克兰 Auckland's
创办时间：2005 年，每年举办一届
参赛国家：> 14 个，> 2000 种品牌样品
参赛奖项：锦标奖 Trophy，金奖 Gold，
银奖 Silver 和铜奖 Bronze，获奖比例 < 30%

卢瓦尔葡萄酒大赛（图尔站）
Concours des Vins de Loire（Tours）

主办国家：法国，图尔 Tours
创办时间：1994 年，每年举办一届
参赛国家：地区赛事，> 1000 种品牌样品
参赛奖项：金奖 d'Or，银奖 d'Argent 和
铜 Bronze，获奖比例 < 30%

北岛顶级葡萄酒挑战赛
Upper North Island Wine Challenge

主办国家：新西兰，奥克兰 Auckland
创办时间：2010 年，20 分制
参赛国家：国家赛事，> 200 种品牌样品
参赛奖项：金奖 Gold，银奖 Silver 和
铜奖 Bronze，获奖比例 < 30%

布尔根兰葡萄酒竞赛
Burgenländische Weinprämierung

主办国家：奥地利，布尔根兰 Burgenland
创办时间：2007 年，每年举办一届
参赛国家：地区赛事，> 1300 种品牌样品
参赛奖项：金奖 Gold Medaille 和
银奖 Silber Medaille，获奖比例 < 30%

加拿大国家葡萄酒大奖赛（NWAC）
National Wine Awards of Canada

主办国家：加拿大，不列颠省 British Columbia
创办时间：2008 年，100 分制
参赛国家：国家赛事，> 1000 种品牌样品
参赛奖项：白金奖 Platinum，金奖 Gold，
银奖 Silver 和铜奖 Bronze，获奖比例 < 22%

法国葡萄酒行业协会 – 最具价值葡萄酒大选
Anivin de France – Best Value Selection

主办国家：法国，巴黎 Paris
创办时间：2009 年，得到 OIV 认证
参赛国家：> 10 个国家，> 300 种品牌样品
参赛奖项：金奖 Gold，银奖 Silver 和
铜奖 Bronze，获奖比例 < 30%

洛特省独立酿酒师联盟葡萄酒大赛
Vignerons Indépendants du Lot

主办国家：法国，卡奥尔 Cahors
创办时间：2008 年，获得 ISO 9001 认证
参赛国家：省级赛事，> 5300 种品牌样品
参赛奖项：金奖 d'Or，银奖 d'Argent 和
铜奖 Bronze，获奖比例 < 25%

东方国际葡萄酒大赛
International Eastern Wine Competition

主办国家：美国，纽约 New York
创办时间：1976 年，100 分制
参赛国家：> 20 个国家，> 1000 种品牌样品
参赛奖项：双金奖 Double Gold，金奖 Gold，
银奖 Silver 和铜奖 Bronze，获奖比例 < 60%

洛特加龙省葡萄酒大赛
Concours des Vins de Lot et Garonne

主办国家：法国，阿让 Agen
创办时间：2009 年，得到法国农业部认可
参赛国家：省级赛事，> 90 生产者品牌样品
参赛奖项：金奖 Médaille d'Or，银奖 Argent
和铜奖 Bronze，获奖比例 < 30%

华盛顿葡萄酒大奖赛
Washington State Wine Awards

主办国家：美国，华盛顿 Washington
创办时间：2002 年，得到 OIV 认证
参赛国家：地区赛事，> 60 个生产者品牌样品
参赛奖项：金奖 Gold，银奖 Silver 和
铜奖 Bronze，获奖比例 < 30%

门多西诺县葡萄酒大赛
Mendocino County Wine Competition

主办国家：美国，加州 California
创办时间：1976 年，得到 OIV 认证
参赛国家：地区赛事，> 1500 种品牌样品
参赛奖项：金奖 Gold，银奖 Silver 和
铜奖 Bronze，获奖比例< 30%

不列颠哥伦比亚省葡萄酒大奖赛
British Columbia Wine Awards

主办国家：加拿大，不列颠省 British Columbia
创办时间：2003 年，每年举办一届
参赛国家：地区赛事，> 800 种品牌样品
参赛奖项：金奖 Gold，银奖 Silver 和
铜奖 Bronze，获奖比例< 35%

韩国葡萄酒挑战赛
Korea Wine Challenge

主办国家：韩国，首尔 Seoul，100 分制
创办时间：2005 年，得到 OIV 认证
参赛国家：> 16 个国家，> 550 种品牌样品
参赛奖项：锦标奖 Trophy，金奖 Gold，
银奖 Silver 和铜奖 Bronze，获奖比例< 30%

诗杯客乐国际葡萄酒大奖赛
Spiegelau International Wine Competition

主办国家：德国，帕绍县 Passau
创办时间：2011 年，诗杯客乐酒杯推广赛
参赛国家：> 12 个国家，> 2000 种品牌样品
参赛奖项：锦标奖 Trophy，金奖 Gold，
银奖 Silver 和铜奖 Bronze，获奖比例< 30%

绿葡萄酒大赛
Concurso de Vinhos Verdes CVRVV

主办国家：葡萄牙，绿酒商会 C.V.R.V.V.
创办时间：1995 年，每年举办一届
参赛国家：单一葡萄酒赛事
参赛奖项：绿金 Verde Ouro，绿银 Verde Prata
和绿色荣誉奖 Verde Honra，获奖比例< 30%

优质葡萄酒精选挑战赛
Premium Select Wine Challenge

主办国家：德国，沃尔施塔特 Wörrstadt
创办时间：2009 年，100 分制
参赛国家：> 20 个，> 1500 种品牌样品
参赛奖项：顶级金 Gold Toplevel/ 五星≥ 95，金
Gold/ 四星≥ 90，银 Silver 三星≥ 85，比例< 30%

塔霍瓶装葡萄酒大赛
Concurso de Vinhos Engarrafados do Tejo

主办国家：葡萄牙，塔霍 Tejo
创办时间：2008 年
参赛国家：地区赛事，> 100 种品牌样品
参赛奖项：卓越奖 Medalha Excelência，
金奖 Ouro 和银奖 Prata，获奖比例< 30%

罗密欧布拉嘉托葡萄酒大奖赛
Romeo Bragato Wine Awards

主办国家：新西兰，纳皮尔 Napier
创办时间：2006 年，20 分制
参赛国家：国内赛事，> 200 种品牌样品
参赛奖项：金 Gold / 18.5~20 分，银 Silver /
17~18.49 分，铜 Bronze / 15.5~16.99 分，比例< 30%

复活节葡萄酒大奖赛
Easter Show Wine Award

主办国家：新西兰，奥克兰 Auckland
创办时间：1953 年，两年举办一届
参赛国家：> 12 个国家，> 1200 种品牌样品
参赛奖项：金奖 Gold，银奖 Silver 和
铜奖 Bronze，获奖比例< 60%

樱花日本女子葡萄酒奖
Sakura Japan Women's Wine Award

主办国家：日本，东京 Tokyo
创办时间：2014 年，每年一届
参赛国家：> 24 个国家，> 1900 种品牌样品
参赛奖项：双金奖 Double Gold，金奖 Gold 和
银奖 Silver，获奖比例< 40%

霍克斯湾 A&P 梅赛德斯奔驰葡萄酒大奖
Hawke's Bay A&P Mercedes~Benz Wine Awards

主办国家：新西兰，昂蒂布镇 Antibes
创办时间：2011 年，得到 OIV 认证
参赛国家：奔驰推广赛，> 350 种品牌样品
参赛奖项：金奖 Gold，银奖 Silver 和
铜奖 Bronze，获奖比例< 40%

圣特罗佩－普罗旺斯葡萄酒大赛
Concours des Vins de Provence à Saint~Tropez

主办国家：法国，圣特罗佩 Saint~Tropez
创办时间：1988 年，每年举办一届
参赛国家：地区赛事，> 600 种品牌样品
参赛奖项：金奖 Or，银奖 Argent 和
铜奖 Bronze，获奖比例< 30%

加尔地区葡萄酒大赛
Concours des Vins Gardois

主办国家：法国，尼姆 Nîmes
创办时间：1978 年，每年举办一届
参赛国家：地区赛事，> 500 种品牌样品
参赛奖项：金奖 d'Or，银奖 d'Argent 和
铜奖 Bronze，获奖比例< 30%

阿根廷葡萄酒大奖赛
Argentina Wine Awards

主办国家：阿根廷，门多萨 Mendoza
创办时间：2007 年，每年举办一届
参赛国家：国内赛事，> 700 种品牌样品
参赛奖项：锦标奖 Trophy，金奖 Gold，
银奖 Silver 和铜奖 Bronze，获奖比例< 30%

塞萨洛尼基国际葡萄酒大赛
Thessaloniki International Wine Competition
主办国家：希腊，塞萨洛尼基 Thessaloniki
创办时间：2001 年
参赛国家：> 8 个，> 600 种品牌样品
参赛奖项：大金奖 Grand Gold，金奖 Gold
和银奖 Silver，获奖比例 < 30%

葡萄酒爱好者葡萄酒明星大奖赛
Wine Enthusiast Wine Star Award
主办国家：美国，洛杉矶 Los Angeles
创办时间：2000 年
参赛国家：> 70 个，标志授予个人
参赛奖项：终身成就奖、年度最佳酿酒师、
年度人物、年度最佳调酒师和侍酒师等等

国际葡萄酒价值大奖赛
Access International Value Wine Awards
主办国家：加拿大，卡尔加里 Calgary
创办时间：2006 年，100 分制
参赛国家：> 17 个，> 1200 种品牌样品
参赛奖项：大奖 Killer Values，
类别冠军 Category Champions，
评委选择 Judges Choice，获奖比例 < 30%

美国国家葡萄酒大赛
U.S. National Wine Competition
主办国家：美国，利福尼亚州 California
创办时间：2011 年，每年举办一届
参赛国家：全国赛事，> 2000 种品牌样品
参赛奖项：双金奖 Double Gold，金奖 Gold，
银奖 Silver，铜奖 Bronze 及
最佳奖 Best of Class，获奖比例 < 30%

金棕榈大奖赛
Concours des Burgondia
主办国家：法国，布艮地 Bourgogne
创办时间：1996 年 1 月 27 日
参赛国家：地区赛事，> 900 种品牌样品
参赛奖项：金奖 d'Or，银奖 d'Argent 和
铜奖 Bronze，获奖比例 < 30%

女士葡萄酒大赛
Concours des Féminalise
主办国家：法国，博纳 Beaune
创办时间：2007 年，每年一次的概念性大赛
参赛国家：国内赛事，> 4000 种品牌样品
参赛奖项：金奖 Gold，银奖 Silver 和
铜奖 Bronze，获奖比例 < 30%

1001 网络葡萄酒指南品酒大奖
Guide internet des Vins 1001 Degustations
主办国家：法国，罗纳河谷－利马斯 Limas
创办时间：2002 年
参赛国家：国际性比赛
参赛奖项：一星葡萄酒 Vins une étoile
二星葡萄酒 Vins deux étoiles
三星葡萄酒 Vins trois étoiles
四星葡萄酒 Vins quatre étoiles

城堡葡萄酒大赛
Les Citadelles du Vin
主办国家：法国，波尔多布尔镇 Bourg
创办时间：2001 年，得到 OIV 认证
参赛国家：> 30 个，> 1000 种品牌样品
参赛奖项：堡垒奖 Trophée Citadelles
优秀奖 Trophée Excellence
威望奖 Trophée Prestige
获奖比例 < 30%

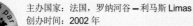

旧金山世界烈酒大赛

纽约世界葡萄酒及烈酒竞赛

朗格多克－鲁西荣葡萄酒大赛

澳大利亚葡萄酒单年度大奖赛

国际美食美酒挑战赛

纽约国际葡萄酒大赛

马尔贝克世界大赛

桃红葡萄酒挑战赛

新西兰国际葡萄酒与烈酒大奖赛

日落国际葡萄酒大奖赛

最佳西班牙葡萄酒亚洲挑战赛

女士葡萄酒和烈酒精选赛

10年陈酿葡萄酒大奖赛

瓦尔地区醇酒大赛

东西方国际葡萄酒挑战赛

乌克兰葡萄酒与烈酒大奖赛

莱利银行绿色葡萄酒大奖赛

奥朗日葡萄酒大奖赛

全球前 50 种最昂贵的葡萄酒
WORLD'S TOP 50 MOST EXPENSIVE WINES

排位	酒名	国家	产区	平均价格标瓶／¥	最高价格标瓶／¥
1	罗马涅康帝庄 — 康帝特级园干红 Domaine de la Romanee–Conti Romanee–Conti Grand Crus	法国 France	布艮尼尼依山坡 Côte de Nuits	80,585	228,392
2	亨利雅耶 — 弗斯尼罗马涅一级克罗帕朗图园干红 Henri Jayer Vosne~Romanee Premier Cru Cros Parantoux	法国 France	布艮尼尼依山坡 Côte de Nuits	45,656	83,993
3	埃贡穆勒 — 沙兹堡 — 雷司令干浆果粒选贵腐甜白 Egon Muller Scharzhof Scharzhofberger Riesling Trockenbeerenauslese	德国 Germany	摩泽尔 Mosel	44,216	82,222
4	利夫雷庄 — 蒙拉榭特级园干白 Domaine Leflaive Montrachet Grand Crus	法国 France	布艮地博纳山坡 Côte de Beaune	36,474	58,505
5	丽花庄 — 马西尼特级园干红 Domaine Leroy Musigny Grand Crus	法国 France	布艮地尼依山坡 Côte de Nuits	34,530	93,605
6	普朗庄 — 威勒娜日影园 — 雷司令干浆果粒选贵腐甜白 Joh. Jos. Prum Wehlener Sonnenuhr Riesling Trockenbeerenauslese	德国 Germany	摩泽尔 Mosel	33,421	88,149
7	乔治克里斯托夫卢米尔庄 — 马西尼特级园干红 Domaine Georges & Christophe Roumier Musigny Grand Crus	法国 France	布艮地尼依山坡 Côte de Nuits	31,876	104,756
8	罗马涅康帝庄 — 蒙拉榭特级园干白 Domaine de la Romanee–Conti Montrachet Grand Crus	法国 France	布艮地博纳山坡 Côte de Beaune	28,774	99,472
9	让路易沙夫庄 — 艾米塔吉凯萨林特酿十红 Domaine Jean–Louis Chave Ermitage Cuvee Cathelin	法国 France	北罗讷 Rhône Nord	24,679	46,502
10	乔治亨利雅耶 — 埃雪索特级园干红 Georges et Henri Jayer Echezeaux Grand Crus	法国 France	布艮地尼依山坡 Côte de Nuits	22,264	91,950
11	丽花庄 — 香贝坦特级园干红 Domaine Leroy Chambertin Grand Crus	法国 France	布艮地尼依山坡 Côte de Nuits	20,137	62,127
12	路易利日贝雷尔庄 — 拉罗马涅特级园干红 Domaine du Comte Liger–Belair La Romanee Grand Crus	法国 France	布艮地尼依山坡 Côte de Nuits	18,052	99,471
13	罗马涅康帝庄 — 大师特级园干红（独家拥有） Domaine de la Romanee–Conti La Tache Grand Cru （Monopole）	法国 France	布艮地尼依山坡 Côte de Nuits	17,611	149,799
14	柏图斯 Petrus	法国 France	波尔多波美候 Pomerol	17,483	232,265
15	啸鹰赤霞珠 Screaming Eagle Cabernet Sauvignon	美国 USA	纳帕山谷 Napa Valley	16,747	80,150
16	里鹏 Le Pin	法国 France	波尔多波美候 Pomerol	15,325	154,059
17	菲夫雷庄 — 马西尼特级园干红 Domaine Faiveley Musigny Grand Crus	法国 France	布艮地尼依山坡 Côte de Nuits	14,933	37,939
18	科雪都丽 — 哥尔通查里曼特级园干白 J. F. – C. R. Coche~Dury Corton~Charlemagne Grand Crus	法国 France	布艮地博纳山坡 Côte de Beaune	14,436	27,328
19	丽花庄 — 丽雪堡特级园干红 Domaine Leroy Richebourg Grand Crus	法国 France	布艮地尼依山坡 Côte de Nuits	14,124	40,415
20	丽花庄 — 大埃雪索特级园干红 Domaine Leroy Grands~Echezeaux Grand Crus	法国 France	布艮地尼依山坡 Côte de Nuits	13,578	44,234
21	丽花庄 — 罗马涅圣维旺特级园干红 Domaine Leroy Romanee–Saint–Vivant Grand Crus	法国 France	布艮地尼依山坡 Côte de Nuits	11,849	53,153
22	迪嘉皮庄 — 香贝坦特级园干红 Domaine Dugat–Py Chambertin Grand Crus	法国 France	布艮地尼依山坡 Côte de Nuits	11,518	23,723
23	哈德森堡 — 艾巴哈园雷司令干浆果粒选贵腐 Schloss Reinhartshausen Erbacher Marcobrunn Riesling Trockenbeerenauslese	德国 Germany	莱茵高 Rheingau	11,144	109,451
24	罗马涅康帝庄 — 丽雪堡特级园干红 Domaine de la Romanee–Conti Richebourg Grand Crus	法国 France	布艮地尼依山坡 Côte de Nuits	11,071	77,949
25	丽花 — 欧维内庄 — 骑士蒙拉榭特级园干白 Leroy Domaine d'Auvenay Chevalier–Montrachet Grand Cru	法国 France	布艮地博纳山坡 Côte de Beaune	10,470	17,691

排位	酒名	国家	产区	平均价格标瓶／¥	最高价格标瓶／¥
26	西尔—卡蒂亚尔—罗马涅圣维旺特级园干红 Sylvain Cathiard Romanee–Saint–Vivant Grand Crus	法国 France	布艮地依山坡 Côte de Nuits	10,366	14,252
27	拉鲁比滋丽花—欧维内庄—美滋香坦特级园干红 Lalou Bize–Leroy Domaine d'Auvenay Mazis–Chambertin Grand Crus	法国 France	布艮地依山坡 Côte de Nuits	9,784	16,349
28	丽花庄—岩石特级园干红 Domaine Leroy Clos de la Roche Grand Crus	法国 France	布艮地尼依山坡 Côte de Nuits	9,575	50,137
29	丽花—欧维内庄—邦马尔特级园干红 Leroy Domaine d'Auvenay Les Bonnes–Mares Grand Crus	法国 France	布艮地尼依山坡 Côte de Nuits	9,177	149,799
30	普朗庄—威勒娜日影园—雷司令粒选贵腐甜白 Joh. Jos. Prum Wehlener Sonnenuhr Riesling Beerenauslese	德国 Germany	摩泽尔 Mosel	9,103	24,275
31	康特拉枫庄—蒙拉榭特级园干白 Domaine des Comtes Lafon Montrachet Grand Crus	法国 France	布艮地博纳山坡 Côte de Beaune	9,097	27,585
32	美欧佳缪庄—弗斯尼罗马涅一级克罗帕朗图园园干红 Domaine Meo–Camuzet Vosne–Romanee Premier Cru Au Cros Parantoux	法国 France	布艮地尼依山坡 Côte de Nuits	9,072	19,775
33	丽花庄—大埃雪索特级园干红 Domaine Leroy Echezeaux Grand Crus	法国 France	布艮地尼依山坡 Côte de Nuits	9,048	45,129
34	科雪都丽—默尔索一级佩里耶园干白 J. F. – C. R. Coche–Dury Meursault Premier Cru Les Perrieres	法国 France	布艮地博纳山坡 Côte de Beaune	8,907	19,959
35	丽花庄—拉特西耶贝坦特级园干红 Domaine Leroy Latricieres–Chambertin Grand Crus	法国 France	布艮地尼依山坡 Côte de Nuits	8,839	57,156
36	罗马涅康帝庄—罗马涅圣维旺特级园干红 Domaine de la Romanee–Conti Romanee–Saint–Vivant Grand Cru	法国 France	布艮地尼依山坡 Côte de Nuits	8,570	96,548
37	乔治卢米尔庄—香宝乐马西尼一级情侣园干红 Domaine G. Roumier Chambolle–Musigny Premier Cru Les Amoureuses	法国 France	布艮地尼依山坡 Côte de Nuits	8,551	30,809
38	普朗庄—威勒娜日影园—雷司令冰酒 Joh. Jos. Prum Wehlener Sonnenuhr Riesling Eiswein	德国 Germany	摩泽尔 Mosel	8,478	21,283
39	丽花庄—哥尔通查里曼特级园干白 Domaine Leroy Corton–Charlemagne Grand Crus	法国 France	布艮地博纳山坡 Côte de Beaune	8,079	28,082
40	伊曼胡日—弗斯尼罗马涅一级克罗帕朗图园干红 Emmanuel Rouget Vosne~Romanee Premier Cru Cros Parantoux	法国 France	布艮地尼依山坡 Côte de Nuits	7,944	17,740
41	拉莫内庄—蒙拉榭特级园干白 Domaine Ramonet Montrachet Grand Crus	法国 France	布艮地博纳山坡 Côte de Beaune	7,865	31,956
42	罗马涅康帝庄—大埃雪索特级园干红 Domaine de la Romanee–Conti Grands Echezeaux Grand Crus	法国 France	布艮地尼依山坡 Côte de Nuits	7,681	38,926
43	丽花庄—武爵特级园干红 Domaine Leroy Clos de Vougeot Grand Crus	法国 France	布艮地尼依山坡 Côte de Nuits	7,595	52,185
44	飞鸟园国家年份波特 Quinta do Noval Nacional Vintage Port	葡萄牙 Portugal	杜罗 Douro	7,454	61,846
45	美欧佳缪庄—丽雪堡特级园干红 Domaine Meo–Camuzet Richebourg Grand Crus	法国 France	布艮地尼依山坡 Côte de Nuits	7,423	35,523
46	阿曼卢梭父子—香贝坦贝日特级园干红 Domaine Armand Rousseau Pere et Fils Chambertin Clos–de–Beze Grand Crus	法国 France	布艮地尼依山坡 Côte de Nuits	7,264	33,960
47	阿曼卢梭父子—香贝坦特级园干红 Domaine Armand Rousseau Pere et Fils Chambertin Grand Crus	法国 France	布艮地尼依山坡 Côte de Nuits	7,227	58,063
48	迪迪尔—达格诺—普依福美小行星干白 Didier Dagueneau Pouilly–Fume Asteroide	法国 France	卢瓦尔中央产区 Loire Centre	7,055	10,801
49	雅克弗雷德里克穆尼尔庄—马西尼特级园干红 Domaine Jacques–Frederic Mugnier Le Musigny Grand Cru	法国 France	布艮地尼依山坡 Côte de Nuits	6,921	18,194
50	普朗庄—威勒娜日影园—雷司令串选贵腐—长金颈精选甜白 Joh. Jos. Prum Wehlener Sonnenuhr Riesling Auslese Lange Goldkapsel	德国 Germany	摩泽尔 Mosel	6,639	9,759

以上为 2014 年统计数据。

平均价格指一个标准瓶 750ml 的平均单价，最高价格指某一年份的最高成交价，大多属于珍藏类。

以上数据仅供参考！